生活垃圾卫生填埋
建设与作业运营技术

陆文龙　崔广明　陈浩泉　编著
赵由才　主审

北 京

冶金工业出版社

2014

内 容 简 介

本书较全面系统地介绍了我国生活垃圾卫生填埋建设与作业运营技术,主要内容包括生活垃圾卫生填埋场防渗施工技术、灭蝇除臭作业技术、可持续生活垃圾卫生填埋技术与设备、运营管理技术、填埋场的稳定化过程及生态恢复与开发、封场后综合开发利用规划研究等。

本书可供从事生活垃圾和有毒有害废物处理处置的工程技术人员参考使用,也可供高等专科及高职高专相关专业的教学使用。

图书在版编目(CIP)数据

生活垃圾卫生填埋建设与作业运营技术/陆文龙,崔广明,陈浩泉编著.
—北京:冶金工业出版社,2013.7 (2014.5 重印)
ISBN 978-7-5024-6292-5

Ⅰ.①生…　Ⅱ.①陆…　②崔…　③陈…　Ⅲ.①垃圾处理—卫生填埋
Ⅳ.①X705

中国版本图书馆 CIP 数据核字(2013)第 145225 号

出 版 人　谭学余
地　　　址　北京北河沿大街嵩祝院北巷 39 号,邮编100009
电　　　话　(010)64027926　电子信箱　yjcbs@ cnmip. com. cn
责任编辑　程志宏　徐银河　美术编辑　彭子赫　版式设计　孙跃红
责任校对　郑　娟　责任印制　牛晓波
ISBN 978-7-5024-6292-5
冶金工业出版社出版发行;各地新华书店经销;北京百善印刷厂印刷
2013 年 7 月第 1 版,2014 年 5 月第 2 次印刷
787mm×1092mm　1/16;12.5 印张;298 千字;187 页
39. 00 元
冶金工业出版社投稿电话:(010)64027932　投稿信箱:tougao@ cnmip. com. cn
冶金工业出版社发行部　电话:(010)64044283　传真:(010)64027893
冶金书店　地址:北京东四西大街 46 号(100010)　电话:(010)65289081(兼传真)
(本书如有印装质量问题,本社发行部负责退换)

前　言

在国民经济和社会发展第十一个五年规划期间，国家和各地方政府加大了城镇固体废物处理与资源化建设、管理方面的投入，大部分设市城市在逐步还清环境"历史欠账"的同时，基本上满足了日益增长的城镇生活垃圾无害化处理的需要，部分地区开始逐步重视小城镇甚至乡村的生活垃圾处理工作。

目前，我国城市生活垃圾仍以填埋处理方式为主，焚烧处理技术在"十一五"期间得到了较快发展，而堆肥处理市场则呈逐渐萎缩的态势。近年来，经过相关单位的共同努力，我国科研和技术人员研发并成功应用了生活垃圾卫生填埋和矿化垃圾资源化利用集成技术，解决了生活垃圾简易堆放处置造成环境污染的重大难题，实现了我国生活垃圾填埋处置方式从简易堆场向安全可控卫生填埋场的重大变革。相关研究成果在全国得到广泛应用，为我国生活垃圾无害化和资源化技术的应用和发展作出了重大贡献。

生活垃圾卫生填埋是国内外生活垃圾处置的重要技术，其建设与运营管理是实现生活垃圾无害化的关键。本书比较全面系统地总结了我国生活垃圾卫生填埋建设与作业运营技术。本书主要内容包括生活垃圾卫生填埋场防渗施工技术、生活垃圾卫生填埋场灭蝇除臭作业技术、可持续生活垃圾卫生填埋技术与设备、生活垃圾卫生填埋场运营管理技术、填埋场的稳定化过程及生态恢复与开发、填埋场封场后综合开发利用规划研究等。本书适于从事生活垃圾和有毒有害废物管理的行业和城市固体废物处理行业的工程技术人员阅读和参考，也可作为相关专业学习的教材。

本书由陆文龙、崔广明、陈浩泉撰写，赵由才主审。

由于作者水平所限，书中出现遗漏和不足之处，敬请广大读者批评指正。

编　者
2013 年 1 月

目　　录

第1章 生活垃圾卫生填埋场防渗施工技术

生活垃圾随意堆放，会对周边环境造成严重的二次污染。目前，国内外卫生填埋场全部要求采用高密度聚乙烯膜（HDPE）进行防渗。本章详细描述了防渗工程的施工技术。

1.1 适用范围

本书讲述了生活垃圾卫生填埋场防渗施工技术关于防渗结构的要求及分类、防渗系统工程施工、季节性施工、施工组织管理、安全施工管理、文明施工管理、劳动卫生和环境保护等方面的要求，但本章所涉及防渗施工技术适用于生活垃圾卫生填埋场、生活污水处理厂脱水污泥填埋场、一般工业废弃物卫生填埋场防渗系统工程的施工和管理，不适用于危险废弃物安全填埋场防渗工程的施工和管理。

1.2 适用的规范性文件

近年来，随着国内大众及政府对环境保护的重视，国家和相关职能部门相继出台了一系列的法律、法规及有关环境保护的国家标准，与生活垃圾卫生填埋相关的法律、法规文件包括：《生活垃圾填埋污染控制标准》（GB 16889）、《工业企业设计卫生标准》（GBZ1）、《土工合成材料应用技术规范》（GB 50290）、《大气污染物综合排放标准》（GB 16297）、《污水综合排放标准》（GB 8978）、《供配电系统设计规范》（GB 50052）、《生活垃圾卫生填埋技术规范》（CJJ 17）、《生活垃圾卫生填埋场防渗系统工程技术规范》（CJJ 113）、《填埋场用高密度聚乙烯土工膜》（CJ/T 234）、《施工机械使用安全技术规程》（JGJ 33）、《聚乙烯（PE）膜防渗工程技术规范》（SL/T 231）、《城市生活垃圾卫生填埋处理工程项目建设标准》（建标〔2001〕101 号）。

1.3 有关防渗术语及定义

有关防渗术语中英文对照和定义如下：

（1）防渗系统（liner system）：在填埋场场底和四周边坡上为构筑渗滤液防渗屏障所选用的由各种材料组成的体系。

（2）防渗结构（liner structure）：在填埋场场底和四周边坡上为构筑渗滤液防渗屏障所选用的各种材料的空间层次结构。

（3）防渗基础层（liner foundation）：即防渗材料的基础，又分为场底基础层和四周边坡基础层。

（4）地下水收集导排层（groundwater collecting diversion layer）：在防渗系统基础层下方，用于收集和导排地下水的设施。

（5）保护层（protecting layer）：与防渗层结合在一起的保护防渗材料不被损坏的材料层。

（6）防渗层（infiltration proof layer）：在防渗系统中，为构筑渗滤液防渗屏障所选用的各种材料的组合。

（7）渗滤液收集导排层（leachate collection and removed layer）：在防渗层上部，用于收集和导排渗滤液的设施。

（8）渗漏导流检测层（leachate detection liner）：用于检测填埋场双层防渗系统渗漏情况的结构层。

（9）盲沟（underground drain）：采用高过滤性材料构建的位于填埋库区底部或填埋体中的暗渠（管）。

（10）锚固沟（anchor trench）：固定各种防渗材料的设施。

（11）堤坝（dyke）：位于填埋库区四周，由碎石、土等构建的，为阻隔并集中垃圾而形成的围坝。

（12）集水池/井（catchment pool/well）：在填埋场修筑的用于汇集渗滤液或地下水，并可自流或用提升泵将渗滤液或地下水排除的构筑物。

（13）填埋气体（landfill gas）：填埋体中的有机废弃物分解产生的气体，主要是甲烷和二氧化碳。

（14）人工合成衬里（artificial liners）：利用人工合成材料铺设的防渗衬里，如高密度聚乙烯膜等。采用一层人工合成衬里铺设的防渗层为单层衬里，采用两层人工合成衬里铺设的防渗层为双层衬里。

（15）复合衬里（composite liners）：采用两种或两种以上不同的防渗材料铺设的防渗层。

（16）复合排水网（composite drainage system）：复合排水网是相对空间结构的二维或三维结构，它是以高聚合物（高度聚乙烯、低度聚乙烯、聚丙烯等）为主要原料，经过挤出工艺与特制转机头制成的非编织型整体化网状结构，厚度为 6～9mm，应用于垃圾填埋场的渗滤液导排层。

1.4　防渗结构的要求及分类

1.4.1　防渗结构要求

防渗结构的要求主要包括以下几个方面：

（1）天然黏土类衬里及改性黏土类衬里（如膨润土与黏土混合）的渗透系数不应大于 1.0×10^{-9}m/s，且压实土壤厚度不应小于 2m。

（2）在填埋场场底及四壁铺设的高密度聚乙烯膜作为防渗衬里时，膜的厚度不应小于 1.5mm，并应满足填埋场防渗材料性能要求和国家现行相关标准。

（3）铺设高密度聚乙烯（HDPE）膜材料应焊接牢固，达到强度和防渗要求。局部不应产生下沉、拉断现象，膜的焊接处应通过试验检测。

（4）在相对较高的边坡铺设衬里时应设置锚固平台，平台高度应结合实际地形确定，不宜大于 10m，边坡坡度宜小于 1∶2～1∶1.5，最大不宜超过 1∶1。

1.4.2 防渗结构分类

防渗结构主要分为单层衬里防渗结构、双层衬里防渗结构和复合衬里防渗结构,具体如下:

(1) 单层衬里防渗结构。单层衬里防渗结构适用于地下水比较贫乏地区的填埋场底部防渗,其主要结构层(从下至上)为:基础层(基层)、地下水收集导排层(当库区有浅层地下水、泉水出露时应设置)、膜下保护层、防渗层、膜上保护层、渗滤液收集导排层、土工织物层、垃圾层。单层衬里防渗结构如图1-1所示。

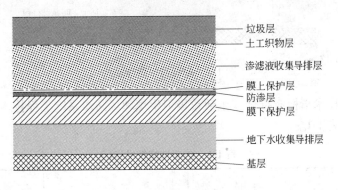

图1-1 单层衬里防渗结构

(2) 双层衬里防渗结构。双层衬里防渗结构适用于特殊地质或环境要求非常高的地区的填埋场底部防渗,其主要结构层(从下至上)为:基层、地下水收集导排层(当库区有浅层地下水、泉水出露时应设置)、膜下保护层、次防渗层、渗滤液导流检测层、膜下保护层、主防渗层、膜上保护层、渗滤液收集导排层、土工织物层、垃圾层。双层衬里防渗结构如图1-2所示。

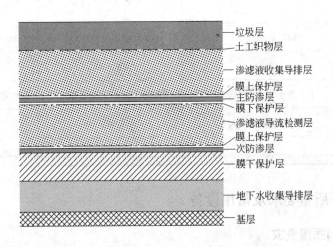

图1-2 双层衬里防渗结构

(3) 复合衬里防渗结构。人工合成衬里的防渗结构宜采用复合衬里,其主要结构层(从下至上)为:基层、地下水收集导排层(当库区有浅层地下水、泉水出露时应设置)、膜下保护层、防渗层、膜上保护层、渗滤液收集导排层、土工织物层、垃圾层。复合衬里防渗结构如图1-3所示。

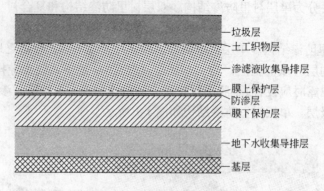

图1-3 复合衬里防渗结构

防渗结构的技术指标应符合《生活垃圾卫生填埋场防渗系统工程技术规范》(CJJ 113)的有关规定,见表1-1。

表1-1 防渗结构技术指标

结构层 / 类型	单层衬里防渗结构	双层衬里防渗结构	复合衬里防渗结构
地下水收集导排层	距基础距离根据设计要求	距基础距离根据设计要求	距基础距离根据设计要求
膜下保护层	渗透系数 $\leqslant 1.0 \times 10^{-9}\,\mathrm{m/s}$	主防渗层下宜采用土工布作为保护层,次防渗层下宜采用压实黏土作为保护层,渗透系数 $\leqslant 1.0 \times 10^{-7}\,\mathrm{m/s}$	渗透系数 $\leqslant 1.0 \times 10^{-9}\,\mathrm{m/s}$
防渗层	HDPE 膜厚度 $\geqslant 1.5\mathrm{mm}$	HDPE 膜厚度 $\geqslant 1.5\mathrm{mm}$	HDPE 膜厚度 $\geqslant 1.5\mathrm{mm}$
渗滤液导流检测层		厚度 $\geqslant 30\mathrm{cm}$	
膜上保护层	非织造土工布,规格视情况	非织造土工布,规格视情况	非织造土工布,规格视情况
渗滤液收集导排层	厚度 $\geqslant 30\mathrm{cm}$	厚度 $\geqslant 30\mathrm{cm}$	厚度 $\geqslant 30\mathrm{cm}$
膨润土复合防水垫			渗透系数 $\leqslant 5 \times 10^{-11}\,\mathrm{m/s}$

1.5 工程材料质量要求及常用设备

1.5.1 工程材料质量要求

工程材料质量要求主要包括以下几个方面:

(1)高密度聚乙烯(HDPE)膜的技术指标应符合《土工合成材料聚乙烯土工膜》(GB/T 17643)的有关规定,具体见表1-2。

表1-2 高密度聚乙烯膜技术指标

序 号	项 目	HDPE 膜
1	拉伸强度(纵横)/kN·m^{-1}	≥14
2	断裂伸长率(纵横)/%	≥400
3	直角撕裂强度(纵横)/N·mm^{-1}	≥50
4	屈服伸长率/%	≥12
5	水蒸气渗透系数/g·cm·(cm^2·s·Pa)$^{-1}$	<1.0×10^{-16}
6	使用温度范围/℃	-60~60
7	密度/g·cm^{-3}	≥0.94

（2）无纺土工织物（土工布）可分为聚酯长丝纺粘针刺非织造土工布和聚酯短丝纺粘针刺非织造土工布两种。聚酯长丝纺粘针刺非织造土工布的技术指标应符合《土工合成材料长丝土工布》（GB/T 17639）中的有关规定，具体见表1-3。

表1-3 聚酯长丝纺粘针刺非织造土工布技术指标

序号	项 目	100g	150g	200g	250g	300g	350g	400g	450g	500g	600g	800g	备注
1	单位面积质量偏差/%	-6	-6	-6	-5	-5	-5	-5	-5	-4	-4	-4	
2	厚度/mm	≥0.8	≥1.2	≥1.6	≥1.9	≥2.2	≥2.5	≥2.8	≥3.1	≥3.4	≥4.2	≥5.5	
3	幅宽偏差/%	-0.5											
4	断裂强度/kN·m^{-1}	≥4.5	≥7.5	≥10.0	≥12.5	≥15.0	≥17.5	≥20.5	≥22.5	≥25.0	≥30.0	≥40.0	纵横向
5	断裂伸长率/%	40~80											
6	顶破强力(CBR)/kN	≥0.8	≥1.4	≥1.8	≥2.2	≥2.6	≥3.0	≥3.5	≥4.0	≥4.7	≥5.5	≥7.0	
7	等效孔径 $O_{90}(O_{95})$/mm	0.07~0.2											
8	垂直渗透系数/cm·s^{-1}	$K×(10^{-3}~10^{-1})$，$K=1.0~9.9$											
9	撕破强力/kN	≥0.14	≥0.21	≥0.28	≥0.35	≥0.42	≥0.49	≥0.56	≥0.63	≥0.70	≥0.82	≥1.10	纵横向

（3）膨润土复合防水垫（GCL）的技术指标应符合表1-4的规定，还应符合国家相关标准的规定。

表1-4 膨润土复合防水垫技术指标

序 号	项 目	指 标
1	上层土工布重量/g·m^{-2}	220
2	单位面积钠型膨润混合物重量/g·m^{-2}	≥4500
3	下层土工布重量/g·m^{-2}	110
4	体积膨胀度	≥24mL/2g
5	单位面积总质量/g·m^{-2}	≥4800
6	穿刺强度/N	≥1800
7	厚度/mm	≥6
8	渗透系数/m·s^{-1}	≤5×10^{-11}
9	流动指数/m^3·s^{-1}	5×10^{-9}
10	抗静水压力/MPa·h^{-1}	0.6
11	剥离强度/N	≥65

（4）给水用聚乙烯管材（PE 管）的技术指标应符合 GB/T 13663 标准的有关规定，具体见表 1-5。

表 1-5 给水用聚乙烯管材技术指标

序 号	项 目		指 标
1	断裂伸长率/%		350
2	纵向回缩率（110℃）/%		≤3
3	氧化诱导时间（200℃）/min		≥20
4	静液压强度	20℃，100h	不破裂，不渗漏
		80℃，165h	
		80℃，1000h	
5	耐候性（对蓝色管材）		符合要求

（5）复合排水网的技术指标应符合表 1-6 所示的规定，还应符合国家相关标准的规定。

表 1-6 复合排水网技术指标

序 号	项 目	单 位	DLF800/2	DLF1000/2	DLF1300/2	DLF1600/2
1	抗拉强度	kN/m	14	18	26	28
2	抗压强度	kPa	>1500	>2000	>2200	>2500
3	伸长率	%	60	60	60	60
4	导水率	m/s	0.7	0.75	0.8	0.9
5	厚度	mm	5.5	6.3	7.5	8
6	单位面积质量	g/m²	1200	1400	1700	2000
7	幅度	m	1.25，2	1.25，2	1.25，2	1.25，2
8	卷长	m	30，50	30，50	30，50	30，50

注：1. 卷长可根据要求加工；
2. 以上参数为两面土工布复合后数据（两面土工布均为 200g/m²）。

1.5.2 常用设备

1.5.2.1 施工设备

施工设备应包括：热楔式自动爬行塑料焊接机、手持式单轨挤出焊机、手持式热风焊枪和滚轮、塑料管道热熔对接焊机。

1.5.2.2 检测设备

检测设备应包括：拉力试验机、高压电火花测漏仪、针孔测试仪、真空罩检测仪。

1.5.2.3 设备的运行与维护保养

设备运行应按照设计的工艺要求使用，并应满足下列要求：

（1）建立设备台账。主要内容包括：设备名称、规格、型号、主要部件、备件、易损件、开始使用时间、购置费用、维修时间及费用、更换时间、报废时间及费用等。

（2）实行运行记录制度。

（3）实行设备使用率和完好率考核制度。

维护保养应满足下列要求：

（1）制定设备维修保养制度。

（2）及时排除设备故障，恢复设备性能。

（3）有备件和易损件储备，损坏时及时更换设备部件。

（4）作业设备每班作业后应及时按要求进行清洁保养。

1.5.2.4　各类常用设备的技术性能和使用方法

A　热楔式自动爬行塑料焊接机

典型的热楔式自动爬行塑料焊接机，如 LEISTER 公司的 COMET120V/230V 的设备，其外型参见图 1-4，主要性能参数见表 1-7，结构示意图如图 1-5 所示。

图 1-4　热楔式自动爬行塑料焊接机

表 1-7　热楔式自动爬行塑料焊接机性能参数

项目	电压/V	功率/W	频率/Hz	温度/℃	速度/m·min^{-1}	焊接压力/N	材料厚度/mm	尺寸/mm	质量/kg
指标	230	1500	50/60	20~420	0.8~3.2	100~1000	0.5~2	295×250×245	7.5（含3m电源线）

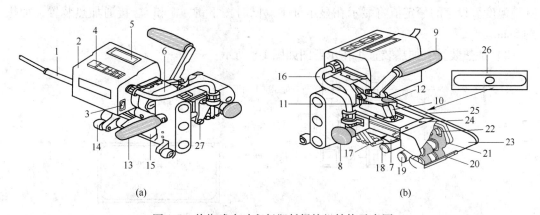

(a)　　　　　　　　　　　　　(b)

图 1-5　热楔式自动爬行塑料焊接机结构示意图

（a）前视图；（b）后视图

1—电源连接线；2—驱动电机和电子设备的外壳；3—总开关；4—键盘区；5—显示屏；6—驱动装置/传动装置；7—热楔；8—热楔滑座的球状把手；9—焊接压力夹紧杆；10—焊接压力调整螺母；11—锁紧螺母；12—夹紧杆锁定装置；13—导向把手；14—转轮（辊子）；15—导向板；16—连接热楔的软管；17—压紧轮；18—前引导轮；19—后引导轮；20—下部驱动辊/压紧辊；21—上部驱动辊/压紧辊；22—链条；23—底架底部；24—摆动体调节螺栓；25—链条防护底部；26—连接前引导轮的内六角螺栓；27—热楔的调节螺栓

热楔式自动爬行塑料焊接机的主要工作过程如下：

（1）焊接参数。

1）焊接压力。将自动焊接机放入待焊接的材料中并定位。在热楔未驶入前张紧焊接压力夹紧杆9。通过旋转焊接压力调整螺母10、驱动辊/压紧辊20/21可轻松地研磨待焊接材料。松开夹紧杆锁定装置12，同时松开焊接压力夹紧杆9。焊接压力调节工作过程如图 1-6 所示。

通过旋转焊接压力调整螺母10 设置焊接压力，用手拧紧锁紧螺母11，焊接压力变化如图 1-7 所示。

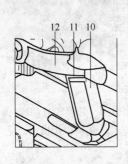

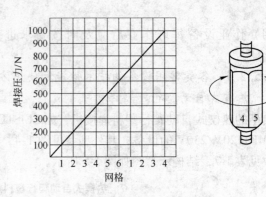

图 1-6　焊接压力调节工作过程　　　　图 1-7　焊接压力变化

注意：最大焊接压力为 1000N，超出最大焊接压力时，会造成机械损坏。

2）焊接温度。使用 H 按键及 −、+ 设置焊接温度。焊接温度取决于材料类型和环境温度。设定的额定值将显示在显示屏上。同时按下键 H 和 + 接通加热装置，加热约 5min。

3）加热装置。加热装置工作示意图如图 1-8 所示。

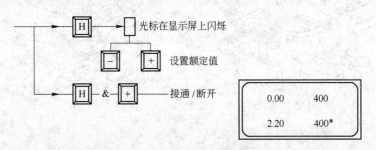

图 1-8　加热装置工作示意图

4）焊接速度。分别根据箔或密封轨道并参照天气影响用 −、+ 按键设置焊接速度。设定的额定值将显示在显示屏上。

5）驱动装置。驱动装置工作示意图如图 1-9 所示。

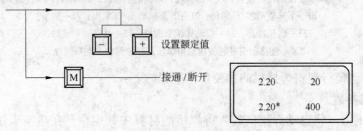

图 1-9　驱动装置工作示意图

（2）焊接准备。

1）焊接准备。

①布线：搭接宽度 80～125mm，密封轨道必须在搭接范围之内，并且上下面均洁净。

②供电：不小于 3kW（发电机），并配备 F1 开关。

③电源线：电缆最小横截面见表 1-8。

表 1-8　电缆最小横截面参数

规　格	长度/m	最小横截面/mm²
230V	<50	3×1.5
	<100	3×2.5
120V	<50	3×1.5
	<100	3×2.5

2）运行准备。

①安装向导把手 13。

②把热楔滑座球状把手 8 从制动器中拔出并在球状把手 8 上回拉热楔滑座，直至球状把手 8 再次嵌入。

③将设备通电。

④用主级或控制级启动设备。其工作示意图如图 1-10 所示。

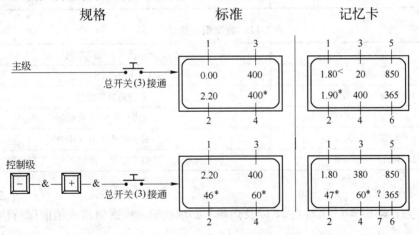

图 1-10　启动设备工作示意图

3）故障识别。监控焊接过程并借助功率消耗显示来识别故障。过载显示见表 1-9。故障识别显示见表 1-10～表 1-12。

表 1-9　过载显示

显示编号	级	
驱动装置/加热装置	主级	控制级
1. 速度	实际值	
2. 速度	额定值	功率

显 示 编 号	级	
驱动装置/加热装置	主 级	控制级
3. 温度	实际值	
4. 温度	额定值	功 率
5. 压紧力	实际值	
6. 存储卡	可用空间	

表 1-10　故障识别显示（一）

记忆卡	自动启动	编号 7	可用空间（序号 7）	Led 绿色	Led 红色
未安装	是/否	（没有）	0	关 闭	关 闭
已安装	否	？	365°	打 开	关 闭
	是	|			
协议启动	是/否	→	364°	打 开	闪 烁

表 1-11　故障识别显示（二）

显示 4	加热装置故障原因（根据加热时间）
100%	电源欠压
100%	电热元件损坏

表 1-12　故障识别显示（三）

显示 2	驱动装置故障原因
100%	电源欠压
100% 或小于 100%	密封轨道搭接过大
100% 或小于 100%	驱动辊 20 及 21 有脏物
100% 或小于 100%	超出最大焊接压力（1000N）
100% 或小于 100%	焊接速度高，负载力矩大（例如锚沟、T 形对接等）

（3）焊接过程。

1）检查：动辊 20、压紧辊 21 以及热楔 7 必须在放入密封轨道或箔前保持洁净；电源线长度/电缆敷设。

2）设置焊接参数。

3）必须达到热楔温度。

4）将自动焊接机放入搭接的密封轨道或箔内并定位。

5）在键盘区 4 用按 ▣ 键启动驱动电机。

6）热楔 7 驶入。

7）张紧夹紧杆 9。启动"开始焊接过程"。

8）检查焊缝（焊缝凸起处/焊接路径）。必要时在键盘区 4 用 ▭ 、▣ 键修正焊接速度。

9）操纵导向把手 13，使自动电焊机沿着搭接处前进，直至前搭接宽度保持在 20mm

范围内，详见图1-11。

（4）焊接结束。

1）在焊缝末端前1cm处松开夹紧杆9，用球状把手8回拉热楔7。

2）在键盘区4用按键 **M** 关闭驱动电机。在键盘区4用按键 **H** 和 **+** （同时按住）结束加热。必要时可根据材料强度调整热楔。

3）将自动焊接机放入待焊接的密封轨道或箔中。

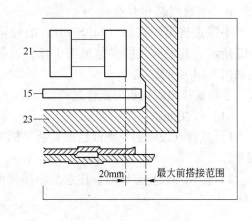

图1-11 控制搭接宽度

4）热楔7驶入。

5）用规定的焊接压力张紧夹紧杆9。

6）移除链条防护底部25。

7）松开内六角螺栓26。

8）松开后引导轮19的六角螺栓。

9）将后引导轮19调整到正确的高度。热楔7和后引导轮19之间的距离应为材料厚度。

10）拧紧后引导轮19的六角螺栓。

11）松开热楔的调节螺栓27，热楔7根据密封轨道自动调节。

12）拧紧热楔的调节螺栓27。

13）将前引导轮18调节到正确的高度。放置的材料和前引导轮18之间的距离应大约小于1mm。

14）拧紧内六角螺栓26，这时必须用一个内六角螺栓固定住前引导轮18。

15）安装链条防护底部25。

16）焊接结束。焊接过程如图1-12所示。

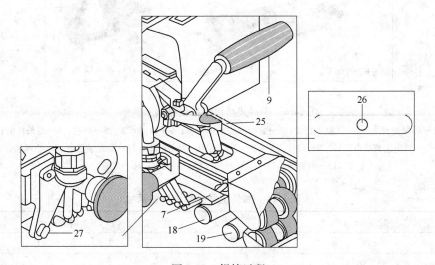

图1-12 焊接过程

B 手持式挤出焊接机

手持式挤出焊接机（LEISTER）的外型结构如图1-13 所示，其主要性能参数见表1-13，设备结构示意图如图1-14 所示。

手持式挤出焊接机的工作过程如下：

（1）焊接准备。

1）选择在设备的左侧或后侧安装手柄9和设备支架8。

2）使用加长型导线时，注意最小横截面，详见表1-14。

图1-13 手持式挤出焊接机外型结构

表1-13 手持式挤出焊接机性能参数

项目	电压/V	功率/W	材料	焊条/mm	热风温度/℃	塑化温度/℃	PE 挤出量/kg·h⁻¹	尺寸/mm	质量/kg
指标	230	2800		4	最高可达300	最高可达280	1.3~1.8	450×98×255（不含热靴）	5.9(含3m电源线)

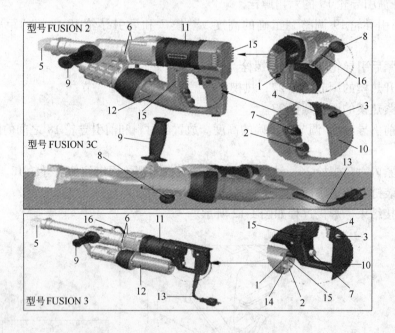

图1-14 手持式挤出焊接机结构示意图

1—热风器开关；2—气温电位计；3—驱动开关锁定设备；4—驱动开关；5—焊靴；6—焊条孔洞；
7—挤出量调整电位计；8—设备支架；9—手柄；10—设备把手；11—驱动装置；12—热风器；
13—电源线；14—空气闸阀；15—进风口；16—风管

表1-14 加长型导线最小横截面

长度/m	最小横截面（约230V 时）/mm²
<19	2.5
20~50	4.0

加长型电缆必须允许用于使用地点（例如户外）并进行相应的标记。

3）使用发动机组供电时，其额定功率为手动挤出焊接机额定功率的两倍。

注意：不得在有爆炸危险或可着火的环境内使用手动挤出焊接机。工作时注意安全。连接电缆和焊条必须能够自由移动并且在工作中不会妨碍到用户或他人。

（2）启动焊接机。

1）连接手动挤出焊接机的电源。

2）开启设备的热风器开关 1。

3）用气温电位计 2 调节热风温度。

4）大约 10min 后达到运行温度。

5）启动保护。设备配备了驱动过载安全装置。驱动装置在电流消耗过大时自动停止。例如蜗杆中的材料没有充分塑化时，驱动装置不会启动或只短暂启动。

6）启动过热保护。如果由于外部影响或蜗杆中的材料融化温度过低而导致驱动装置过热，则内部的驱动装置温度保护将会关闭。在驱动装置冷却后，过热保护重新自动启动。

（3）焊接过程。

1）根据需要相应地安装焊靴 5，参考（6）更换焊靴。

2）达到运行温度时，即可开始焊接。为此需要操作驱动开关 4。始终在供给焊条的情况下运行设备。

3）将直径为 3 或 4mm 的焊条插入焊条孔洞 6 并挤出一些物料。

注意：绝不可同时在两个焊条孔洞内插入焊条。可参考"启动保护"的内容。

4）插入的焊条必须洁净并干燥。

5）可以通过挤出量调整电位计 7 改变挤出量，这取决于焊缝尺寸和所选材料。

6）用驱动开关 4 中断物料供给。

7）将预热喷嘴对准焊接区，如图 1-15 所示。

8）来回摆动以预热焊接区。将设备放在准备好的焊接区上并操作驱动开关 4。

图 1-15 预热喷嘴
对准焊接区

9）进行试焊接并分析。

10）根据需要，使用气温电位计 2 和挤出量调整电位计 7 分别调整热风温度和挤出量。

11）焊接过程较长时，可以借助驱动开关锁定装置 3 将驱动开关 4 保持在接通状态。

12）启动后，通过焊条孔洞 6 自动引入焊条。插入焊条时必须无阻力。

（4）焊接结束。

1）通过短按驱动开关 4 来断开或接通驱动开关锁定装置 3。清楚焊靴内的焊接材料，以避免在下次启动时损坏焊靴。

2）设备只可放在设备支架 8 上，如图 1-14 所示。

注意：使用防火衬垫；不得将热气流朝向人和物体。

3）将气温电位计 2 设为"0"，使设备冷却。

4）关闭热风器开关 1。

（5）检查挤出焊接机和预热空气的温度。焊接时间较长时，要有规律地检查挤出焊接机和热气流的温度，为此需要使用带有合适温度传感器的温度快显电子测量设备。使用该设备检查喷嘴出口层面和向内 5mm 深度之间的热气流最高温度。测量挤出焊接机时，焊靴内的温度传感器必须推入管路中心。

（6）更换焊靴。

1）必须在设备达到运行温度时才能更换焊靴。只能使用放热的手套进行作业，操作时应注意防止烫伤。

2）关闭达到运行温度的设备并断开电源。

3）通过松开焊靴支架的紧固螺栓 18 将焊靴支架 17 和挤压喷嘴 19 分开。

4）每次更换焊靴时，清洁挤压喷嘴 19 并清除焊接残留物。

5）安装相应的焊接支架 17。

6）可随意选择焊靴 5 的方向（设备与焊条的角度）。

7）通过松开焊靴的紧固螺栓 20 可以将焊靴 5 与支架 17 分开（例如为了修整）。

更换焊靴示意图如图 1-16 所示。

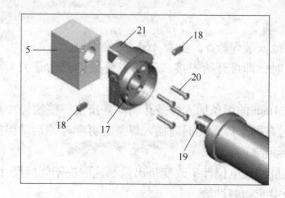

图 1-16　更换焊靴示意图

5—焊靴；17—焊靴支架；18—焊靴支架紧固螺栓；19—挤压喷嘴；

20—焊靴紧固螺栓；21—预热喷嘴

C　手持式热风焊枪

手持式热风焊枪（LEISTER）的外型如图 1-17 所示，主要性能参数见表 1-15。

图 1-17　手持式热风焊枪外型图

表 1-15　手持式热风焊枪的性能参数

项目	电压/V	功率/W	频率/Hz	温度/℃	空气流量/L·min^{-1}	噪声/dB	尺寸/mm	质量/kg
指标	230	1600	50/60	20～600	230	65	370×90	1.0 （含 3m 电源线）

手持式热风焊枪的工作过程如下：

（1）手持式热风焊枪机件主要包括：1）插接式风嘴或旋接式风嘴；2）螺丝；3）针对插接式风嘴的发热管或针对旋接式风嘴的发热管；4）经过降温处理的保护套管；5）温标；6）橡胶支撑；7）电源线；8）电源开关；9）空气滤网；10）温度调节开关；11）数字显示器。

（2）焊枪操作及适用范围。手持式热风焊枪可执行说明书中所提到的所有热熔、热焊及热缩等工作，操作时要确实遵守说明书中的安全规章并且使用原厂的附件。手持式热风焊枪的主要用途如下：

1）焊接热塑性塑料、单一合成塑料和人造橡胶、沥青板、管子和型材等。另外也可以焊接密封带、涂膜的织物、薄膜、发泡塑料、瓷砖和塑料地板。风嘴还可以重叠焊接铁丝、带子，焊接加热元件以及从事熔焊。

2）加热物件以方便物件变形、弯曲，热熔接头以便连接热塑性半成品。

3）烘干被水打湿的表面。

4）热熔热缩管，接合焊接料以及封闭电子零件的包装。

5）焊接钢管，焊接料和金属薄膜。

6）解冻结冰的水管。

7）溶化或熔解不含溶剂的黏胶和熔化黏胶。

8）点燃细木、纸、木炭或火炉中的枯杆。

（3）安装风嘴。

安装风嘴应注意以下几点：

1）触碰了灼热的风嘴，可能造成严重的烫伤，因此必须等待机器完全冷却后，才可以安装或更换风嘴，或者使用合适的工具安装、更换风嘴。

2）风嘴如果掉落了，可能引燃其他物品，风嘴必须装牢在机器上。

3）灼热的风嘴可能点燃桌面，尚未冷却的风嘴只能摆放在耐热的防火表面上。

4）使用了错误或者故障的风嘴可能导致局部过热，并损坏机器，因此只能使用机器专用的原厂风嘴。

5）针对使用插接式风嘴的焊枪，把风嘴套入发热管中，并拧紧螺丝。

6）针对使用旋接式风嘴的焊枪，把旋接式风嘴旋入针对旋接式风嘴的发热管中，并使用开口扳手SW17拧紧。

7）风嘴不包含在供货范围中。

（4）焊枪操作。

1）检查。

①检查电线和插头是否有任何损坏。

②注意电源的电压：电源的电压必须和机器铭牌上规定的电压一致，延长线的截面面积至少要有$2 \times 1.5 mm^2$。

2）开机（内容参照厂家说明书）。

①把开关调整到1的位置。依照需要，借助温标正确的设定调温开关，预热时间约为3min。

②把开关调整到1的位置，依照需要适当的调整调温开关，设定的温度和实际的温度

会出现在显示器上，预热时间约为 2min，温控符合引进标准 DVS2207-3 的规定。

3）关机。把调温开关旋转到 0 的位置以便冷却焊枪，待焊枪完全冷却之后，再把开关移动到 0 的位置。

4）操作。操作说明：进行试焊时必须详细阅读物料供应商提供的焊接指南，检查试焊后的结果，根据工作需要正确的调整焊接温度。

（5）数字显示器及故障信息。

当机器发出故障信号时的应对措施如下：

1）把调温开关旋转到 0 的位置，或者中断电源供应，约 5s（设定自动还原）。

2）先冷却机器，再检查进气孔或空气滤网和电压，重新设定温度或再度连接好电源。

3）如果再度出现故障信号，请联系顾客服务处并告知故障码。

（6）维护、保养和修理。

1）检查线路有否中断，电线和插头是否有损坏的痕迹。

2）在机器上进行任何修护的工作之前，务必先拔出插头。

3）机器和通气孔要随时保持清洁，只有这样才能有效率、安全地操作机器。

4）机器的空气滤网上如果囤积了污垢，必须先关闭机器再使用毛刷清洁滤网，更换已经损坏或极端污浊的空气滤网。

5）当碳刷消耗到最低长度极限时，发动机会自动关闭，碳刷的使用寿命约为 1600h，更换碳刷的工作必须交给授权的供应商顾客服务处执行。

D　塑料管道热熔对接焊机

塑料管道热熔对接焊机的外型图如图 1-18 所示，主要性能参数见表 1-16。

图 1-18　塑料管道热熔对接焊机外型示意图

表 1-16　塑料管道热熔对接焊机性能参数

熔接管规格/mm	Dn160、Dn180、Dn200、Dn225、Dn250、Dn280、Dn315
加热控温/℃	0～300
温度误差/℃	±5
加热板功率/kW	3.1
铣刀功率/kW	1.5
液压站功率/kW	0.75
使用电源/（V，Hz）	220，50
压力调节范围/MPa	0～6.3

塑料管道热熔对接焊机的主要特点如下：

（1）适用于 Dn160～Dn315mm 区间内所有规格 PE、HDPE、PP 等塑料管材的热熔对接式焊接。

（2）夹具与操作系统分开，易于下沟操作。

（3）由操作平台（液压、电子）、夹具、加热板、铣刀四部分组成。

（4）液压软管和快速接头让焊接工作更加方便、灵活。

（5）夹具采用四卡套结构，定位管材准确，易于调整错边量。

（6）采用液压系统控制对接力，压力准确、稳定。

（7）温控、液压系统集成控制台，使得温、压参数同步显示在同一界面上。

（8）电动铣刀具有安全限位开关，防止铣刀意外启动。

（9）采用电磁阀电动控制（油缸进退），操作更加简便。

（10）加热板采用电子温控，数字显示精确直观。

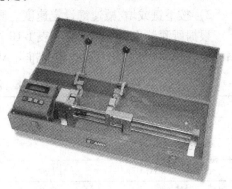

图 1-19　EXAMO 300F 型拉力试验机的外型示意图

E　EXAMO 300F 型拉力试验机

EXAMO 300F 型拉力试验机的外型示意图如图 1-19 所示，其主要性能参数见表 1-17。

表 1-17　EXAMO 300F 型拉力试验机主要性能参数

型　号	300F	600F
电压/V	230	230
功率/W	200	200
频率/Hz	50/60	50/60
拉伸负荷/N	4000	4000
夹嘴间距/mm	5～300	5～600
范围/mm	300	600
测试速度/mm·min^{-1}	10～300	10～300
样品厚度/mm	7	7
尺寸/mm	750×270×190	1050×270×190
质量/kg	14	17.5

EXAMO 300F 型拉力试验机的开机步骤如下（内容参见厂家的说明书）：

（1）摆放平稳后打开机箱。

（2）随机电源线接到机箱的电源插座中。

（3）机箱电源线接电。

（4）拉出夹紧杆置于夹紧位置。

（5）按开关开机通电。

（6）液晶屏幕显示出"Press《for initialize"（按"《"键初始化归零）字符。

（7）按下键，液晶屏幕显示出"Wait for initialize"（归零中请稍候）字符，同时滑座行至归零行程开关，停止。

（8）液晶屏幕显示出"Ready with initialize"字符。

EXAMO 300F 型拉力试验机的操作过程如下：

（1）速度设定。

1）按下键，液晶屏幕显示"Set Speed"（速度设定）字符。

2）按下键或增/减速键设定速度。测试速度以 mm/min 表示。

根据所测试片材质严格对照表1-18选择标准设定速度值（德国焊接协会［DVS］、德国标准［DIN］及美国材料试验标准［ASTM］）。

表1-18 测试片材质选择标准

PVC-P	100mm/min	3.93in/min
HDPE	50mm/min	1.96in/min
PP, PVDF	20mm/min	0.78in/min
PVC-U	10mm/min	0.39in/min

操作中必须严格执行表1-18所示的测试标准，按材料选择测试速度，同质材料速度设定越快，呈现出的拉力值越大；操作不当有可能损毁电机和内部控制板。

（2）测试片长度设定。

1）按下键，液晶屏幕显示"Set Initial-Length"（测试片长度设定）字符。

2）按下键或增/减测试片长度键。

①钳口距离以毫米表示，按下键或自动调整键。

②最小钳口距离初始长度设置为30mm。

③钳口距离用键或可随时调整键。

④液晶屏幕上以绝对值显示出滑座的位置（钳口距离）。

（3）初始拉力设定。

1）按下键，液晶屏幕显示"Set Initial-Tension = 0N"（初始设定拉力 =0N）字符。

2）按下键或增/减初始拉力设定值键。出厂设置为"0N"，即为"零牛顿"的初始拉力。如设置为"50N"即初始拉力为50牛顿，拉伸测试从50N开始动作。

3）初始拉力基准值。当达到设定的初始拉力时，拉伸试验测试过程开始，如果初始拉力设定为"0N"，则按下启动键才能开始拉伸试验测试过程。

4）按下键退出菜单。

F 高频电火花探测器 PPM MK3

高频电火花探测器 PPM MK3 的外型示意图如图1-20所示，其主要性能参数见表1-19。

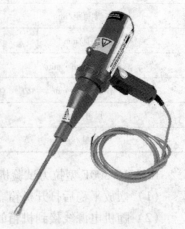

图1-20 高频电火花探测器
PPM MK3 外型示意图

表1-19　高频电火花探测器PPM MK3性能参数

项 目	指 标
适用电压(交流电)/V	230(50/60Hz)
输出电压(高频交流电)/kV	10~55
输出频率/kHz	200
操作时间/min	15(开),15(关)
净质量/kg	1.05
净尺寸(宽×高×长)/cm×cm×cm	6×20×27
包装质量/kg	1.4
包装尺寸(宽×高×长)/cm×cm×cm	26×14×30

检测时，探测仪器的高压探头贴近被检测物，移扫时，一旦遇到针孔、气泡等类似质量缺陷，高电压将此处的气隙击穿产生电火花，此时可通过观察火花来判别表面涂覆层质量和焊缝质量。

1.6 防渗系统工程施工

1.6.1 施工准备

施工准备工作包括以下几个方面：

(1) 组建现场项目部，建立各职能机构，落实安排施工队，组织有关人员熟悉施工图，了解施工意图，进行施工交底。熟悉与本工程有关的施工规范及验收标准、质量标准及上级主管部门的有关规定。

(2) 对施工队伍进行专业技能再培训，使每个施工人员熟练掌握本工程施工有关的操作工艺；按规范进行三级安全教育和安全知识普及，提高职工的安全意识。

(3) 搭建临时设施，整理施工现场及有关操作场所。组织订购施工材料进场，进行材料复试检验，报请建设方和监理方认可、验收。落实调配施工机械设备进场。

1.6.2 施工测量放线

施工测量放线工作包括以下几个方面：

(1) 依据设计总平面图，用经纬仪与水准仪找准构筑物的轴线位置。定出±0.000，埋设轴线控制桩与标高控制点桩，其操作方法应符合下列要求：

1) 轴线控制桩：用钢筋桩ϕ25cm，$L = 25$m，打入地下，露出地面2cm。测准后，用铁锯割成十字槽，周边搭设三脚架，涂红油漆做标识和保护。

2) 标高控制点桩：用钢筋桩ϕ25cm，$L = 25$m，桩位设在轴线外4~5m处。桩顶磨成球形，打入地下，露出地面2~10cm，周边搭设三脚架，涂红油漆做标识和保护。

(2) 由长期从事工程测量的专业人员负责施工测量工作，全面准确地提供施工阶段所需的测量资料，测量精度符合建筑施工测量规范要求。

(3) 测设后，由建设单位、监理单位复查验收，做好记录。

1.6.3　土建工程施工

1.6.3.1　基层挖方、平整、压实

按废弃物填埋库容设计要求，对填埋区进行基层挖方，包括土石方的开挖、运输、场地平整、压实、清理等工作，具体施工应符合下列要求：

（1）施工前查阅图纸和设计要求，了解土质种类、地下水水位等影响施工的因素，选择合适的开挖设备，合理安排人工和设备的工作节奏，保证工期。

（2）挖方范围内和填方处应清除树木、石块、杂草等，填方处场底未清除的植物深根应人工拔除。

（3）开挖中应使场地纵横向保持一定的坡度，纵横向坡度均不小于2%，且坡面过渡平缓，保证地下水和渗滤液的导排要求。

（4）开挖后对场地进行平整、压实，使基层紧密、坚实、无松土、无裂缝。

（5）开挖出来的土方留待后道工序使用时，应集中堆放在事先选好的临时堆放区，堆放区的选择应考虑到减少运距、把好时间接点、避免重复运输等因素。土方外运时，应选择合适的运输工具，做到每天的土方不滞留在场内。

1.6.3.2　土壤层回填施工

回填的土壤层在填埋场为黏土保护层时，黏土层的施工应符合下列要求：

（1）选用回填土壤的土质和含水率应达到设计要求。

（2）回填之前和回填过程中应观察地表积水和地下水渗漏情况，必要时采取措施导排积水和地下水。

（3）大面积填土采用压路机进行碾压，拐角或坑洼、隐蔽部分采用人工进行夯实。

（4）土壤层应分层压实、平整，各层之间应紧密衔接。压实后表层平整度应达到每平方米误差不大于2cm。

（5）防渗层的膜下保护层，垂直深度距以上2.5cm土壤层内不得含有粒径大于5mm的尖锐物料。

（6）位于场底的黏土层压实度不得小于93%，位于斜坡上的黏土层压实度不得小于90%。

（7）填方压实度标准应符合表1-20所示的规定。

表 1-20　填方压实度标准

项　　目	质量标准	检 测 频 率		检验方法
		范围/m²	点　数	
压实度	>90%	500	每组一层（3点）	环刀法

1.6.4　锚固沟施工

锚固沟是指开挖在填埋库区外边沿上口平地上的沟槽。锚固沟绕填埋库区一周，并与外边沿上口保持根据设计要求规定的尺寸以上的锚固平地，沟槽剖面呈长方形或梯形。锚固沟的施工应符合下列要求：

（1）在测量放线过程中，将锚固沟的位置和尺寸线确定好并加以保护，开挖前，制

定合理的开挖次序、确定堆土位置及选择开挖机械等，并对施工人员进行施工技术交底。

（2）锚固沟的开挖可采用挖掘机或人工开挖，或以挖掘机开挖为主，人工配合修整。

（3）严格按照设计要求的宽度、深度和坡度开挖。开挖中挖机沿沟线后退式开挖，尽量减少侧移，防止履带过分压迫沟边引起塌陷。开挖过程中锚固沟底部和边坡至少要留10cm厚的虚状土留待后期压实作业。

（4）开挖所产生的多余土方在开挖过程中装车运至甲方指定的堆土区域，不得堆放在锚固沟边缘，影响作业。

（5）在防渗材料需要转折的地方，沟槽不得存在直角的刚性结构，均应做成弧形结构。

（6）开挖时，监测人员应随时测量，保证尺寸符合要求；管理人员也应在现场指挥并经常检查沟槽的静空尺寸和轴线位置，确保沟槽轴线偏移符合设计要求的范围。

（7）开挖完成后，采用人工用蛙式打夯机对锚固沟底部进行平整、夯实作业，对沟边采用人工平整、压实作业。

（8）锚固沟应及时回填，回填的土质或混凝土应符合国家相关规范及设计的强度要求，不得含有有害杂质。在回填土时应分层回填夯实，保证压实度；在回填混凝土时，应迅速及时，并保证足够的养护时间。

（9）锚固沟的允许偏差值应符合表1-21所示的规定。

表1-21　锚固沟允许偏差值

序　号	项　目	允许偏差/mm	检　验　频　率		检验方法
			范围/m	点　数	
1	沟底高程	±30	30	1	水准仪测量
2	沟底宽度	±30	30	1	尺量检查
3	沟面宽度	+50，-30	30	1	尺量检查

（10）回填土应采用小型夯实机分层夯实，夯实后的土方压实度应符合表1-22所示的规定。

表1-22　锚固沟回填压实度标准

项　目	质量标准	检　验　频　率		检验方法
		范围/m²	点　数	
密实度	设计值	300	（每组一层）3	环刀法

1.6.5　管道盲沟、碎石铺设施工

1.6.5.1　管道盲沟施工

填埋库区的管道盲沟包括地下水收集导排盲沟和渗滤液收集导排盲沟，其施工应符合下列要求：

（1）管道盲沟的开挖按锚固沟的开挖要求施工。

（2）施工过程中应注意地下水的临时降水工作，以防止基层长时间受水的浸泡。

(3) 开挖时，可按标高由低向高的顺序施工，以利于坑槽的临时排水。

(4) 开挖出的土运至指定地点或堆放在坑边 2m 以外位置处，不得堆在盲沟口边处，以免加重沟壁的压力和妨碍施工。

(5) 开挖工作要分段进行，衔接紧凑，分段施工，以减少塌方，防止破坏土基，并能定时检查，出现问题及时解决，减少事故和返工现象。

1.6.5.2　碎石的选择和施工

碎石的选择和施工包括以下几个方面：

(1) 盲沟宜采用砾石、卵石或渣石，规格质量应满足设计要求，选择通过质量检测的厂家材料。

(2) 碎石应堆放在指定地点，靠近库区，以避免二次搬运。堆放时要注意区分不同粒径的石料，并避免和不同石料混杂在一起。

(3) 施工前应对膜上保护层材料（一般为土工材料）表面进行检查，保证施工面无尖锐、突起的物体和垃圾等杂物。

(4) 碎石从堆放处进入施工场地宜采用长臂挖掘机转移，严禁将碎石从库区上沿口滚落到场底。碎石的装卸过程应有专人指挥，挖掘机作业半径内严禁站人。在卸料时挖机臂应伸到靠近地面后再卸料，严禁腾空卸料。之后用机械辅助人工对碎石表面进行修平工作，确保碎石层表面与库底基土表面相平，以进入下一道工序。

(5) 在铺设碎石时，应注意避免移动或损伤渗滤液收集管道，要确保管道四周均匀回填，必要时可采用人工倾倒管道周边碎石的方式。人工摊铺时应注意铲入石层中，避免铲头直接铲到下层的土工材料；小车运输倾倒碎石时，应轻倒慢放，禁止粗手粗脚、野蛮操作。

(6) 在已经铺好的碎石层上可以铺上木板，作为小车运料的临时便道。

1.6.6　HDPE 膜施工

1.6.6.1　HDPE 膜施工工艺

HDPE 膜施工工艺流程应符合图 1-21 所示的要求。

1.6.6.2　材料验收

进入施工现场的材料，必须是规格、质量合格的材料。材料的验收分为初检和材料外观质量检查。

(1) 初检。材料的初检主要是指材料的进场验收，材料的进场验收应由专人进行，主要检验以下内容：

1) 材料数量、规格、型号。

2) 材料包装。

3) 材料外观质量。

4) 出厂合格证书。

5) 出厂检验报告。

6) 进口材料应验证相关进口凭证。

(2) 材料外观的质量标准应符合表 1-23 所示的规定。

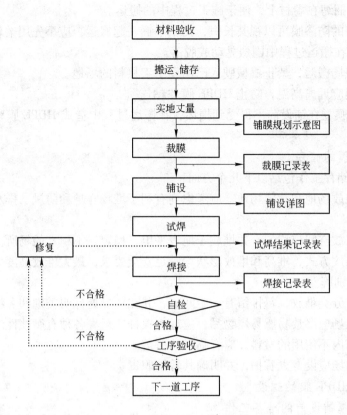

图 1-21 HDPE 膜施工工艺流程

表 1-23 HDPE 膜外观质量标准

序　号	检查项目	指　标	检查方法
1	切口	平直，无明显锯齿现象	目　测
2	穿孔修复点	不允许	目　测
3	水纹、云雾、机械划痕	不明显	目　测
4	杂物和结块	每平方米限于 10 个以内	目测、尺量
5	裂纹、分层、接头和断头	不允许	目　测
6	糙面膜外观	均匀，不应有结块、缺损等现象	目　测

1.6.6.3 搬运与储存

A HDPE 膜的搬运

HDPE 膜的搬运包括以下几个方面的工作：

（1）在指定的材料堆场搬运时，必须由有经验的装卸工指导操作，确保搬运过程中的安全、有效，保证材料不受损伤。

（2）吊装过程中必须使用厂家提供的专用吊膜带捆膜，不得用其他任何硬质绳索代替。

（3）吊装过程中必须匀速，确保机器周转半径内无其他人员。

（4）防渗膜在搬运过程中要避免与任何坚硬物质接触、发生碰撞，专用吊膜带在防渗膜堆放好后仍然捆缚在卷材上,便于施工过程中的搬运。

(5)经裁剪的防渗膜可以视其长短,几个小捆一起搬运,应事先用柔软、结实的绳子捆缚牢固,防止在搬运过程中剧烈晃动或脱落。

(6)施工现场搬运,禁止机械驶入已铺设土工材料的场地。

(7)防渗膜应远离高温,防止 HDPE 膜"粘连"。

(8)HDPE 膜卷在铺设前不得受到损坏,在搬运过程中造成 HDPE 膜整卷或部分卷损坏,不得使用。

B　HDPE 膜的储存

HDPE 膜的储存工作包括以下几个方面:

(1)平整堆放场地和裁膜场地,应考虑到有利于堆场守护和防风、排水、防火等各方面的因素。

(2)材料堆放空间应均匀,并堆放于地表平坦、稳定、不积水的场所。

(3)材料堆放方式、堆高和堆放形状均满足安全要求,最大堆放高度为四层,应能清晰地看到卷的识别牌。

(4)材料应分类堆放,每排留有一定间隔,并在明显处标明类别和名称。

(5)材料堆场应严禁易燃易爆物品,应远离火种,远离各种有腐蚀性的化学物品。

(6)长时间内不使用的材料,应有临时的覆盖。

(7)材料堆场应设专人看护,并明确其看护职责。

1.6.6.4　HDPE 膜的铺设

A　HDPE 膜铺设前的准备工作

裁膜场地要求包括以下几个方面:

(1)选择裁膜场地应考虑不影响其他工程施工,不占用现场道路,不中断原有道路交通。

(2)合理布置临时材料堆场,减少二次搬运。

(3)裁膜场地应离铺设现场距离较近,减少搬运距离。

(4)裁膜场地应宽阔、坚实、坡度小、过渡平缓、表面无坚硬的石块、无积水。

(5)裁膜场地经过雨水冲刷后,必须对场地凹凸不平的地方进行修整,并对积水处及时进行排水。

裁膜要求包括以下几个方面:

(1)应准确丈量实际地形,结合设计图纸进行 HDPE 膜的铺设规划并画出示意图,报工程师审批通过后方可开始铺设。

(2)依据规划示意图进行膜块的裁剪,并卷成小卷,在膜面显眼处标上序号,临时堆放在裁膜场地。

(3)把即将铺设的 HDPE 膜按顺序搬运到施工现场相对应的位置,展开 HDPE 膜过程中,减少在膜面上踩踏。

(4)裁剪时,应使裁剪边保持在一条直线上,裁剪边不得出现波浪曲线。

B　铺设地基土表面的要求

铺设地基土表面的要求包括以下内容:

(1)经处理后的地基土表面应平整、均匀,坡度标高的误差应符合地基技术说明的

规定。

（2）地基土表面应没有泥块、积水、石块、树根、杂物和其他可能损坏 HDPE 膜的东西。

（3）在铺设 HDPE 膜前，施工人员应与监理代表一起检查铺设的地基土面，通过验收后，监理代表应出具地基土面合格的书面证明材料。

（4）通过验收后方可铺设 HDPE 膜，未经验收的构建面上不得铺设 HDPE 膜。

C　HDPE 膜的铺设

HDPE 膜的铺设包括以下几个方面的工作：

（1）填埋场 HDPE 膜铺设总体的顺序应为"先边坡后场底"，以保证填埋场基底不被雨水冲坏。

（2）在铺设时应将卷材自上而下滚铺，先边坡后场底，并确保贴铺平整。

（3）根据焊接能力应合理安排每天铺设的 HDPE 膜量。在恶劣天气来临时，应减少展开 HDPE 膜的数量。

（4）铺设边坡 HDPE 膜时，为防止 HDPE 膜被风吹起和被拉出周边锚固沟，所有外露的 HDPE 膜边缘应用砂袋或者其他重物压上。

（5）铺设后的 HDPE 膜在进行调整位置时，不得损坏安装好的防渗膜，在 HDPE 膜调整过程中应使用经过准许使用的夹子。

（6）铺膜施工中应有足够的不会对 HDPE 膜产生损坏的临时压载物或地锚（砂袋或土工织物卷材）。大风时，HDPE 膜应临时锚固，安装工作应停止进行，以防止铺设的 HDPE 膜被大风刮起。

1.6.6.5　HDPE 膜的焊接

A　HDPE 膜焊接方法

HDPE 膜焊接方法包括以下两种：

（1）HDPE 膜的连接主要采用的是热熔式双轨焊接的方法。

（2）在热熔焊接达不到的地方采用挤压焊接的方法。

B　焊接准备

焊接准备主要内容包括：

（1）在每班或每日工作之前，应对设备进行清洁、重新设置和测试，在连续使用期间，使用间歇时间超过5h，应对设备进行检查调整。

（2）在焊接前，应采用记号笔沿着焊接方向至少每隔20cm 做一个重叠的参考标记。

（3）检查膜面，不应存在破损和损坏 HDPE 膜的油渍、燃料或喷溅的化学斑点，保证焊缝范围内无任何影响焊接质量的杂物。

（4）在焊接前，选用同类膜块进行试焊并测试，以调节焊机的温度、速度、压力。

C　试焊

试焊和试焊评定标准应符合下列要求：

（1）在正式焊接操作之前，应根据经验先设定设备参数，取 300mm×600mm 的小块膜进行试焊。应在拉伸机上进行焊缝的剪切和剥离试验，测试数据应达到规定数值。低于规定数值时，应重新确定设备参数，直到试验合格为止。当温度、风速有较大变化时，应及时调整设备参数，重做试验。

（2）试焊的评定标准是：对黏接的焊缝进行剪切和剥离时，在原材料被撕坏的情况下，焊缝口不得出现任何被破坏的情况（即 FTB）。HDPE 膜焊缝的剪切、剥离强度的数值，应达到表 1-24 所示的规定。

表 1-24　热熔及挤出焊缝强度判定标准值

厚度/mm	剪　切		剥　离	
	热熔焊/N·mm⁻¹	挤出焊/N·mm⁻¹	热熔焊/N·mm⁻¹	挤出焊/N·mm⁻¹
1.5	21.2	21.2	15.7	13.7
2.0	28.2	28.2	20.9	18.3

注：测试条件为 25℃，50mm/min。

D　正式焊接

正式焊接即大面积的膜块搭接焊接，多采用双轨焊机进行焊接，操作方法及注意事项如下：

（1）开机后，仔细观察指示仪表显示的升温情况，在焊机充分预热后插入膜，注意插膜时动作要迅速，搭接尺寸要准确。

（2）操作人员在焊接中应密切注视焊缝的状况，保持焊缝的平直整齐。遇到特殊故障时，应及时停机，避免将膜烫坏。

（3）在焊接过程中，焊机前端应配备 2～3 名持大力钳的辅助人员，以便在上下膜体搭接不够或多余时及时调整膜搭接位置。

（4）在坡度大于 1∶3 的坡面上安装时，操作人员和辅助人员在软梯上操作，应系好安全带。

（5）每一片 HDPE 膜都必须在铺设的当天进行焊接，若实在无法当天完成，可采取适当的保护措施以防止雨水进入膜面下。

（6）在焊接过程中，搭接部位宽度未达到要求或出现漏焊处，应第一时间用记号笔标出，以便事后作出修补。

（7）在焊缝的旁边用记号笔标出焊缝的编码、焊接设备号码、机器参数、室外温度、焊接人员名字、接缝长度、日期、时间和焊接方向。

（8）当环境温度高于 40℃或低于 0℃时，不应进行 HDPE 膜的焊接。

E　修补焊接

修补焊接多采用单轨焊接的方法，其焊接的方法和注意事项如下：

（1）检查接缝处基层应平整、坚实，有异物应及时处理。

（2）检查焊缝处的搭接宽度应合适（≥60mm），接缝处的膜面应平整，松紧适中，不致形成"鱼嘴"。

（3）定位黏接：用热风枪将两幅膜的搭接部位黏接。黏接点的间距不宜大于 60～80mm。要控制热风的温度，不可烫坏 HDPE 膜，不能被轻易撕开。

（4）打毛：用打毛机将焊缝处 30～40mm 宽度范围内的膜面打毛，形成糙面，以增加其接触面积，其深度不可超过膜厚的 10%。打毛时要轻轻地操作，不应损伤焊缝外的膜面。

（5）将单轨机头对正黏接打毛部位，不得焊偏，不允许滑焊、跳焊。

（6）焊缝中心的厚度应为垫衬厚度的 2.5 倍，且不低于 3mm。

（7）一条接缝不能连续焊完时，应将已焊焊缝打毛 50mm，才能进行搭焊，确保修补质量。

（8）使用的焊条，入机前应保持清洁、干燥，不得用有油污及脏物的手套、脏布、棉纱等擦拭焊条。

（9）根据气温情况，对焊缝及时进行冷却处理。

（10）挤压熔焊作业因故中断时，应慢慢减少焊条挤出量，不可突然中断焊接，重新施工时应从中断处进行打毛后再焊接。

F　特殊情况下的焊接要求

特殊情况下的焊接要求包括以下几个方面：

（1）边坡内转角处。在拐弯不规则范围内的膜片应裁成上宽下小的"倒梯形"，其宽窄比例应根据现场的实际情况和边坡的具体尺寸精确计算，使膜片更加紧密地与基底贴在一起，如图 1-22 所示。

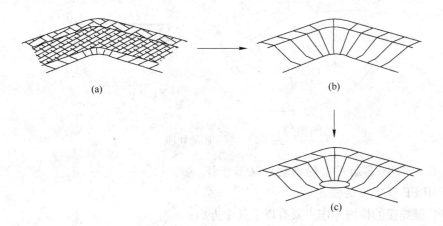

图 1-22　边坡内转角处的焊接

(a) HDPE 膜铺设前坡面模型；(b) HDPE 膜铺设后膜面情形；(c) HDPE 膜焊缝太集中

(焊缝间距小于 30cm) 时处理后 (加圆形补丁) 的情形

注：内坡面拐角处要求土建修筑成半径不小于 2m 的圆角。

（2）边坡与场底衔接部位的坡脚处。应把边坡的 HDPE 膜顺着坡面铺设到距坡脚1.5m 以外再与场底的 HDPE 膜进行焊接处理。

（3）膜搭接部位的焊接方式。在整个施工过程中，经取样后的修补部位及无法采用正常焊接施工的地方，应根据现场的实际情况制定因地制宜的施工方案，采用特殊工艺进行施工。如 T 形、十字形、双 T 形等焊缝的二次焊接，如图 1-23 所示。

（4）管穿膜的处理。应先用 HDPE 膜制作一个成喇叭状的管套，小半径与穿膜管口径一致，大半径在 0.8m 左右（具体尺寸安装时再确定），并分成 6~8 小片，然后把管套按由大到小的先后顺序套进管道。根据现场实际情况调整好管套的位置并用热风筒进行临时稳固，应注意不能让管套有悬空的部位，最后分别把套管的大、小套口焊接在防渗层HDPE 膜面和渗滤液收集管上，在 HDPE 收集管另加不锈钢箍，如图 1-24 所示。

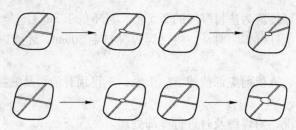

图 1-23　膜搭接部位的焊接

注：1. 所有焊缝交接处均加一圆形补丁，以防止该处手提焊缝气密性不够。

2. 圆形补丁的直径须大于 30cm。

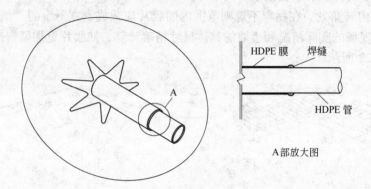

A 部放大图

图 1-24　管穿膜的处理

1.6.6.6　HDPE 膜焊接的检测和缺陷修补

A　HDPE 膜焊接的检测

HDPE 膜焊接的检测工作主要有以下几个方面：

（1）双轨热熔焊缝的检测：充气法，如图 1-25 所示。

1）检测设备包括：气泵、软管及中空针头、压力表、密封胶等辅助材料。

2）检测程序：将需要检测的 HDPE 膜焊缝空腔两端封住，检测设备连接好后将针头插入空腔的一头，启动气泵，输入高压气体到 250kPa，停止加压，在 3～5min 内压力表读数不下降或下降不超过 10%，打开另一端，空气内气体消失，表明整条焊缝检测通过；若读数下降超过 10%，则证明此焊缝需要补焊或返工。

（2）单轨挤压焊缝的检测：真空法，如图 1-25 所示。

1）检测设备包括：真空盒、真空泵、表面活性剂。

2）检测程序：在检测部位均匀涂刷肥皂水

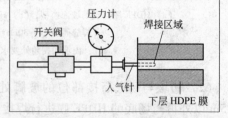

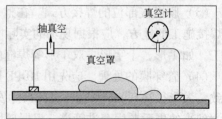

图 1-25　双轨热熔焊缝和单轨
挤压焊缝的检测示意图

或清洁剂，把真空盒用力压在检测部位，使之成密封状态，启动真空泵，打开真空阀，维持压力 25～35kPa 时，观察检测部位是否产生气泡。无气泡产生则证明检测部位合格，可转入另一部位检测；有气泡产生，则证明此部位严密性不够，须返工修补后重新检测。

（3）单轨挤压焊缝的检测：电火花检测法。

1）检测设备包括：高压脉冲电火花检测仪、0.3～0.5mm 细铜丝。

2）检测程序：在挤压焊施工前在待施工焊缝内埋入细铜丝，检测时接入电源，用检测仪在距焊缝 30mm 左右的高度扫探，无火花出现则焊缝合格，有火花出现则表明此部位存在漏洞，需返工整改后重新检测。

B　HDPE 膜缺陷的修补

HDPE 膜缺陷的修补包括以下几个方面：

（1）修补部分：包括切除的样件部位、铺焊后发现的材料破损与缺陷、焊接缺陷。

（2）修补程序：对随时发生发现的缺陷部位用特别的记号笔标注，并加编号记入施工日记，以免修补时漏掉；修补处的编号规则可编为 B1、B2、B3、…连续排列；修补方案应经负责人认可，即：

1）点焊：对材料上小于 5mm 的孔洞及局部焊缝的修补完善，可用单轨挤压焊机进行点焊。

2）加盖：对不够厚度或不够严密的挤出焊缝，用单轨挤压焊机补焊一层。

3）补丁：对大的孔洞、刺破处、膜面严重损伤处、取样处、十字缝交叉处以及其他各种因素造成的缺损部位，均可用加盖补丁的方法来修补。十字缝处补丁尺寸为切角的方形 300mm×300mm 或圆形 D=300mm。其余情况，一般边长不小于 200mm，补丁边距缺陷处不小于 80mm。

1.6.6.7　HDPE 膜的成品保护

HDPE 膜的成品保护包括以下几个方面：

（1）应穿平软底工作鞋进入施工现场，不得穿硬底鞋或带有铁钉、铁掌的鞋。

（2）严禁在现场吸烟或使用各种火源和化学溶剂。

（3）在膜上卸料时，不应使重、硬的物品从高处下落直接冲击垫衬。

（4）严禁在膜面上直接拖拉坚硬或有棱角的物体；施工设备需临时放在膜上时应有垫层保护，特别是初始使用仍有余热的设备，应放置在 1～2 层可以隔温的材料垫层上，以防止膜被烫坏。

1.6.7　土工布施工

1.6.7.1　土工布施工工艺

土工布施工工艺流程应符合图 1-26 所示的要求。

1.6.7.2　材料验收

进入施工现场的材料，必须是规格、质量合格的材料。材料的验收分为初检和材料的外观质量检测。初检按第 1.6.6.2 小节的规定。材料外观的质量标准应符合表 1-25 所示的规定。

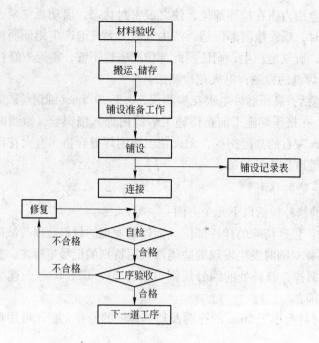

图 1-26 土工布施工工艺流程

表 1-25 土工布外观质量标准

序 号	瑕疵点名称	轻缺陷	重缺陷	备 注
1	布面不匀、褶皱	轻微	严重	
2	杂物、结块	软质，粗≤5mm	硬质，软质，粗>5mm	
3	边不良	≤300cm 时，每50cm 计一处	>300cm	
4	破 损	≤0.5cm	>0.5cm，破洞	以瑕疵点最大长度计算
5	其 他	参照类似瑕疵点评定		

1.6.7.3 搬运与储存

土工布的搬运和储存按第 1.6.6.3 小节的规定。

1.6.7.4 土工布的铺设

A 铺设前的准备工作

在铺设土工布之前，应会同现场监理对将要进行铺设的场地表面进行检查，场地表面应符合下列要求：

（1）基面的变形，其深度不得超过 25mm。

（2）基底表面应无积水、龟裂、尖锐物体、植物、树根、岩石露头等。

（3）土工布表面应无损坏土工布的油渍、喷溅的化学物或化学斑点，表面应干净和整洁。

B 土工布的铺设要求及注意事项

土工布的铺设要求及注意事项，其内容应包括：

（1）坡面上铺设土工布时，应对土工布的上端先进行锚固，然后将卷材顺坡面放下，

使土工布保持拉紧状态。

（2）土工布接缝应与坡面线平行。

（3）边坡土工布应从坡脚向库区底部延伸1.5m以上。

（4）在铺设土工布时，不允许石头、尘土、杂质或水等进入土工布内，保证土工布的正常使用和下道工序正常施工。

（5）土工布的局部剪切应使用专用切割刀，切割或铺设时对相邻材料应有保护措施，防止损坏。

（6）土工布上施工应按第1.6.6.4小节的规定。

（7）雨天禁止铺设土工布。

C　土工布的连接方式

土工布的连接方式应符合下列要求：

（1）土工布热粘连接，搭接宽度不小于（200±20）mm。用记号笔或记号线定位，工作温度在60～80℃，速度为8～12m/min。准备工作时将热风枪加热至工作温度，把热风嘴对准重叠双层土工布之间的中心位置，按要求速度进行黏合。

（2）土工布缝合连接，搭接宽度不小于（75±15）mm。用记号笔或记号线定位，用手提缝纫机，采用高强度涤纶线，对重叠部分中心位置处进行缝合，针距控制在6mm左右，速度在6～8m/min。

（3）土工布搭接连接，搭接宽度不小于（200±25）mm。用记号笔或记号线定位，两块相邻或上下的土工布将其重叠。

1.6.7.5　土工布的检测与修补

A　土工布的检测

土工布的检测应符合下列要求：

（1）黏合方式连接时，对接缝处应无滑粘、跳粘或漏粘现象，连接面应舒展、平顺。

（2）缝合方式连接时，针距控制在6mm左右，无跳针或漏针，连接面应松紧适度，自然平顺。

（3）搭接方式连接时，重叠部位易位误差一般控制在10%之内，连接面应自然、圆润。

B　土工布缺陷的修补

土工布缺陷的修补应符合下列要求：

（1）黏合接缝处：对滑粘、跳粘或漏粘部位距离大于150mm的采用黏合方式修复；对热穿部位大于20mm的部位应加贴原材料土工布采用黏合方式修复。

（2）缝合接缝处：对跳针或漏针间距大于100mm的部位，用人工缝合或采用黏合方式修复。

（3）搭界接缝处：对重叠部位易位误差大于20%部位，采用加贴相同材质的土工布进行人工缝合修复。

（4）漏洞和撕裂部位应按下列要求进行修补：

1）铺设土工布的区域，漏洞或撕裂部位应用相同材质的无纺土工布补丁进行修补缝合。在岩石坡面上，漏洞或撕裂部位应使用同材质的无纺土工布补丁并采用热粘缝合进行修补。

2）在填埋场的底部，裂口的长度超过卷材宽度的10%，损坏的部位应被切除掉，然后采用上述方式将两部分无纺土工布连接起来。

3）在坡面上，裂口的长度超过卷材宽度的10%，须将该卷土工布整卷移除并用新的一卷土工布替换。

4）应将土工布材质之间的可能刺穿土工布的物料清理掉。

1.6.7.6 成品保护

成品保护的具体方法按第1.6.6.7小节的规定。

1.6.8 膨润土复合防水垫（GCL）施工

1.6.8.1 膨润土复合防水垫施工工艺

膨润土复合防水垫施工工艺流程应符合图1-27所示的要求。

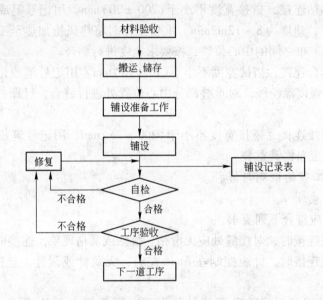

图1-27 膨润土复合防水垫施工工艺流程

1.6.8.2 材料验收

进入施工现场的材料，必须是规格、质量合格的材料。材料的验收分为初检和材料外观质量检测。初检按第1.6.6.2小节的规定。材料外观的质量标准应符合表1-26所示的规定。

表1-26 膨润土复合防水垫外观质量标准

序 号	检查项目	指 标	检查方法
1	切口	平直，无明显锯齿现象	目 测
2	穿孔修复点	不允许	目 测
3	水纹、云雾、机械划痕	不明显	目 测
4	裂纹、分层、接头和断头	不允许	目 测
5	糙面膜外观	均匀，不应有结块、缺损等现象	目 测

1.6.8.3 GCL 的搬运与储存

A GCL 的搬运

GCL 的搬运应符合下列要求：

（1）GCL 在搬运过程中不应与地面和硬尖物接触。

（2）应严防扎破和损坏上下保护层，装卸严禁高处下抛，上下搬运时应平起平下，防止膨润土的流失。

B GCL 的储存

（1）GCL 膨润土垫应堆放于地面平整、地基稳定的场所，卷材底部应有 100mm × 100mm 的原木支垫，材料堆放整齐、均匀。

（2）卷材允许最大堆放高度为四卷 GCL 膨润土垫的高度。

（3）GCL 卷材的堆放时底部垫高，有防水油布覆盖或由其他防水装置进行保护。

（4）应防火、防潮和防强光暴晒，使用要有计划性，运至现场的 GCL 应当日用完，留置现场的 GCL 应有防露水措施。

1.6.8.4 GCL 的铺设施工

A 施工准备

施工准备的内容包括：

（1）铺设基底不得有积水、龟裂、尖锐物体以及树根等可能刺穿膨润土复合防水垫（GCL）的物体。

（2）做好铺设计划，以铺膜的顺序为主体，合理安排膨润土的施工进度。特别注意天气的变化，尽量选择连续晴天施工。

B GCL 的连接

GCL 的安装施工应符合下列要求：

（1）根据铺设计划，整卷材料运输到位。

（2）逐片铺设，详细记录材料卷号信息。

（3）铺设时预留好锚固长度以及与下一幅膨润土复合防水垫连接的位置，正确裁剪。根据材料的工艺要求，接缝处自然搭接，并根据需要及时追加膨润土粉。

（4）应及时锚固或用砂袋等重物临时压载。

（5）应使用专用设备进行施工。

（6）严禁雨天安装。铺设的 GCL 应干燥整洁，不得产生皱纹和褶痕。

（7）GCL 铺设时应与坡面线平行，端部搭接的重叠长度至少为 1m，不允许放在坡顶随重力作用滚下而展开。

（8）铺设的 GCL 应在当天用 HDPE 膜或防水油布覆盖，不允许无任何覆盖而堆放在室外；在炎热天气，GCL 铺设后应在 8h 内予以覆盖。

（9）GCL 纵向搭接的搭接宽度应不小于 150mm，端部搭接的搭接长度应不小于 600mm；搭接区域应无松散土粒碎片。对于搭接区域需追加膨润土的 GCL，应在下方的片材边缘搭接区域表面放置微粒状钠基膨润土（与 GCL 母材相同），宽度为 450mm，数量为 0.4kg/m。

1.6.8.5 GCL 的检测和修复

A GCL 的检测

GCL 的检测包括以下几个方面：

（1）全部搭接的部位应符合设计要求。

（2）GCL 与其他材质或结构的连接应符合要求。

（3）GCL 的表面不应有扎破点或内在的膨润土泄漏。搭接部位与结合物应无褶皱或悬空。

（4）确认 GCL 无前期水化。

B GCL 的修复

安装中 GCL 受到损坏，可切割一块补丁覆盖在损坏的区域上，补丁应从新的 GCL 片材上割取，其尺寸应超出损坏区域周边 300mm。放置补丁前，要在被损坏区域周边使用微粒膨润土或乳状膨润土，并使用木胶之类的黏合剂来固定补丁，以免移动。

1.6.9 PE 管施工

1.6.9.1 PE 管施工工艺流程

PE 管施工工艺流程应符合图 1-28 所示的要求。

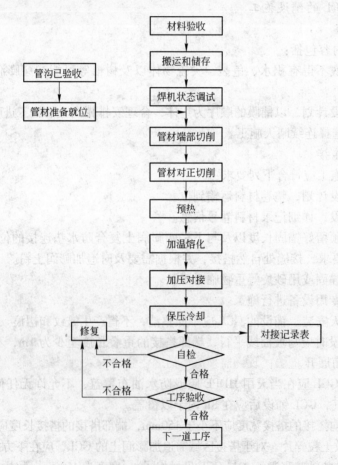

图 1-28 PE 管施工工艺流程

1.6.9.2 材料验收

进入施工现场的材料，必须是规格、质量合格的材料。材料的验收分为初检和外观质量检测。初检按第 1.6.6.2 小节的规定。材料外观的质量标准应符合表 1-27 所示的规定。

表 1-27 PE 管外观质量标准

序 号	检查项目	要 求	检查方法
1	外表面	应清洁、光滑	目 测
2	气 泡	无气泡	目 测
3	划伤、凹陷	不允许明显划伤和凹陷	目 测
4	颜 色	不允许明显颜色不均	目 测
5	端 头	管端切割平整，与轴线垂直	目 测
6	长 度	极限偏差为长度的 +0.4%、-0.2%	尺 量
7	圆 度	不允许明显的变形	目 测

1.6.9.3 PE 管的搬运与储存

A PE 管的搬运

PE 管的搬运应符合下列要求：

(1) 搬运管道时，不应与尖锐物接触，装卸时不得抛摔，不得在地面上拖行。

(2) PE 管在搬运和安装施工中应加以保护，不得施加外力，造成机械损伤。

B PE 管的储存

PE 管的储存应符合下列要求：

(1) 管道应存放在环境温度不超过 50℃ 地面平整的库房内，远离热源。室外堆放，管道应水平整齐堆放，并应防晒，高度不得超过 1.5m。

(2) 材料应分类有序堆放，每排留有一定间隔，并在明显处标明类别。

(3) 材料堆场应有专人看护，并明确其看护职责。

(4) 管材应防止高温和化学物质侵害。

1.6.9.4 PE 管的焊接

A PE 管焊接前的准备工作

PE 管焊接前安装准备的内容包括：

(1) 施工前应检查管道、管件的外观质量，清除产品表面的油污、杂质。

(2) 应查验设计图纸及其他技术文件，按图纸和施工现场的情况确定管道连接的先后顺序，剪裁至需要长度。

(3) 施工前，收集管道应按照图纸与相关技术要求进行打孔、加工。

(4) 管材在安装前应会同现场监理对沟槽进行验槽，并把检验结果详细记录在册，应有现场监理的签字确认。

(5) 排水沟内不得有积水，沟槽内不得有异物存在，或有影响卵石渗透的杂质等。

B PE 管的铺设

PE 管的铺设包括以下几个方面：

(1) 管道安装应使用仪器控制铺设表面的坡度，应让相邻管材连接处断面中心处于同一点上，管顶离地面高度应在同一水平面上。

(2) PE 管在低温（0.5℃ 以下）施工时应使用锋利的刀具缓慢切割，防止脆裂。

(3) 在铺设管道的过程中，应防止碎屑和其他异物进入管道，发现异物应及时清除。

C PE 管的焊接

PE 管的焊接方式包括热熔对接、电熔管件连接、法兰连接等。

（1）热熔对接的焊接程序：

1）切削管端头：用卡模把管材准确卡到焊机上，擦净管端，对正，用铣刀铣削管端至出现连续屑片为止。

2）对正检查：取出铣刀后再合拢焊机，要求管端面间隙不超过 1mm，两管的管边错位不超过壁厚的 10%。

3）接通电源，使加热板达到(210±10)℃，用净棉布擦净加热板表面，装入焊机。

4）加温熔化：将两管端合拢，使焊机在一定压力下给管端加温，当出现 0.4~3mm 高的熔环时，即停止加温，进行无压保温，持续时间为壁厚数（mm）的 10 倍。

5）加压对接：当达到保温时间以后，打开焊机，小心取出加热板，并在 10s 之内重新合拢焊机，逐渐加压，使熔环高度达到 3~4mm，单边厚度达到 3.5~4.5mm。

6）保压冷却：保压冷却时间为 20~30min（如环境温度较高，则需要较长冷却时间）。

（2）电熔管件连接：电熔法兰套在 PE 管外后，加热固定连接。

（3）法兰连接：法兰片与法兰头通过螺丝、螺帽固定连接。

D 焊接中的注意事项

焊接中的注意事项包括以下几个方面的内容：

（1）在设备使用前应检查施工现场的电压，预热设备不得漏电。

（2）在热熔焊接施工时，应按产品相关的技术参数操作，在加热及承插过程中，不能转动管道、管件。正常熔接后，在管道、管件的结合面应有高约 2~4mm、宽约 6~8mm 的均匀熔接圈。

（3）冬季施工时，应采取可靠的防寒防冻措施，同时考虑管材的收缩性。

1.6.9.5 PE 管的检测和修补

A PE 管的检测

PE 管的检测应符合下列要求：

（1）管与管、管与管件的结合部的熔接圈均匀、光滑，高宽在规定范围内，即高约 2~6mm，宽约 4~8mm。

（2）管材和管件表面无损伤，厚度均匀，无压扁状态。

（3）管材的开孔位置分布在设计要求范围内。

（4）管与管熔接轴线偏移值应小于或等于壁厚的 10%。

B PE 管的修补

PE 管与管之间产生了偏差或错位导致渗漏，应把其接口切除重新进行一次焊接直到接口合格为止。

1.6.9.6 PE 管的成品保护

PE 管的成品保护包括以下几个方面：

（1）裸露处的管道旁不得有明火，严禁对管材用明火进行烘弯。

（2）对已安装的管道不能重压、敲击，必要时对容易受外力的部位覆盖保护物。

（3）管道隐蔽后应在地面标明管的位置和走向，严禁车辆重压和堆放重物。

1.6.10　复合排水网施工

1.6.10.1　复合排水网施工工艺

复合排水网施工工艺流程应符合图1-29所示的要求。

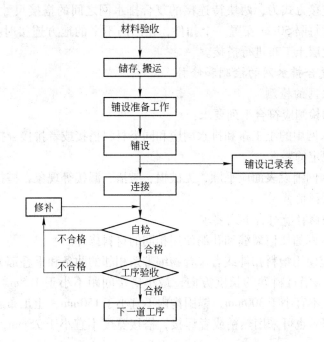

图1-29　复合排水网施工工艺流程

1.6.10.2　材料验收

材料现场验收内容包括：数量、幅长、卷长、颜色应与要求一致；包装应完好，表面无撕烂现象；产地、厂家、合格证、运输单等资料齐全；对于破损的复合排水网应予以区分堆放，并悬挂醒目的标识。

1.6.10.3　搬运和储存

复合排水网的搬运和储存应按第1.6.6.3小节的规定。

1.6.10.4　复合排水网的铺设

A　复合排水网铺设的准备工作

复合排水网铺设的准备工作包括：

（1）检查确认表面没有损害性的油渍、喷溅的化学物或化学斑点。

（2）铺设的复合排水网应干燥和整洁，不得产生褶皱。

（3）在复合排水网上施工应按第1.6.6.4小节的规定。

B　复合排水网的铺设连接

复合排水网的铺设连接应符合下列要求：

（1）在有风的情况下，用砂袋或类似压载物压住展开的复合排水网。铺设过程中使用砂袋直至上面铺设其他覆盖物。

（2）复合排水网在剪切时应将网芯和土工布同时剪切，铺设中进行剪裁不得损坏下面一层土工织物。

（3）复合排水网铺设中应避免石子和异物进入复合排水网。

（4）土工复合排水网由上、中、下三层材料组合而成，上、下层均为土工布，中间层为塑料网格。在铺设连接过程中，首先用专用塑料扣件将中间层连接，然后将下层土工布用热风枪搭接。连接方式为：两块待连接的复合排水网之间的搭接尺寸为 10～15cm，在平整的地方连接时每隔 50cm 安置一个扣件，在凹凸不平的地方连接时扣件则适当加密。最后用热风枪对上层土工布进行搭接。

1.6.10.5　复合排水网的检测和修补

A　复合排水网的检测

复合排水网的检测应符合下列要求：

（1）复合排水网中的土工布和排水网应和同类材料搭接或者拼接，搭接的宽度、最小搭接间距应符合规定的要求。

（2）复合排水网铺设表面应平顺，无破损、皱褶、漏接等现象，搭接部位应良好。

B　复合排水网的修补

复合排水网的修补应符合下列要求：

（1）复合排水网的任何裂缝和孔洞使用相同的材料修补。

（2）土工网应使用塑料扣件或者聚合物编带系相邻的肋条和重叠部分连接，搭接的宽度不应小于 75mm。沿材料卷的长度方向，最小搭接间距不小于 1.5m。沿材料卷宽度方向，最小搭接间距不宜小于 300mm，锚固沟内不宜小于 150mm。土工布底层必须搭接，上层必须缝合在一起，也可采用热粘或者焊接，搭接宽度不宜小于 75mm，修补补丁应大于损坏范围 200mm。

（3）材料的孔洞和裂缝超过卷材宽度的 50% 时，应裁掉损坏部分，使用新的卷材搭接。

1.6.10.6　复合排水网的成品保护

复合排水网的成品保护具体方法参照第 1.6.6.7 小节。

1.6.11　导气石笼制作安装

1.6.11.1　石笼制作安装

钢筋石笼制作全部在临时设施的材料加工区内完成。石笼制作机根据石笼直径制作，可旋转，将钢筋进行腾空焊接，能节省较多的制作时间和减小焊接难度。

石笼制作好后，用装载机运至每个作业区道路边缘，采用人工滚入安装地点，不得机械进入已铺膜区域。在滚动路径上铺设废旧 HDPE 膜做垫层，以更好地对防渗层进行保护。

1.6.11.2　管道焊接安装

石笼内的管道在临时材料堆放区内焊接好后，用人工运至安装地点直接安装，石笼边上搭移动平台便于安装。

1.6.11.3　碎石施工

石笼安装点处碎石在碎石铺设过程中就要事先预留在周边，且碎石要经过精挑细选，尽量选择粒径较大的，防止碎石从钢筋缝中露出。碎石采用全人工进行铺设，管道采用钢筋支架固定，人工将碎石往石笼内填充，在填充过程中要特别注意对管道的保护，杜绝破坏管道的情况发生。

1.7 季节性施工

1.7.1 雨期施工

1.7.1.1 雨期施工的准备

根据雨期施工的特点，不宜在雨期施工的工程应提早或延后安排；对必须在雨期施工的工程应制定有效的措施。

HDPE 膜的铺设、焊接，土工布的铺设、连接，PE 管的连接不宜在雨期施工。

1.7.1.2 施工现场排水

施工现场排水应符合下列要求：

（1）根据施工总平面图、排水总平面图，利用自然地形确定排水方向，按规定挖好排水沟，确保施工工地排水畅通。

（2）必须按防汛要求，设置连续、通畅的排水设施和其他应急设施，防止泥浆、污水、废水堵塞下水道和排入河沟。

（3）施工现场临近高地，应在高地的边缘（现场的上侧）挖好截水沟，防止洪水冲入现场。

（4）雨期前应做好傍山施工现场边缘的危石处理，防止滑坡、塌方威胁工地。

（5）设专人负责，及时疏浚排水系统，确保施工现场排水畅通。

1.7.1.3 整修现场作业道路

整修现场作业道路应符合下列要求：

（1）临时道路应起拱5‰，路边宜设排水沟。

（2）对路基易受冲刷部分，应铺石块、焦渣、砾石等渗水防滑材料或者设涵管排泄，保证路基的稳固。

（3）指定专人负责维修路面，对路面不平或积水处应及时修好。

（4）场区内主要道路宜采用混凝土路面。

1.7.1.4 临时设施及其他设施

雨季施工对临时设施及其他设施的要求如下：

（1）施工现场的大型临时设施，在雨期前应整修加固完毕，保证不漏、不塌、不倒，周围不积水，严防水冲入设施内。选址要合理，避开滑坡、泥石流、山洪、坍塌等灾害地段。大风和大雨过后，应当检查临时设施地基和主体结构情况，发现问题应及时处理。

（2）雨期前应清除沟边多余的弃土，减轻坡顶压力。

（3）雨后应及时对坑槽沟边坡和固壁支撑结构进行检查，对高边坡应当派专人进行认真测量、观察边坡情况，发现边坡有裂缝、疏松、支撑结构折断、走动等危险征兆，应当立即采取措施。

（4）雨期施工中遇到气候突变，发生暴雨、山洪或因雨发生坡道打滑等情况时，应当停止土石方机械作业施工。

（5）雷雨天气不得露天进行电力爆破土石方，如中途遇到雷电时，应当迅速将雷管的脚线、电线主线两端连成短路。

（6）遇到大雨、大雾、高温、雷击和 6 级以上大风等恶劣天气时，应当停止脚手架的搭设和拆除作业。

（7）大风、大雨过后，要组织人员检查，脚手架应牢固，如有倾斜、下沉、松扣、崩扣和安全网脱落、开绳等现象，要及时进行处理。

1.7.1.5　雨期施工的用电

雨期施工的用电的要求如下：

（1）各种露天使用的电气设备（配电箱、管道热熔焊机、电焊机等）应选择较高的干燥处放置，并加盖遮雨物料。

（2）雨期前应检查确保照明和动力线无混线、漏电现象，电杆无腐蚀，埋设牢靠等，防止触电事故发生。

（3）雨期要检查确保现场电气设备的接零、接地保护措施牢靠，漏电保护装置灵敏，电线绝缘接头良好。

1.7.1.6　雨期施工的防雷

施工现场高出建筑物的塔吊、外用电梯、井字架、龙门架以及较高金属脚手架等高架设施，不在相邻建筑物、构筑物的防雷装置保护范围以内，应按规定设防雷装置，并经常进行检查。

1.7.2　夏季施工

进入高温天气之前，应对工作人员进行培训，部署具体施工方案，做好防暑降温工作。具体事项应符合下列要求：

（1）应合理安排作息时间，实行工间休息制度。在每天早晚温度较低时作业，中午高温时段延长休息时间，在气温高于 40℃以上时可适当停止露天施工。

（2）改革工艺，减少设备、材料等与热源直接长时间接触的机会，疏散和隔离热源。特别是对未施工的材料如 HDPE 膜、PE 管等的储存防温措施，应选择阴凉避光处存放并可加盖一些挡光的布和篷等。

（3）施工、生活应使用安全电压，露天作业设备不可长时间连续使用，应有断电冷却的时间，以防高温使设备负荷过重而损坏或烫伤人员。

（4）在工地附近阴凉通风的地方应设置临时休息间（棚），宜配备降温电器、饮料、食品、毛巾等，以供施工人员的临时休息。

1.7.3　冬季施工

1.7.3.1　冬季施工的准备

A　冬季施工组织设计

冬季施工组织设计的内容包括：冬季施工的方法、工程进度计划、材料供应计划、施工劳动力安排计划、技术保障计划、能源供应计划；冬季施工的总平面布置图（包括临建、交通、热能管线布置等）、防火安全措施、劳动用品；冬季施工安全措施即冬季施工各项安全技术经济指标和节能措施。

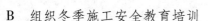

B 组织冬季施工安全教育培训

根据冬季施工的特点，重新调整好机构和人员，并制定好岗位责任制度，加强安全生产管理。应加强保温、测温、冬季施工技术检验、热源管理等机构，并充实相应的人员。安排气象预报人员，了解近期、中长期天气情况，防止寒流突袭。

C 施工现场的准备

施工现场的准备的主要内容包括：

（1）场地要在土方冻结前平整完工，道路应畅通，并有防止路面结冰的具体措施。

（2）提前组织有关机具、外加剂、保温材料等实物进场。

（3）生产用水系统应采取防冻措施，并设专人管理；生产排水系统应畅通。

（4）搭设加热用的锅炉房、搅拌站，敷设管道；对锅炉房进行试压，对各种加热材料、设备进行检查，确保安全可靠；蒸汽管道应保温良好，保证管路系统不被冻坏。

（5）按照规划落实施工人员宿舍、办公室等临时设施的取暖保障。

1.7.3.2 冬季施工安全

冬季施工安全应注意以下几个方面：

（1）机械挖掘时应当采取措施，做好行进和移动过程的防滑，在坡道和冰雪路面应当缓慢行驶，上坡时不得换挡，下坡时不得空挡滑行，冰雪路面行驶不得急刹车。发动机应当搞好防冻，防止水箱冻裂。在边坡附近使用并移动机械应注意边坡可承受的荷载，防止边坡坍塌。

（2）土工材料应在每天晚上收工以后做好覆盖等保护措施。

（3）春融期间开工前，必须进行工程地质勘查，以取得地形、地貌、地物、水文及工程地质资料，确定地基的冻结深度和土的融沉类别。对有坑洼、沟槽、地物等特殊地貌的建筑场地应加点测定。开工后，对坑槽沟边坡和固壁支撑结构应当随时进行检查，高边坡应当派专人进行测量、观察边坡情况，发现边坡有裂缝、疏松、支撑结构折断、走动等危险征兆，应当立即采取措施。

（4）脚手架、道路要有防滑措施，及时清理积雪，外脚手架要经常检查加固。

（5）现场使用的锅炉、火炕等用焦炭时，应有通风条件，防止煤气中毒。

（6）遇到大雪、轨道电缆结冰和6级以上大风等恶劣天气时，应当停止垂直运输作业，并将吊笼降到底层（或地面），切断电源。

（7）风雪过后的作业，应当检查安全保险装置并先进行试吊，确认无异后方可作业。

1.7.3.3 冬季施工防火要求

冬季施工防火要求具体如下：

（1）冬季施工现场使用明火处较多，必须加强用火管理，防止发生火灾。

（2）施工现场临时用火，要建立用火证制度，由工地安全负责人审批。用火证当日有效，用后收回。

（3）明火操作地点应有专人看管，清除火源附近的易燃、易爆物。施工作业完毕后，对用火地点详细检查，确保无死灰复燃，方可撤离岗位。

（4）易燃、可燃材料的使用及管理应符合下列要求：

1）PE膜、土工布等应做好防火隔热等措施，严禁在材料堆放场地动火，环境温度高时，应对材料进行覆盖，避免阳光直射。

2）加强对材料堆放场地的巡视和看护。

3）应按国家相关标准的规定在材料堆放场地配备灭火器材，并定期检查，确保灭火器材的有效性。

4）在使用过程中，热焊机等设备不得直接放置在 PE 膜等材料上，应用隔热材料将其与 PE 膜等隔开。

（5）冬季应做好室外消火栓、消防水池、泡沫灭火器等消防器材的保温防冻工作。

1.8　特殊工艺技术的施工

1.8.1　湿式加盖膜施工

1.8.1.1　前期准备

A　场地平整

场地平整工作主要有：清除施工作业面范围内的所有草木和砾石；用机械夯实的同时必须要在施工作业地表面层铺设黄沙和土工布，使得在拉膜过程中更能减少阻力避免膜和浮球的损坏。

B　材料验收

进入施工现场的材料，必须是规格、质量合格的材料。材料的验收分为初检和材料外观质量检查。

C　HDPE 膜的搬运

HDPE 膜的搬运应符合下列要求：

（1）在指定的材料堆场搬运 HDPE 膜时，必须由有经验的装卸工指导操作，确保搬运过程中的安全、有效，保证材料不受损伤。

（2）吊装过程中必须使用厂家提供的专用吊膜带捆膜，不得用其他任何硬质绳索代替。

（3）吊装过程中必须匀速，确保机器周转半径内无其他人员。

（4）防渗膜在搬运过程中要避免与任何坚硬物质接触，发生碰撞，专用吊膜带在防渗膜堆放好后仍然捆缚在卷材上，便于施工过程中的搬运。

（5）经裁剪的防渗膜可以视其长短，几个小捆一起搬运，应事先用柔软、结实的绳子捆缚牢固，防止在搬运过程中剧烈晃动或脱落。

（6）施工现场搬运，禁止机械驶入已铺设土工材料的场地。

（7）防渗膜应远离高温，防止 HDPE 膜粘连。

（8）HDPE 膜卷在铺设前不能受到损坏，在搬运过程中造成 HDPE 膜整卷或部分卷损坏不得使用。

D　HDPE 膜的储存

HDPE 膜的储存应符合下列要求：

（1）平整堆放场地和裁膜场地，应考虑到有利于堆场守护和防风、排水、防火等各方面的因素。

（2）材料堆放空间应均匀，并堆放于地表平坦、稳定、不积水的场所。

（3）材料堆放方式、堆高和堆放形状均要满足安全要求，最大堆放高度为四层，应能清晰地看到卷的识别牌。

（4）材料应分类堆放，每排留有一定间隔，并在明显处标明类别和名称。

（5）材料堆场严禁易燃易爆物品，应远离火种，远离各种有腐蚀性的化学物品。

（6）长时间不使用的材料，应有临时的覆盖。材料堆场应设专人看护，并明确其看护职责。

E　HDPE 膜铺设前的准备工作

HDPE 膜铺设前的准备工作具体如下：

（1）应准确丈量实际地形，结合设计图纸进行 HDPE 膜的铺设规划并画出示意图。

（2）依据规划示意图进行膜块的裁剪，并卷成小卷，在膜面显眼处标上序号，临时堆放在裁膜场地。

（3）把即将铺设的 HDPE 膜按顺序搬运到施工现场相对应的位置，展开 HDPE 膜过程中，应减少在膜面上踩踏。

（4）裁剪时，应使裁剪边保持在一条直线上，裁剪边不得出现波浪线。

1.8.1.2　施工工艺

A　加盖膜

湿式膜加盖调节池是在已有渗滤液的调节池上面加盖膜，首先在拉膜作业面的对岸均匀分布 3 台功率、型号相同的卷扬机并分别打桩固定，确保在后面的拉膜过程中稳定。再考虑到首膜边缘处与 3 条粗细相同的钢丝绳相连的不稳定性，故在首膜边缘处固定一根长短适中的不锈钢钢管，以便钢丝绳直接与之连接。由于拉膜过程中绝大部分是在水面进行，所以在首膜边缘底部安装一排浮桥，排除了由于拉膜过程中渗滤液进入膜表面的隐患。

B　膜下浮球系统

一般湿式加盖施工会在加盖膜下采用直径 350mm 左右的泡沫浮球作为"导气阀"，纵横交错排列，膜下浮球采用防腐绳连接，每两排为一列，并排排列，间距为 50cm。球体托起了膜面，减少了膜与水面的接触，减小了卷扬机的牵引压力。施工完成后，膜下形成了一个水与膜中间的空间，有利于沼气的收集和排放。泡沫浮球的施工应与膜焊接同时进行。在膜面上预先测量好浮球放置位置，做好标记。在准备场底将膜焊接到池横面长度后分别从三个方向将膜部分翻起，按标记焊上膜带。按规定间隔长度用防腐绳穿起浮球。将浮球放置在膜带上，用膜条将每个浮球分别焊制固定在膜带上。

浮球施工中注意事项如下：

（1）浮球的穿绳工作应提早准备，不要放在施工期间，以免影响工期。

（2）用膜条固定浮球时应将膜条焊制到后来的膜带上，不要直接焊接到加盖膜上，以免焊缝过多影响加盖膜的质量。

（3）浮球固定好后，将加盖膜整体掀翻到原来的位置，此过程中要注意幅度不要过大，以免浮球松动。

（4）浮球全部固定好后会全部到了加盖膜的下方，此时应特别注意，不要让无关人员走上膜面，以免踩到浮球发生损坏或不必要的事故。

（5）在膜的拖拉过程中，要用大量的人力辅助将膜面稍微抬起，减小浮球与地面的接触，减少损坏和阻力。

C　膜上压重系统

加盖膜完成后会产生沼气并把膜顶起来，因此需要在加盖膜上安装压重物，压重物有重力压管和重力压袋两种方式。重力压管采用 De200 HDPE 管，两端采用端帽封堵，管道中填充满砂砾以增加质量。由于成品重力压管较重，故采用在膜体滚动的方式就位，每段重力压管间采用不锈钢链条连接在一起。重力压袋采用 HDPE 膜焊成直径 200mm 的管状袋再填充满砂，然后封堵端头。

膜上压重物在浮盖膜上锚固的方式即在压重物下面垫选一块 60cm 宽的膜垫，每隔一定的距离采用点焊与浮盖膜焊接在一起，压重物放在膜垫上，用 30cm 宽的膜条包住压重物，再用挤压焊接固定在膜垫上，膜条间距 3m。

1.8.1.3　施工中注意的问题

A　大面积膜牵引导致的膜环拉力问题

在面积过大的调节池湿法施工中，由于横跨度过大、渗滤液与膜的接触加大牵引力等问题，牵引环经常容易损坏或行不通而影响工期。根据物理力学的原理，对瑞士产双轨焊机进行了技术改进，使膜扣的双轨焊缝与牵引力成垂直方向，用改进后的膜扣固定钢管，以线形受力面代替局部点受力，解决了大面积膜牵引的受力问题。

B　大面积拉膜的受力不均匀问题

由于横跨度过大，且与水面有接触，拉膜是很多施工人员比较头痛的问题，施工中机器的损坏、拉力过小、膜反拖机器等问题很多，有时还会引发安全问题。对此，通过专业人员的分析计算，根据不同条件确定牵引动力和牵引点，设计与之相匹配的控制系统，选择合适的卷扬机，并用导向轮和手动葫芦作为调整定位工具，解决了上述问题。

C　特殊部位处理

在整个施工过程中，经取样后的修补部位及无法采用正常焊接施工的地方，需根据现场的实际情况制定因地制宜的施工方法，采用特殊工艺进行施工。如 T 形、十字形、双 T 形等焊缝的二次焊接属于特殊部位焊接，如图 1-30 所示。

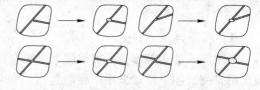

图 1-30　特殊部位焊缝处理示意图

注：1. 所有焊缝交接处均加一圆形补丁，以防止该处手提焊缝气密性不够。

2. 圆形补丁的直径须大于 30cm。

D　对铺膜场地必须合理规划，尽量减少焊缝数量

施工中应充分发挥产品幅宽及卷长的优势，宁可在安装进行中多下功夫，也应该尽量减少焊缝数量；同时应该尽可能减少 T 形焊缝，杜绝十字形焊缝，实在无法避免时应在交叉处做一块 30cm×30cm 的补丁作加强处理。

1.8.2　斜卧井施工

1.8.2.1　HDPE 管的准备工作

按照施工进度采购 HDPE 管，HDPE 管进场必须有合格证和质量保证书。HDPE 管运到现场后须小心储存和堆放，以避免损坏、压碎和刺穿，管材的堆高不可超过 2m；施工前 HDPE 管须按照图纸与相关技术要求进行打孔，打好孔后按要求运至 HDPE 管斜井现场指定的位置堆放；堆放处应做好防护措施，防止高温和化学物质侵害。

1.8.2.2 土方开挖

校验定位轴线及标高桩，根据定位轴线，按照图纸设计的尺寸位置，定出斜卧井的位置，并放出挖土灰线；基础及边坡采用人工挖土；挖土方的质量标准应符合设计及规范的要求；雨天不得进行土方的开挖工作，以防雨水冲刷引起塌方；土方开挖完毕后，应及时报验，经验收合格后立即进入下道工序的施工。

1.8.2.3 HDPE 管制作

HDPE 管制作应符合下列要求：

（1）斜井所用材料的规格、型号、材质应符合图纸设计及规范要求，焊接用设备机械应能满足施工要求，焊接人员应持证上岗。

（2）斜井制作前应对所用材料外观进行检查，熟悉图纸，按照图纸尺寸放样切割，并考虑熔合时缩短的尺寸，一般每个焊缝两侧各多放约 5cm，切割断口应平顺整齐，并且不得伤及切口以外的其他部位。

（3）焊接前应对斜井管道预拼装，以检验焊接后能否满足设计长度，然后按图示要求在规定的位置打孔，孔的直径及间距应符合设计的要求。

（4）将切割好的 HDPE 管吊装至焊管机上，吊装时应采用膜带吊装，以避免伤及管道；应及时检验管道的位置，使前后两根管道处于同一个平面内，校验完毕后将管道在焊管机上固定；打开电源预热焊管机，调节好焊管机的预设程序。

（5）在焊管机上装上切割片，开动机器使两侧的管道贴住切割口，开动刀口将管口切平，使管道能与刀口紧密贴合即可。

（6）开动焊管机，时间继电器将按照程序完成熔化程序并报警提示操作人员，完成后拿出熔化板，将熔化后的管道加压贴紧，待自然冷却后即完成一个接头的焊接工作。

（7）焊接后的熔环高度应满足设高要求，外观光滑，无缺陷。

1.8.2.4 井底施工

土方开挖后应立即进行井底的施工工作，按照图纸设计要求，做好斜井下的各构造层的施工，施工要求详见各工序的施工方案；在管道与基层接触部位加铺一层土工布，然后在基坑内铺填碎石，碎石的质量应符合图纸设计的要求，铺设至管底标高后暂停铺设，在斜井管底处设置闷板，然后吊装管道。

1.8.2.5 管道吊装

吊装前应对 HDPE 管斜井的制作质量进行外观检查，然后使用专用的膜带吊装，吊点的设置应满足吊装要求；吊装工应持证上岗，并设置专门的信号工指挥吊装；管道较长时应设缆风绳，吊装过程应轻吊轻放，放到挖好的边坡槽内，管道应与基层紧密贴合，使下口与闷板贴紧，上口达到设计标高；校验好轴线标高后，将坑底用石子填平。

1.8.2.6 斜井固定

斜井安装后应立即进行固定，在顶部用卡箍将井身卡紧，然后与预先埋设在锚固沟内的铁件相连，固定前应再次复核管道的位置及标高，固定完后应按设计要求将管四周的空隙填实。

1.8.2.7 斜井验收

管与管的结合部的熔接圈均匀、光滑，高宽要求在规定范围内，即高约 2～6mm，宽约 4～8mm。管材和管件表面无损伤，厚度均匀，无压扁状态。管材开孔位置的分布应在设计要求范围内。管与管熔接轴线偏移值应小于或等于壁厚的 10%。HDPE 管安装施工的要求和检测方法见表 1-28。

表 1-28 HDPE 管安装施工的要求和检测方法

检测内容和要求	方 法
材料数量、规格、包装符合相关要求	目测钢尺检查
材料外观和储运符合规范规定	目测钢尺检查
已按规定抽样送检，技术指标符合要求	抽样检测
基底已检查验收，符合相关规范的要求	实测、查纪录
管道沟的开挖符合设计和规范要求，管道沟已验收	实测、查纪录
如铺设基底为其他土工材料，则该道工序已验收合格，无需修补整改，并有对基底的保护措施	目测、查书面记录
机械设备已调试并进行试焊，试焊结果符合要求	目测、查书面记录
开孔花管的开孔方式符合设计要求	目测、尺量
管材的连接件应干净、无污物	目测
管材连接面铣削平整并与轴线垂直，两连接断面相互吻合	目测、尺量
加温熔化时温度适宜，当出现 0.4～3mm 熔环时停止加温，无压保温时间为壁厚数的 10 倍	目测、现场计时
保压冷却时间适宜，管道有足够时间适应环境稳定	计时实测
管道开口端用管盖封闭，无尘土碎石及其他异物进入管道，花管无泥土杂物堵塞	目测
管道安装牢固，支座间距和类型符合设计及规定要求	目测、尺量
连接点和接口牢固密封，焊接部位圆滑美观，整个管道干净整洁	目测

1.8.2.8 成品保护

成品保护包括：斜井施工后应对井口进行封闭，以防人员或其他物体不慎落入；机械不得在斜井上施工；及时报验，经验收合格后，立即进入下道工序的施工；对斜井进行隐蔽覆盖。

1.9 施工管理

1.9.1 施工组织管理

1.9.1.1 项目组织机构

按照项目团队的模式，宜建立以项目经理为核心的项目管理班子，实行项目经理负责制，组织机构如图 1-31 所示。

1.9.1.2 职责分工

A 管理层

管理层包括：

（1）项目经理：负责项目的计划、组织、控制和协调，通过优化配置项目资源，协调各施工单位及其他各方面的关系，及时检查、监督项目计划的实施，发现项目执行过程中的偏差并予以纠正。

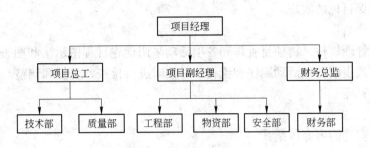

图 1-31 项目组织机构示意图

（2）项目副经理：负责项目所需材料的组织和调配，负责施工进度、成本的控制和施工安全文明生产的管理，检查督促各施工队伍的职责实施情况、施工现场进度的控制。

（3）项目总工：负责为项目提供技术指导、支持和服务，负责设备的调配和设备状态保障，负责落实施工质量"三检"制度，确保工程质量。

（4）财务总监：负责制定项目的收支预算、利润计划、财务计划、成本控制及财务规范性运作。

B　职能层

职能层包括：

（1）工程部：负责制定落实生产计划，完成工程量的统计，组织实施现场各个阶段的布置、生产计划、安全文明施工及劳动力、工程质量等各个施工因素的日常管理。

（2）技术部：负责编制和贯彻施工组织设计、施工方案，进行技术交底，组织技术培训，办理工程变更研商、汇集整理工程技术资料，组织物资验收和施工检验，检查监督工程质量。

（3）质量部：负责施工质量程序的管理工作，监督检查工程施工质量，编制、收集、整理工程施工验收记录等施工资料。

（4）物资部：负责工程物资和施工机具购置、搬运、储存，编制并实施物资使用计划，监督控制现场各种物资使用情况，维修保养施工机具等。由计划员、采购员、保管员、会计员等组成。

（5）安全部：负责安全防护、消防保卫、环保环卫等工作，由管理员、安全员、保卫干事组成。

（6）财务部：负责编制工程报价、决算、工程款回收、日常财务管理、工程成本核算、资金管理、分包合同管理等工作，由预算员、会计员、出纳员等组成。

C　作业层

作业层是指各专项工程施工队。应按各项目的施工要求配备相应的施工队，按项目部的计划安排，实施工程施工。

1.9.1.3　项目管理

项目管理应确保项目按计划在预算范围内优质完成，对项目团队进行有计划的组织和控制，完成预定的项目目标。

A　责任目标分解

将项目管理的安全文明生产、成本控制、施工质量目标层层分解到管理层、职能层和作业层，以确保目标的实现。

B　网络计划

应用项目管理软件，将项目管理和各项活动采用优先日程图示法和图表评审技术，通过网络图的方式表明各项活动顺序和流程，并按时进行检查、督促和调整。

C　现场管理

a　现场施工安排

现场施工安排的内容包括：

（1）现场"五通一平"，即通水、通电、通路、通暖、通信、平整土地。

（2）现场防洪、排水：利用现场排水沟，保证场区内排水顺畅。

（3）搭建现场临时办公、生活用房等设施。

b　总平面布置

总平面布置应符合下列要求：

（1）布置有序，减少材料的二次运输，降低施工成本。

（2）应减少对其他分包施工单位的影响和相互牵制，减少对周围环境及场外交通的干扰和影响。

（3）应利用现有的交通设施，不中断原有道路交通。

（4）临时职工宿舍、办公用房、材料堆场的布置应简单、合理、紧凑、实用。

（5）应符合安全生产、文明施工的要求，创造文明施工的生产条件。

c　标准化管理

标准化管理应符合下列要求：

（1）按照国际管理体系的要求，应做到施工操作标准化、施工质量标准化、施工管理标准化、环境安全管理标准化。

（2）施工中各个工序之间应做到材料表格化管理，分部工程验收表格化管理。

（3）在现场管理中，工程项目部与分包施工队及监理之间应做到表格化管理。

d　施工过程中的质量控制

施工过程中的质量控制是指整个施工阶段现场施工质量的控制。在施工前，应按工程项目的分部分项工程，确定每一道工序的质量管理点，制定质量保证措施，落实责任人员。工程管理人员应重点在以下几个方面进行质量检查和控制：

（1）工程技术负责人或专业施工技术负责人在图纸会审后，应对参与该工程施工的技术人员和工人进行技术交底。

（2）凡有施工方案的项目，应按施工方案进行施工。

（3）在施工过程每道工序的操作中，应加强对操作质量的巡视检查，对违规操作，不符合质量要求的应及时纠正，防患于未然。

（4）在工序质量自检、互检的基础上，应进行工序质量的交接检查，上道工序不合格就不能转入下道工序施工。

（5）应加强隐蔽工程检查验收，做好记录，办理隐检签证手续，列入工程档案。在隐蔽工程中查出的质量问题应认真整改，整改后经监理工程师复检合格后，才能转入下道工序施工。

e　施工过程中的成本控制

施工人员应熟悉工程的特点、施工规范、工艺流程、施工设计图纸、设备位置等，做好施工准备，在保证质量的前提下努力降低成本，增加效益，具体如下：

（1）在施工管理过程中，应合理安排劳动力，节约控制成本。合理安排施工顺序，各工种搞好协调关系，杜绝返工。

（2）施工员对材料进场和材料损耗做到心中有数，合理使用。加强现场材料管理，按计划分期进料，防止积压，建立来料验收制度，防止不符合标准的材料进场造成浪费。同时对下脚料、余料及时进行回收和利用。

（3）认真审查图纸，在不影响质量和设计要求的前提下，建议改变不合理设计，节约原材料。

（4）在施工中应推广新技术、新工艺，对异型材料成套加工，降低采购成本。

（5）在现场施工中，应实行标准化的批量生产，以达到节约成本、节约施工周期的目的。

（6）在施工管理过程中，以10天为一个周期，对工程量及材料使用情况，进行成本控制核算。

D　施工协调与配合管理

a　施工协调工作的原则

项目组织与协调工作内容包括：项目业主、施工单位和监理单位之间的协调、配合关系的协调、约束关系的协调。各种关系的协调应遵守以下原则：

（1）遵守国家法律、法规的原则。

（2）组织协调要维护公正原则。

（3）协调与控制目标一致的原则。

b　与业主的配合

施工与业主的配合应包括下列内容：

（1）严格执行施工合同范围内各项条款。

（2）工程实施中，应落实业主制定的质量、进度、安全目标。

（3）参加业主组织的生产会议及协调会议。

（4）对业主提出的要求或规定，应认真研究执行。

（5）及时收集业主的反馈意见。

（6）业主单位的收、发文件均应单独立档保存。

c　与监理单位的配合

施工与监理单位的配合应包括下列内容：

（1）与监理单位的沟通通过会议、发文及口头等方式，按专业对口的原则进行。

（2）对现场质量、进度的问题，组织有监理单位参加的专题会。

（3）参加由总监理工程师组织的监理交底会、工程例会，在施工现场应维护监理工程师的权威性。

（4）对监理单位发出的指令在第一时间予以执行。

（5）加强与总监理工程师的沟通与协调，尤其是对重大技术问题的处理与决策。

（6）收集监理单位的反馈意见。

（7）监理单位的收、发文件均应单独立档保存。

d　与设计单位配合

施工与设计单位配合应包括下列内容：

(1) 由项目经理牵头负责与设计单位的沟通、协调。

(2) 对设计图纸等文件的管理信息应由专人统一登记、保存，使用时办理领用手续。

(3) 参加设计单位的设计交底会及其他专题会。

(4) 项目部专业工程师负责与设计专业负责人沟通协调对设计变更的确认。

(5) 施工过程中发现施工图纸与实际不符或有误时，应及时向设计单位提出变更设计。

(6) 设计单位的收、发文件均应单独立档保存。

e　具体协调工作安排

定期召开工程例会，由建设单位、监理单位及项目经理部共同协调该工程的有关事宜。项目部根据施工合同制定年度、月度及周进度计划，并转发给项目组和各分包单位，定期组织分包单位召开碰头会，总结当日及前一段时期进度、质量方面的情况，并提出次日及下一步的进度、质量要求。

1.9.2　安全施工管理

1.9.2.1　安全施工管理要求

安全施工管理要求主要包括以下几个方面：

(1) 总目标：保证施工阶段无死亡事故，工伤事故发生率应控制在3‰以下。

(2) 应执行国家和当地政府有关建筑施工安全、劳动保护的法规和规章制度，树立"安全第一，预防为主"的思想。

(3) 应执行国家颁发的《安全生产法》的规定，建立健全各级岗位安全责任制度，并做好安全生产的各种记录。

(4) 施工中应做到无人身伤亡事故、无机械损害事故、无火灾事故、无财物损失事故、无刑事治安案件等。

(5) 各分部分项工程施工前应制订详细的安全技术措施，由专职安全员组织进行安全技术交底，落实到施工班组的每一个人，并有工人的签名。

(6) 创建安全文明施工工地。

1.9.2.2　安全施工管理组织结构

安全施工管理组织结构主要包括以下内容：

(1) 建立以项目经理、副经理、总工程师、技术负责人、安全检查员为正副组长，各专业施工队长为组员的项目安全生产领导小组，每个班组指定安全负责人，应从组织机构上保证安全施工规程的有效执行。

(2) 项目部在编制施工组织设计时，应编制安全技术措施，并作为考核计划的重要指标。

(3) 应执行"管理生产必须管安全"的规定，实行安全生产责任制。

1.9.2.3　安全施工管理制度

安全施工管理制度具体如下：

(1) 建立安全生产巡查制度。定期组织安全巡回检查，对查出的隐患按"四不放过"

的原则将事故苗头消灭在萌芽状态。

（2）建立持证上岗制度。严格执行特殊工种持证上岗的有关规定，电工、焊工、机械操作等应由经考核合格有资证的专人操作，严禁串岗及无证上岗。

（3）建立三级交底制度。在工程施工过程中，项目经理和总工向部门负责人及现场技术员交底、技术员向施工队长交底、队长向现场操作人员交底，并应形成书面记录。

（4）建立定期安全教育制度。新工人和员工应进行上岗安全培训，每周对施工现场人员进行一次安全教育。

1.9.2.4 施工现场安全

A 现场安全要求

现场安全要求具体如下：

（1）各工序开工前，应对操作人员进行安全技术交底。

（2）操作人员应经培训合格，持证上岗。

（3）禁止无关人员进入施工现场。

（4）现场操作人员一律不允许穿拖鞋、短裤；必须穿统一的工作服，佩戴安全帽和手套等。

（5）现场施工人员禁止吸烟，严禁明火作业。

（6）发电机添加燃料时应熄火，严禁携带火种人员接近。

B 施工临时用电

（1）工地临时用电一律采用"三相五线制"配线，用电线路必须按规定架设，每个临时配电板（箱）必须全部安装灵敏的漏电保护器。

（2）施工用电应统一从总配电箱内采用分配电箱接电。

（3）施工现场设工地用电管理负责人，负责各种机电设备的管理，对进入工地的电气工作人员进行用电操作交底，检查监督工地用电安全。

（4）施工现场采用380V/220V电压，照明用电为220V，均采用绝缘电缆连接。

（5）通往工地的配电线路架空敷设，架设时线路严禁架设在树木或脚手架上。

（6）配电系统设置室内总配电屏和室外分配电箱，实行分级配电。

（7）配电箱均应标明其名称、用途、编号，并做出分路标记，门上上锁，专人负责，定期检查维修。

（8）动力配电箱和照明配电箱分别设置在干燥、通风及常温场所，周围不得堆放任何障碍物。

（9）用电设备开关的设置为"一机一闸一保险和漏电保护器"，实行单独用电隔离，漏电保护器必须安装在设备负荷线的首端处。

（10）所有配电箱、开关箱、用电器在使用过程中应遵循操作顺序：

1）送电操作顺序：

总配电箱→分配电箱→开关箱→用电器。

2）停电操作顺序：

用电器→开关箱→分配电箱→总配电箱。

在此特别注意：出现电气故障的紧急情况除外。

C 消防安全

消防安全应注意以下几点：

（1）应按国家相关标准的规定配备消防器材，并应经常保养。

（2）建立义务消防抢险队，应进行消防设备性能和操作方法的培训。

（3）施工现场设立安全宣传牌和消防宣传牌。

（4）氧气瓶、乙炔瓶要定点分开放置，操作现场与明火的安全距离不小于10m，并避开高压线。

（5）加强上下联系，组成一个统一的消防安全系统。

（6）建立消防安全责任制，落实消防安全责任人，健全消防安全资料和档案。

1.9.2.5 安全管理的合作

安全管理的合作应符合下列要求：

（1）加强各防渗施工单位的沟通与交流，建立经常性的协调制度和召开协调会议，形成安全会议纪要并严格执行。

（2）各防渗施工单位应按照工作界面的划分进行安全管理，并有义务协助合作单位的安全管理工作。

（3）工序之间交接时，各合作单位应相互进行安全交底，并做好书面交接记录。

（4）各防渗施工单位定期组织联合安全大检查；日常工作中各单位及时交流安全信息，通报安全情况。

1.9.2.6 机械设备材料的安全

A 机械设备的安全管理

机械设备的安全管理应符合下列要求：

（1）机械设备的设置和使用应符合标准JGJ33的要求，不带病运转，不超负荷运转。

（2）应作好机械设备的保养及维修工作，并作好书面记录。

（3）应设置专门的机械管理人员负责现场的机械设备管理工作。

（4）机械设备应有防雨防潮措施，防漏电及接地装置应安全有效。

（5）机械设备应建立专门的台账，进出工地应有记录。

（6）大型机械设备应有围护设施，并应有醒目的警示标志。

B 材料安全及防火防盗

材料安全及防火防盗应符合下列要求：

（1）按照施工平面图的要求堆放原材料、半成品及工具。

（2）露天堆放的材料应在地势较高和地基牢固处堆放，以防止暴雨冲毁或掩埋。

（3）小宗材料及机械设备必须存入固定的库房内，大宗材料应有保护措施，以防材料被盗。

（4）油料棉纱等易燃易爆物资应单独存放并派专人管理。

（5）严禁携带火种进入材料库房，临时动火必须事先进行登记，批准后方可动火。

（6）施工现场24h值班，特别是用电用火后的现场及材料仓库，必须消除隐患，确保安全。

1.9.3　文明施工管理

1.9.3.1　建立健全管理机构

施工现场文明标准化管理应执行上级有关主管部门的各项规定，项目部应成立创文明管理领导小组，小组由项目经理任组长，领导小组负责本项目创文明工地的各项工作。

项目部配备专职安全员，每个施工班组设兼职安全员。

1.9.3.2　创建文明工地

A　综合管理

综合管理具体包括以下内容：

（1）施工现场有"两通三无五必须"、"七不"宣传牌。图牌字迹端正，表示明确，设置在施工现场大门里面的醒目位置。对危险区设立醒目标志，并采取警戒措施。宣传牌标志所表示的意义如下：

1）两通：施工现场人行道畅通；施工工地沿线单位和居民出入通道畅通。

2）三无：施工中无管线事故；施工中无重大工伤事故；施工现场周围道路平整无积水。

3）五必须：施工区域与非施工区域必须严格分隔；施工现场必须设置施工铭牌，管理人员佩卡上岗，各类语言文字使用规范；施工现场施工材料必须堆放整齐，生活设施清洁文明，环境美化；施工现场必须严格按规定控制噪声、扬尘和泥浆处理；施工现场必须开展以创建文明工地为主要内容的思想政治工作。

4）不随地吐痰、不乱丢垃圾、不乱穿公路、不在公共场所大声喧哗、不损坏公物、不说粗话脏话、不在公共场所吸烟。

（2）办公区挂放"九图二牌"。

1）九图：工程施工总平面图，施工进度计划网络图，工程施工形象进度图，交通、施工、人行通道图，临时排水、封启排水管道图，公用管线分布图，消防器材布置图，电气线路布置图，文明施工、质量、安全、综合治理等管理网络图。

2）二牌：管线连续无事故累计天数牌、安全无重大伤亡事故累计天数牌。

（3）按标准悬挂施工铭牌、文明施工告示牌，管理人员佩卡上岗。

（4）分隔设施符合标准要求，施工人员着装统一。上班禁止穿拖鞋、高跟鞋、易滑带钉的鞋，不准赤膊作业。

（5）各方出入口、车行、施工、人行通道平整畅通，有切实可行的临时排水措施。

（6）机具设备、各类材料摆放整齐。施工现场场地平整，道路畅通，现场材料、构件、机具要按施工进度有计划有次序地进入现场，并按施工总平面图布置，分门别类地堆放整齐，标明名称、规格，拆下的模板、脚手管等必须及时整理成堆。

（7）按要求组织交通，设置警示、引导标志标识。

（8）重点区域有防范措施，有保卫值勤人员。

（9）无重大盗窃和违法事件发生。

（10）施工区、办公（生活）区及易燃易爆场所有消防设施配备合理且完好。

（11）易燃易爆场所有禁火标志、无烟蒂。

（12）危险品进库存放，有专人管理。

（13）动火操作符合规范。

（14）宿舍（办公室）电器使用规范。

B 安全管理

安全管理具体内容如下：

（1）安全管理和特种作业人员持证上岗。

（2）加强各防渗施工单位的沟通与交流，建立经常性的协调制度和召开协调会议，形成安全会议纪要并严格执行。

1）各防渗施工单位应按照工作界面的划分进行安全管理，并有义务协助合作单位的安全管理工作。

2）工序之间交接时各合作单位应相互进行安全交底，并做好书面交接记录。

3）各防渗施工单位定期组织联合安全大检查。日常工作中各单位及时交流安全信息，通报安全情况。

（3）机械设备材料的安全。

1）机械设备的设置和使用应符合《建筑机械使用安全技术规程》（JGJ33—2012）的要求，不带"病"运转，不超负荷运转。

2）应作好机械设备的保养及维修工作并作好书面记录。

3）应设置专门的机械管理人员负责现场的机械设备管理工作。

4）机械设备应有防雨防潮措施，防漏电及接地装置应安全有效。

5）机械设备应建立专门的台账，进出工地应有记录。

6）大型机械设备应有围护设施，并应有醒目的警示标志。

7）材料安全及防火防盗。

8）按照施工平面图的要求堆放原材料、半成品及工具。

9）露天堆放的材料应在地势较高和地基牢固处堆放，以防止暴雨冲毁或掩埋。

10）小宗材料及机械设备必须存入固定的库房内，大宗材料应有保护措施，以防材料被盗。

11）油料棉纱等易燃易爆物资应单独存放并派专人管理。

12）严禁携带火种进入材料库房，临时动火必须事先进行登记，批准后方可动火。

13）施工现场24h值班，特别是用电用火后的现场及材料仓库，必须消除隐患，确保安全。

14）中小型施工机械要做到"三必须"（即传动部位必须有防护罩，转动部位必须有保险装置，开关必须有漏电保护器）。

（4）使用电器、电箱符合安全要求，机械设备安全装置齐全。

1）一切用电设备必须安全接地，并安装漏电保护装置，各种机械不得带"病"工作，不准超负荷使用，不准在设备运转中维修保养。

2）机械设备必须由专人操作，不得随意抽人临时操作。

3）施工临时用电推行三相五线制和三级配电、两级保护，并有专业人员管理。

4）现场电线线路不得随意乱搭乱接，未经同意不准私自安装插座。电动设备必须一机一闸，严禁一闸多机共用，临时停工停电或是下班退场，都应关闸切断电源，各闸不准用其他金属物代替保险丝。

5) 使用手提电动机械、器具时，必须戴绝缘手套，穿绝缘鞋。

（5）"三宝、四口"（指安全帽、安全带、安全网以及楼梯口、电梯口、通道口、预留洞口）及各种临边防护，须按规范的要求达标。

（6）立柱、上盖梁支架及操作平台安全防护措施得当。

（7）塔吊要有"四限位、两保险"（即有超高、变幅、行走及力矩限位器，有吊钩保险和鼓筒保险）。

（8）龙门架（井字架）物料提升机，须做到"八齐全、两不准"（即安全停靠、断绳保护、停靠栏杆、安全门、防护棚、上下限位、断电开关、通信信号装置要齐全，不准载人，不准无证驾驶）。

（9）管线保护措施落实、可靠。

（10）安保体系完善并已通过认证。

C 质量管理

质量管理包括以下内容：

（1）按图施工，执行施工强制性标准。

（2）施工质量达到优良级标准。

（3）有合格的测量、计量、试验设备和设施。

（4）质保体系完善、质量受控。

D 场容场貌和环境保护

场容场貌和环境保护工作包括以下内容：

（1）土方集中堆放，绿网覆盖。实行围挡封闭施工，工地四周设置不低于1.8m的封闭式围挡，主要路段的围挡高度不低于2.5m。

（2）工地门口多竖有三根旗杆，一般是悬挂集团（总公司）、企业、业主的标志旗，门头则标明企业名称或简称、企业标记、工地名称等。

（3）工地的主要出入口设置了"七牌一图"（即工程概况牌、施工人员概况牌、安全六大纪律牌、安全生产技术牌、十项安全措施牌、防火须知牌、卫生须知牌与现场平面布置图）。

（4）运输建筑材料、垃圾和泥土等车辆，在驶出建设施工现场之前，要做好冲洗、遮蔽、清洁等工作。

（5）施工现场进行建筑残渣、废料清理及其他易产生粉尘污染的作业时，采取洒水、吸尘等防扬尘措施，防止建筑材料、垃圾和工程渣土飞扬、撒落或流溢，保证行驶中不污染道路和环境。沾有泥沙及浆状物的车辆不驶出工地。

（6）泥浆水必须经过三级沉淀后排放，搅拌机附近设有三级沉淀池，每日收工前机操工将沉淀池中泥浆及时清理，不得使泥浆直接流入下水道。

（7）现场使用商品混凝土、预拌砂浆。

（8）施工产生的旧沥青混合料，应再生利用。

（9）施工噪声不扰民，夜间施工办理许可证并向社会公示。

（10）生活、办公区域因地制宜进行绿化，施工现场做好绿化保护工作。

E 卫生防疫

卫生防疫具体包括以下内容：

（1）工地现场有合格的饮用水、茶水桶并符合卫生要求。

（2）厕所有冲洗设备，请专人清扫，并有集粪坑。

（3）食堂有卫生许可证、炊事人员有健康证。食堂炊事人员每年进行一次健康体检，体检合格并持有卫生防疫部门核发的健康合格证后方可上岗，炊事人员上岗必须穿戴工作服（帽）并保持好个人卫生。

（4）食堂生熟分开、按规定留样菜、有冰箱并有专人管理，有消毒、防尘、灭蝇、灭鼠措施。

（5）对员工食堂及食物进行经常性的检查，确保不发生食物中毒事件。每年夏季，为防止食物中毒和便于中毒抢救，中晚两餐的食品多有留样，每种留样不少于 50g，保持 24h，并做好记录。食堂的餐具均应经过严格消毒，餐券也要进行消毒。

（6）宿舍生活用品摆放整齐、墙上无蜘蛛网、地上无痰迹、床下无脏物。

（7）生活区排水沟清洁畅通、场地平整整洁，无坑洼积水和卫生死角，有加盖的垃圾箱，材料、物品堆放整齐。

（8）维护公共卫生，不乱扔杂物，不随地吐痰，不随地大小便，不乱泼脏水和乱倒剩菜剩饭。

（9）浴室整洁，有专人打扫。浴室有接、载、流措施。

（10）工地有医务室或配备急救药箱，有专职或兼职的医务人员负责现场卫生。医护人员针对季节性流行病、传染病等，应及时通过多种形式向职工宣传防病、治病的知识。

F　宣传教育

宣传教育具体内容如下：

（1）现场有文明工地创建气氛，生活区有黑板报、宣传栏、宣传标识、电视录像等，对职工进行文明施工、安全生产的教育。

（2）施工人员的文明工地创建活动知晓率达到 95%。

（3）重视工地职工业余生活，现场有活动（娱乐）室。

（4）文字使用规范，禁用繁体字，没有错字、别字。

（5）在各项技术交底中都必须对文明施工提出具体的要求，重要部位应有切实可行的具体措施。

G　资料管理

资料管理的具体内容如下：

（1）建设单位、监理单位创建文明工地有计划、有措施。

（2）文明施工、质量、安全、环境卫生管理等组织机构（网络）及相应的岗位责任制及管理制度齐全。

（3）施工合同、监理合同、施工组织设计、施工方案、设计变更等审批手续完整。

（4）高危作业时有专项的应急处置预案。

（5）施工组织设计有针对性的文明施工、安全、质量、管线保护、现场卫生等管理措施。

（6）现场项目经理和专职管理人员定期对现场文明施工、质量、安全、环境卫生、消防进行检查，记录齐全。

（7）施工许可资料（掘路执照、道路施工许可证、占路许可证、市政设施养护临时交接协议等）及管线保护资料（三卡一单）齐全。

1）三卡：建设单位向管线管理单位提出的"管线交底和监护的书面申请卡（单）"、管线管理单位出具的"地下管线监护交底卡"、施工单位的"管线保护班组安全交底卡"。

2）一单：建设单位、施工单位与管线管理单位签订的"保护管线配合协议单（书）"。

（8）工程简报、黑板报等宣传报道有原始记录，工地职工教育、培训、考核情况记录齐全。

（9）食堂进货检查记录、留样菜记录、冰箱清洗记录、灭四害投药记录齐全。

（10）施工现场无食堂的需有供餐合同文本并提供供餐单位营业执照、卫生许可证的复印件。

（11）外来务工人员登记名册和工地职工进出工地登记记录齐全，"四证"齐全即身份证、务工证、暂住证、上岗证齐全。

（12）动火审批制度和审批手续齐全。

1.9.3.3　定制化管理

分析施工作业区域的平面布局，根据不同的功能划分区域，分为施工作业区、材料堆放区、施工机械与车辆设备停放区、办公区、生活区等5个区域。

制作整个区域的布局图，用不同颜色标注5个区域，标明区域之间方向及行驶路线，设立监控设施、导向标牌和警示标牌。

A　施工作业区

施工作业区的定制化管理内容如下：

（1）编制定置图，施工铭牌。标明该区域重大危险源及控制措施；编制区域责任牌，标明责任人及联系电话；有各项安全操作规程和责任制度。

（2）消防设施、用电设施等有标识、责任人、检查记录。

B　材料堆放区

材料堆放区的定制化管理如下：

（1）编制定置图，标明该区域重大危险源及控制措施；编制区域责任牌，标明责任人及联系电话。

（2）确保区域环境整洁，无垃圾和污水。

（3）施工材料堆放整齐，有标识、责任人、领用记录。

（4）小型施工设备、工具在一天作业结束后，放在有标识的指定位置，不得带入宿舍。

（5）消防设施、用电设施等有标识、责任人、检查记录。

C　施工机械与车辆停放区

施工机械与车辆停放区的定制化管理内容如下：

（1）编制定置图，标明该区域重大危险源及控制措施；编制区域责任牌，标明责任人及联系电话。

（2）确保区域内施工机械与车辆设备按定置要求停放整齐，外观整洁。

（3）消防设施、用电设施等有标识、责任人、检查记录。

（4）确保区域环境整洁。

D　办公区

办公区的定制化管理内容如下：

（1）编制定置图，标明该区域重大危险源及控制措施；编制区域责任牌，标明责任人及联系电话。

（2）消防设施、用电设施等有标识、责任人、检查记录。

（3）办公室各部门岗位职责、流程图上墙，室内按定置要求布置，文件柜进行统一标识，文件夹统一打印进行粘贴摆放。

（4）仓库内的物品、工具要摆放整齐，并逐一标识；进、出库有记录，管理制度上墙，严格执行。

　　E　生活区

生活区的定制化管理内容如下：

（1）编制定置图，标明该区域重大危险源及控制措施；编制区域责任牌，标明责任人及联系电话。

（2）员工宿舍。

1）按定置图统一布置，生活设施和生活用品按定置要求摆放整齐，更衣柜统一标识。

2）保持宿舍及周边区域的整洁卫生，每间宿舍有一名室长，每天安排一人卫生值日，并将信息标识于宿舍门上。

3）注意用电安全。不得随意接拉电线，不得使用"热得快"等不安全电器，手机、电脑充电时要有人在场，人员离开宿舍时需将所有充电设备断电。

4）消防设施有标识、责任人和检查记录，按定置图指定位置摆放。

5）废物箱（垃圾箱）按定置图指定位置摆放并标识，垃圾杂物丢在箱内，不得抛在废物箱（垃圾箱）四周。

（3）食堂。

1）按定置图统一布置，所有物品按定置要求摆放整齐，橱柜、餐桌椅统一标识。

2）保持食堂的整洁卫生，严格执行《食堂卫生安全制度》和《食堂管理制度》。

3）员工就餐后剩余的饭菜倒在指定处，不得随意乱倒。

4）注意用电安全，不得随意接拉电线。

5）消防设施有标识、责任人和检查记录，按定置图指定位置摆放。

（4）浴室。

1）按定置图统一布置，冷、热水龙头标识，更衣箱统一标识。

2）保持浴室的整洁卫生，不得在浴室丢弃垃圾杂物，防止下水道堵塞。

3）洗衣服在指定位置进行，不得在浴室内进行，以免影响他人沐浴。

4）消防设施有标识、责任人和检查记录，按定置图指定位置摆放。

（5）厕所。

1）按定置图统一布置，并标识。

2）保持厕所的整洁卫生。

3）注意节约用水，洗手后及时关闭水龙头。

1.10　劳动卫生和环境保护

1.10.1　组织措施

组织措施具体内容如下：

（1）应根据国家、地方规定、业主要求，结合工程的具体情况制定劳动卫生和环境保护规定。

（2）劳动卫生和环境保护应有专人负责，全面负责工程施工现场的劳动卫生和环境保护工作。

（3）建立劳动卫生、环境保护教育和激励机制，把劳动卫生和环境保护作为全体员工上岗教育内容，提高劳动卫生和环境保护意识。对违反劳动卫生和环境保护规定的班组和个人进行处罚。

1.10.2 防止大气污染

防止大气污染的具体措施如下：

（1）清理施工垃圾时使用容器吊运，严禁随意凌空抛撒造成扬尘。施工垃圾及时清运，清运时，宜洒水减少扬尘。

（2）施工道路应保持清洁，并随时清扫洒水，减少道路扬尘。

（3）工地上使用的各类柴油、汽油机械应符合国家相关污染物排放标准的规定，不使用污染物排放超标的机械。

（4）易飞扬的细颗粒散体材料应库内存放，露天存放时应严密加盖。运输和卸运时防止洒落飞扬。

（5）在施工区禁止焚烧有毒、有恶臭废物。

1.10.3 防止水污染

防止水污染的具体措施如下：

（1）办公区、施工区、生活区产生的污水应收集处理，做到污水不外流，场内无积水。

（2）临时食堂附近设置隔油池，应定期掏油，防止污染。

（3）厕所应设置化粪池，粪污水应排入化粪池，应经常掏运，防止满溢。

（4）严禁将有毒有害废弃物用作土方回填，防止污染地下水和环境。

1.10.4 防止施工噪声污染

防止施工噪声污染的具体措施如下：

（1）作业时应控制噪声影响，在施工中采取防护等措施，把噪声降到最低限度。

（2）对强噪声机械（如发电机、往复锯、砂轮机等）应采取措施，减少噪声的扩散。

（3）在施工现场倡导文明施工，不大声喧哗，不使用高音喇叭等。

第2章 生活垃圾卫生填埋场 灭蝇除臭作业技术

2.1 适用范围

生活垃圾卫生填埋场灭蝇除臭作业技术规定了灭蝇除臭的岗位职责、作业标准、作业流程、操作规程、防护措施、膜覆盖作业规程、常用灭蝇除臭设备及维护规程、常用除臭药剂等内容。该技术适用于生活垃圾卫生填埋场、垃圾中转站、中转码头以及这些场所附近有灭蝇除臭需求的办公区域。

2.2 岗位职责

岗位职责具体包括以下内容：

（1）熟悉本岗位机械的性能和作业流程，自觉遵守操作规程。

（2）按规定的稀释比例配制药物，喷药杀灭苍蝇或除臭后，注意做到质量自查，确保灭蝇除臭效果。

（3）药液配制与喷洒必须注意安全，严禁酒后作业，作业期间禁止吸烟，严禁明火作业。

（4）严格控制苍蝇密度，遇到突发性紧急问题，应及时如实汇报情况，并采取相应措施和处理办法。

（5）负责药物保管和监督，并作为药物管理的兼职责任人，施药人员领用药物时须在场监督。

（6）负责对药物数量、流向严格核查，防止被盗、丢失或者误用，发现问题应及时报告。

（7）每次药品入库要做到账物平衡，物品按要求堆放整齐，药物入库后，由责任监督人验收签字。

（8）待喷药结束后，剩余药物入库，并认真填写当日作业记录。

（9）每月的月底，负责盘点物品一次，做到账物相符，并根据药物消耗情况，提前1~2天通知项目负责人送货。

（10）操作人员必须按照要求统一着装，必须保持个人卫生和服装整洁。

（11）服从业主方调度人员的指挥和监督管理。

（12）严格遵守业主单位的有关规章制度，做到有令必行、有禁必止，严格执行本岗位所要求的各项规章制度。

2.3 灭蝇除臭作业规定

2.3.1 苍蝇控制规定

对于开展灭蝇作业的效果界定标准，目前没有统一的标准，一般规定为不大于10只/

（笼·日）。采用捕蝇笼：直径为250mm，笼体高400mm，笼脚高100~300mm，圆锥形芯高350mm，顶口直径25mm；每个捕蝇笼诱饵盘内放置50g红糖、50mL食醋及50mm水或者按照监测目的采用其他诱饵，诱饵盘与捕蝇笼下沿的间隙应不大于20mm。监测方法参见标准GB/T 23796—2009。

根据实际情况，也可按标准GB/T 23796—2009的目测法监测苍蝇密度，填埋场控制标准参照执行，一般规定室外空地、垃圾码头、垃圾运输道路上目视范围（10m²）内苍蝇不超过4只；办公楼每间房内苍蝇不超过2只；垃圾船、垃圾场内目视范围（10m²）内苍蝇不超过15只。

2.3.2 异味控制标准

根据国家《恶臭污染物排放标准》（GB 14554—1993），一级厂界标准臭气浓度不大于10，二级厂界标准臭气浓度不大于20。而垃圾中转站实际可执行标准臭气浓度不大于20。

监测方法可以采用臭气浓度检测仪对目标区域进行监测。

2.4 作业流程

灭蝇作业的常用方法有：药剂喷洒灭蝇、烟雾包灭蝇、颗粒剂诱饵灭蝇及除臭。

2.4.1 药剂喷洒灭蝇

药剂喷洒灭蝇操作流程如图2-1所示。

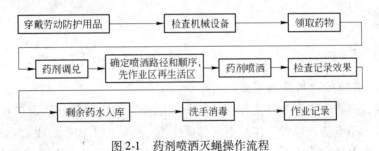

图2-1 药剂喷洒灭蝇操作流程

2.4.2 烟雾包灭蝇

烟雾包灭蝇操作流程如图2-2所示。

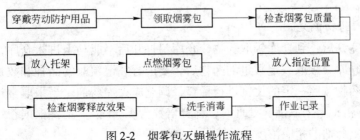

图2-2 烟雾包灭蝇操作流程

2.4.3　颗粒剂诱饵灭蝇

颗粒剂诱饵灭蝇操作流程如图 2-3 所示。

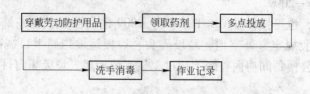

图 2-3　颗粒剂诱饵灭蝇操作流程

2.4.4　除臭

除臭操作流程如图 2-4 所示。

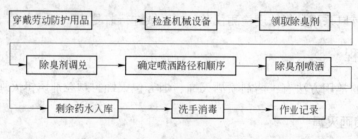

图 2-4　除臭操作流程

2.5　操作规程

2.5.1　药剂喷洒灭蝇

2.5.1.1　劳动防护用品的穿戴

作业之前，按照规定穿戴好工作服、工作帽以及工作鞋，戴好防毒口罩和防护手套；工作服要做到干净整洁，每天工作结束后都要换掉；坏掉的工作服、手套以及不起作用的口罩要及时汇报上级主管人员，及时更换；雨天穿雨衣、雨鞋，不下雨的时候就穿工作皮鞋。

2.5.1.2　检查机械设备

劳动防护用品穿戴好之后，检查喷药设备是否能正常工作，是否缺机油、汽油以及是否有其他问题。

2.5.1.3　药物调兑

机械检查完好后，到仓库领取药物，仓库门打开后不能马上进入仓库，要通风几分钟后才可以进入仓库。领取一定数量的药物后，要进行登记领取的品种和数量，并进行药物调兑。将灭蝇药物按照一定的比例进行稀释，调兑成灭蝇药剂。当采取常规喷洒时，稀释倍数为 20~60 倍；当采取烟雾处理时，稀释倍数为 4~5 倍。主要根据苍蝇密度和垃圾湿度等因素，确定药剂的相应浓度。

2.5.1.4　检查防漏

调兑好的药剂加入喷雾机、烟雾机、打药机等灭蝇器械中，盖紧加药口的盖子，并确保药剂不会漏出；用抹布将加药时溅到机身的药剂擦拭干净，以防药剂接触人体。

2.5.1.5　药剂喷洒

准备工作完毕，确定作业路线，先作业区再生活区，并且尽量避免喷洒到绿化带上，防止药物对绿化带的破坏，然后开始进行喷洒灭蝇，操作要点如下：

（1）充分利用自然条件对蝇类活动状况的影响，选择灭蝇时间。灭蝇工作应选择苍蝇活动能力较弱的时间开展，根据蝇类活动的规律、风力、温度、湿度和光照，对蝇类活动有着不同的影响。综合这些因素，灭蝇的最佳时间见表2-1。

表2-1　灭蝇最佳时间安排表

月　份	3～4月	5月	6月	7～9月	10～11月
时　间	7：00～8：00 15：00～17：00	6：00～8：00 15：30～17：30	5：00～7：30 16：30～18：30	4：00～7：00 17：30～20：00	6：30～8：30 14：00～16：30

工作人员要经常观察，并根据上述影响条件确定喷洒药物的时间。中雨以上的雨天、大风天气可以不用喷洒药物。

（2）根据蝇类的飞行规律，喷雾时喷射角与水平方向应控制在 ±30° 之间，如图 2-5 所示，喷雾时人均喷射范围控制在 5m 左右。几个喷药工应该呈扇形半包围式打药，防止苍蝇被赶走而不是被杀死（见图2-5）。

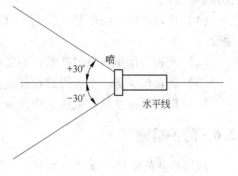

图2-5　灭蝇药剂喷洒示意图

（3）喷药工喷药作业时，应从上风向下风顺序喷药，为防止药物吸入人体而中毒，操作人不准站在下风工作。

（4）喷药时，因机器噪声大，应防止可能影响听觉，要密切注意来往车辆，以免发生意外事故；密切注意四周人员，防止喷口对人，发生误伤。

2.5.1.6　作业记录

喷洒完毕后，剩余药水要回收入库，并作好药品登记记录；使用后的机器要作简单的保养，并将药水桶清洗干净，使设备经常处于良好状态；仓库里的药品和机器要摆放整齐；做好作业记录。

2.5.2　烟雾包灭蝇

烟雾包灭蝇方法的特点是集药物与器具为一体，点燃导火索后，产生高温，致其有效成分快速烟化，以烟雾的形式弥漫，与空气形成气溶胶，使苍蝇在较长时间内被其包裹，达到灭蝇目的。此方法操作简单，使用安全。生活垃圾运输船使用烟雾包灭蝇不受天气的影响。烟雾包灭蝇操作要点如下：

（1）作业之前，按照规定穿戴好工作服、工作帽以及工作鞋，戴好防毒口罩和防护手套。

（2）按"撕去不干胶纸、放入托架、点燃导火索、放入指定位置"的程序，5～8s 后即可产生烟雾；烟雾包点燃后，要放置在船舱四角以及中间五个点的位置，并用绳索将放置烟雾包的托架尽可能地接近垃圾面，以发挥其最佳效果。

（3）施放烟雾时，操作人员要位于上风处，不准在下风处施放。

（4）烟雾包含有毒有害成分，在保管和使用时应特别注意以下事项：

1）常温储存在专门的仓库，并由专人管理。

2）储存方式、方法必须符合安全标准。

3）冲洗甲板时，严格注意不能将水沾到烟雾包上。

4）烟雾包点燃发烟后才能产生功效。点燃前，要对烟雾包和导火索进行检查；点燃后，要注意安全，防止火灾和其他事故发生。

2.5.3　颗粒剂灭蝇

颗粒剂灭蝇药剂的主要成分为溴氰菊酯，对苍蝇具有不可抗拒的引诱力，击倒快速，灭蝇效果可靠，持效长久，使用灵活，可广泛有效用于各种场所，并满足环境保护要求。操作要点如下：

（1）作业之前，按照规定穿戴好工作服、工作帽以及工作鞋，戴好防毒口罩和防护手套。

（2）药物宜用塑料袋包扎紧，不要叠压，须存放于阴凉干燥且儿童触及不到的地方。

（3）将毒饵少量、多点投放在苍蝇喜欢活动及栖息的场所。

（4）饵剂被取食尽或颗粒上覆盖灰尘时需重新施药。

2.6　防护措施

现场作业的防护措施具体如下：

（1）现场操作人员应严格按照操作规程作业，一律不允许穿拖鞋、短裤，必须穿好工作服、佩戴口罩等，增强自我保护意识。

（2）每次用药完毕的空桶，要及时通知项目负责人全部收回。

（3）每次用药时按照计量要求调配，喷药现场附近不能有闲杂人员，药物不能随意送人。

（4）上船喷药时，除按灭蝇操作规程操作外，还必须穿好救生衣。

（5）工作完毕后，应及时洗手消毒。

（6）夏天作业，应避开高温时段，注意休息和防暑降温。

（7）如有事离开，要事先请假，准假后方可离开，未经批准和同意擅自离开者，严格按考核细则执行处理。

2.7　膜覆盖作业规程

膜覆盖工艺流程如图 2-6 所示。

2.7.1　膜覆盖作业质量目标

膜覆盖作业质量目标如下：

（1）覆盖表面平整，无明显凹凸现象，无破损。

（2）覆盖区域无垃圾暴露面，雨污分流明显。

（3）膜与膜之间搭接符合要求。

（4）压膜料放置整齐，压膜有效。

（5）揭后的膜及时清洗，保持干净，并放置安全区域。

图 2-6　膜覆盖工艺流程

2.7.2　日覆盖作业规程

一般情况下，每个作业面在一天工作结束时都应及时覆盖，作业区域内的垃圾裸露面不得超过 24h。每日填埋作业结束后，采用不同的材料（一般以 HDPE 膜为主）铺设于需要继续进行填埋的垃圾作业面上。实施过程的操作及要求如下：

（1）每日生产结束后视暴露面的大小准备覆盖膜。

（2）日覆盖时应从当日作业面最远处的垃圾堆体逐渐向卸料平台靠近。

（3）日覆盖时搭接的宽度宜为 0.2m 左右，覆盖方向应按坡度顺水搭接（即上坡压下坡）。

（4）膜覆盖要保质保量，覆盖要到垃圾底部，覆盖后的膜应平直整齐，膜上须压放有整齐稳固的压膜材料。

（5）在每天填埋作业前要完成揭膜工作。

（6）揭膜人员要站在膜上，由前向后翻起覆盖膜，切勿站在膜前揭膜。

（7）揭后的覆盖膜放置制定安全位置，避免遗失、破损。

（8）每日垃圾填埋作业完毕后，采用覆盖膜及时对暴露垃圾进行日覆盖。对于次日需掀开的薄膜，只需用压块稳固即可；对于已经完成阶段性高度、暂时不再继续堆高填埋时，应将膜及时焊接、联成一体，并用尼龙绳将压块有序牵连。在膜铺设时，应注意以下几点：

1）在铺膜时，膜与膜之间接缝的搭接宽度应不小于 100mm。

2）应避免产生人为褶皱，应尽量拉紧、铺平。

3）在拐角及畸形地段，应使接缝长度尽量减短。

4）除特殊要求外，在坡度大于 1:6 的斜坡上距顶坡或应力集中区域 1.5m 范围内，尽量不设焊缝。

5）膜铺设完成后，应尽量减少在膜面上行走、搬动工具等，凡能对膜造成危害的物件，均不应放在膜上或携带在膜上行走，以免对膜造成意外损伤。

2.7.3　中间覆盖作业规程

为强化雨污分流效果，有效控制二次污染，在阶段填埋结束后，对较长一段时间不进行填埋作业的区域，采用不同的材料（一般以 HDPE 膜为主）铺设于垃圾作业面上，具体实施过程如下：

（1）根据中间覆盖面实际裁剪长度，但一般不超过 50m。

（2）中间覆盖时宜以先上坡后下坡顺序覆盖。

（3）膜与膜搭接的宽度宜为 0.08 ~ 0.1m 左右，盖膜方向应按坡度顺水搭接（即上坡膜压下坡膜）。

（4）在靠近填埋场防渗边坡处的膜覆盖后，应使膜与边坡接触并有 0.5 ~ 1m 宽度的膜覆盖住边坡。

（5）膜与膜之间应焊接。焊缝应保持均匀平直，不允许有漏焊、虚焊或焊洞现象出现。

（6）膜焊接施工结束后，应对焊接部位进行检查，如有漏焊、虚焊或焊洞，应及时补焊。

（7）覆盖后的膜应平直整齐，膜上须压放有整齐稳固的压膜材料。

（8）压膜材料应压在膜与膜的搭接处上，摆放的直线间距为 1m 左右。如当日作业时风比较大，也可在每张膜的中部摆上压膜袋，直线间距为 2 ~ 3m 左右。

2.8　常用除臭药剂

2.8.1　EM 微生物菌除臭剂

常用的 EM 微生物菌除臭剂是以蔗糖和水为培养基，培养成含有大量有效微生物菌群的液体除臭剂，喷洒于垃圾上，通过除臭剂中含有的大量微生物吸收有害物质并抑制腐败菌，达到除臭的目的。

EM 是"有效微生物菌群"的英文缩写，它的光合菌群如光合菌和蓝藻类，以垃圾表面接受的光和热为能源，将垃圾中的硫氢和碳氢化合物中的氢分离出来，变有害物质为无害物质，并以垃圾中的有机物、有害气体（硫化氢等）及二氧化碳、氮为基质，合成糖类、氨基酸类、维生素类、氮素化合物、抗病毒物质和生理活性物质等。

EM 的乳酸菌群以嗜酸乳杆菌为主导，靠摄取光合细菌、乳酸菌生产的糖类形成乳酸。乳酸具有很强的杀菌能力，能有效抑制有害微生物的活动和有机物的急剧腐败分解，因而避免了恶臭成分的产生。

EM 的革兰氏阳性放线菌群，从光合菌中获取氨基酸、氮素等作为基质，产生各种抗生物质、维生素及酶，可以直接抑制腐败菌。它提前获取腐败菌增殖所需要的基质，从而抑制它们的增殖，放线菌和光合菌混合后的净菌比放线菌单兵作战的杀伤力要大得多，可有效控制产生恶臭的腐败菌活力。

EM 发酵系的丝状菌群（嫌气性），以发酵酒精时使用的曲霉菌属为主体，它能和其他微生物共存，尤其对垃圾中酯的生成有良好的效果，能防止有机质的腐败，可以消除恶臭。

由此可知，EM 技术可以起到治本的功效。

2.8.2　植物除臭剂

植物除臭剂是使用化学或物理的方法提取植物中的有效除臭成分制成的一种天然除臭

药剂。

使用植物除臭剂（植物提取液）消除臭气，实际上是以氧化-还原反应为主的一系列化学反应。天然植物提取液中含有反应活性很高的功能团化合物和萜类化合物，它们可经过雾化、挥发形成气态，分布在污染区域的空中，与恶臭分子发生碰撞，并在碰撞中产生化学位移；其中具有反应活性的功能团和萜类化合物可用于氧化还原反应：例如在该类物质与硫化物分子进行碰撞时，可氧化负二价的硫，产生萜基硫化物。这类化合物不稳定，很容易进一步分解为硫酸根离子；植物除臭剂也能与胺类和硫醇类等化合物反应。在植物除臭剂中的物质含有羟基。因为氧的电负性大于碳，在键中氧是显负电荷，而碳是显正电荷，带正电荷的碳是亲电性的容易受到亲核进攻。这就是含有羟基的化合物与亲核的化合物反应的原因，而这些化合物正是垃圾填埋物所放出的臭气的主要成分。同时，挥发后的植物除臭剂分子均匀地散布在空气中，能吸附空气中的异味，并与异味分子发生聚合、取代、置换和分解等其他化学反应。通过改变异味分子原有的分子结构，并使之降解，使之失去臭味，而且，反应后生成对人体无害、无味的产物。植物除臭剂可用于封闭的场所、半封闭的场所和开放性的场所，尤其是中转站等密封的环境更加适合其发挥特点。

2.8.3 EM 菌除臭剂和植物除臭剂的毒性检测

EM 菌除臭剂和植物除臭剂都经过上海市疾病预防控制中心的毒性检测，检测结果为没有毒性，可以运营于各种除臭区域，对人体没有毒性。

2.9 常用灭蝇除臭设备介绍

2.9.1 汽油机

常用的药液喷洒汽油机分为背负式和担架式，都是通过燃油发动机带动风机或气泵，把药液喷向目标区域的机械。下面以稼兴 3MF-50 背负式和 3WZ-45 担架式药液喷洒机举例说明，两种喷洒机如图 2-7 所示。

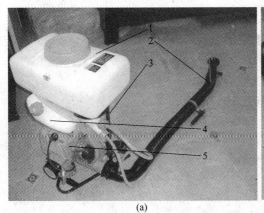
(a)

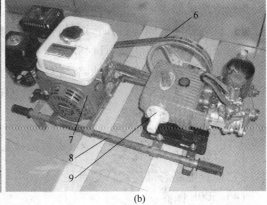
(b)

图 2-7　药液喷洒机示意图

（a）背负式；（b）担架式

1—药箱组件；2—喷管组件；3—机架组件；4—油箱总成；5—发动机风机总成；

6—传动机构；7—发动机；8—机架组件；9—泵浦组件

2.9.1.1　工作原理

背负式：风机叶轮与发动机输出轴连接，发动机带动叶轮高速旋转，产生高速气流，其中大部分高速气流流向喷管，少量气流经管道流入药箱，在药箱内形成一定的压力，药水在风压作用下，经管道由喷嘴流出，经高速气流吹散成细小雾粒喷出。

担架式：高压柱塞泵与发动机输出轴通过皮带-皮带轮连接，发动机带动柱塞泵内部曲轴旋转，曲轴带动活塞往复运动，并在单向阀的作用下，药水从药箱吸入水泵，经水泵加压后经高压水管由喷头喷出。一般柱塞泵的输出压力在 1.47MPa 以上，通过调压阀调节输出压力。

2.9.1.2　主要技术参数

A　3MF-50 背负式汽油机

3MF-50 背负式汽油机，主要用作农林作物的病虫害防治、城市环境卫生的消毒，它既能喷雾又能喷施粉剂。

3MF-50 背负式喷雾机的主要组成部分有：药箱组件、喷管组件、机架组件、油箱总成、发动机风机总成。

影响到实际使用效果的参数有：药箱容量：15L；水平射程：12.5m。

B　3WZ-45 担架式汽油机

3WZ-45 担架式汽油机只能喷洒液体药剂，通过装配不同的喷枪达到不同弥散程度的喷药效果。

3WZ-45 担架式汽油机的主要组成部分有：发动机、喷管组件、泵浦组件、机架组件、药箱组件、传动机构。

影响到实际使用效果的参数有：泵工作压力：1.5 ~ 3MPa；泵流量：28 ~ 32L/min。

2.9.1.3　日常保养和维修规程

A　背负式药液喷洒机

a　日常保养

（1）日保养（班保养）。

1）清洗机器表面灰尘和油污；

2）检查外部紧固螺钉和管道是否松动，如脱落，要补齐。

（2）50h 保养（在完成日保养基础上）。

1）清洗油箱、油开关、油路、浮子室清洗滤清器；

2）清除火花塞积炭，调整火花塞间隙（0.5 ~ 0.7mm）；

3）清除消音器积炭。

（3）100h 保养。

1）首先完成 50h 保养；

2）检查电路各部连接件是否良好。

（4）500h 保养。

1）按 100h 保养；

2）更换磨损件。

在此要特别指出该汽油机正确使用的特别说明：严禁使用纯汽油，该型汽油机没有单独的润滑系统，是靠汽油中加入一定比例的机油来保证运动机件的润滑，一般使用摩托车或助动车二冲程汽油机专用汽油。

使用比例（容积比）：

最初50h，汽油∶机油 = 25∶1；

50h后，汽油∶机油 = 30∶1；

若无二冲程专用机油，可临时用40号汽油机机油代替。

最初50h，汽油∶机油 = 15∶1；

50h后，汽油∶机油 = 20∶1。

b 常见故障维修

背负式药液喷雾机的常见故障分为机器本身故障、电路故障、油路故障，具体如下：

（1）机器本身故障（气缸压力不够）分为以下几种情况：

1）活塞环磨损；

2）油封磨损、变形；

3）火花塞垫圈未垫或未拧紧；

4）各种密封圈损坏；

5）缸体磨损。

（2）电路故障分为以下几种情况：

1）火花塞积炭；

2）火花塞损坏；

3）电路各部件接触不良；

4）高压线圈击穿或受潮；

5）控制盒损坏；

6）触发线圈损坏；

7）充电线圈损坏。

（3）油路故障分为以下几种情况：

1）油路堵塞；

2）燃油中有水；

3）油开关堵塞；

4）油箱盖小孔堵塞；

5）混合油中机油比例太高。

机器出现故障时，首先检查机器压缩力是否正常，用手轻拉启动绳，活塞能否上下移动，是否卡死、咬牢。除了火花塞故障外，其他都需拆开发动机才能处理。

其次，进行打火试验，看火花强弱是检查电路有无故障的最简单办法。拧下火花塞，拉启动绳，看火花塞是否有火花，火花应强而集中，呈蓝色；如火花塞无火花，则可取下火花塞及火花塞帽，用剪刀减去高压线1cm（或者取下高压帽后在线头部插一根大头针），然后将高压线离缸体0.5cm，拉启动绳是否有火花，如有火花则说明火花塞已击穿或损坏，如仍无火花则再检查高压线圈、控制盒、充电线圈和线路接触是否良好。

最后检查油路，一般油路故障是人为因素造成的，混合油（汽油 + 机油）比例要严格配置，将配置好的混合油加入油箱中，要注意油料干净，防止杂质和水进入油中。如机器压缩力较好，火花塞打火也较强，经清洗油路仍不能启动，则可在火花塞中注些汽油，拧紧后再启动机器，这也是一种简便的应急措施。

（4）其他故障：

1）机器运转中突然熄火的主要原因是：燃油烧尽、火花塞积炭短路、高压线帽脱落。

2）机器运转中功率不足，转速不平稳，主要分为以下几种情况：

①加速即熄火或明显转速下降：

原因：供油不足，油路堵塞；

排除方法：清洗化油器及油路。

②转速不平稳，转速忽高忽低：

原因：燃油中有水，浮子室内有脏物；

排除方法：清洗油路。

③二轴端漏油，发动机有金属敲击声：

原因：油封磨损，轴承磨损，连杆大小头磨损；

排除方法：更换油封，更换滚针轴承，直至换曲轴连杆。

B　担架式汽油机

a　日常保养

（1）日保养（班保养）。

1）清洗机器表面灰尘和油污；

2）柱塞泵加注黄油（黄油杯旋转 2～3 圈）；

3）检查发动机和泵的机油液位，油位过低需加油（30～40 号机油）（最初使用 10～15h 应更换机油，以后每 70～100h 更换机油）；

4）检查并调整皮带松紧至合适；

5）检查外部紧固螺钉和管道是否松动，如脱落，要补齐。

（2）100h 保养（在完成日保养基础上）。

1）清洗药箱和进水口过滤网；

2）更换发动机和柱塞泵的机油；

3）清除火花塞积炭，调整火花塞间隙（0.5～0.7mm）；

4）清洗空气过滤器；

5）检查电路各部连接件是否良好。

（3）500h 保养。

1）首先完成 100h 保养；

2）检查皮带磨损程度，必要时考虑更换皮带。

b　常见故障维修

担架式喷雾机的常见故障分为机器本身故障、电路故障、油路故障和其他故障，与背负式汽油机类似，这里不再赘述，请参见背负式部分的内容。

担架式汽油机压力故障的检查和维修步骤如下：

（1）无法供水及压力不稳的检查步骤：

1）检查吸水塑胶管是否泄漏（破损或未锁紧）；

2）打开出水开关排掉多余的空气；

3）检查过滤网是否堵塞；

4）下进水室及出水室，检查活门（单向阀）是否堵塞或损坏。

（2）压力不足的检查步骤：

1）检查压力是否调整适当（调压阀）；

2）检查皮带是否太松；

3）检查喷雾管与接头是否泄漏或损坏；

4）嘴磨损导致压力下降。

2.9.2 远射程风送式喷雾机

2.9.2.1 工作原理

远射程风送式喷雾机（俗称风炮），通过高压柱塞泵把药液加压至1.47MPa以上，经高压管输送至高压喷雾头喷出雾状药液，同时经由大风量、高压的鼓风机把雾状药液风送至目标。由于药液雾化程度好（平均为50～150μm），且经鼓风机风送的距离（射程）较远（垂直>10m，水平>20m），所以鼓风机的风能吹得到的地方都能喷到药液，因此非常适合用于垃圾堆场的大面积消毒、除臭、防疫，以及森林防护、城市园林绿化、行道树等高大林木的病虫害防治，以及开岩场、选煤场等降尘及降温，风炮的示意图如图2-8所示。

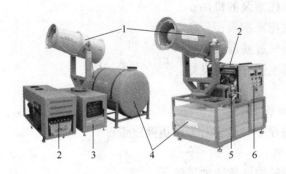

图 2-8　风炮的示意图

1—风机；2—发电机；3，5—泵浦；4—药箱；6—控制柜

2.9.2.2 主要技术参数

常见的风炮结构主要包括发电机组、电气控制柜、风机、喷管组件、泵浦组件、机架组件、药箱组件。

市场上有各种型号的风炮，参数各不相同，暂以大地DA-500A型举例说明。影响到实际使用效果的参数有：

配套动力：6kW柴油发电机组；

药泵流量：25～29L/min；

工作压力：1.5～3.5MPa；

雾粒直径：50～150μm；

射程：垂直方向20～25m；水平方向30～40m；

仰俯角度：-10°～90°（遥控控制）；

药箱容积：500L。

2.9.2.3 日常保养和维修规程

A 日常保养

日常保养工作包括以下几个方面：

(1) 日保养（班保养）。

1) 清洗机器表面灰尘和油污；

2) 柱塞泵加注黄油（黄油杯旋转 2~3 圈）；

3) 检查发电机和泵的机油液位，油位过低需加油；

在此要特别指出该发电机正确使用的特别说明：发电机的机油是根据发电机是柴油或汽油发电机来加相应的机油。泵一般加 30~40 号机油。最初使用 10~15h 应更换机油，以后每 70~100h 更换机油。

4) 检查并调整皮带松紧至合适；

5) 检查过滤器滤芯是否发黑（或发黄）变脏，并及时换新；

6) 检查外部紧固螺钉和管道是否松动，如脱落，要补齐；

7) 预防受潮和淋雨，下雨前及时盖上雨篷。

(2) 100h 保养（在完成日保养基础上）。

1) 清洗药箱和进水口过滤网；

2) 更换发电机和柱塞泵的机油；

3) 清除发电机火花塞积炭；

4) 清洗发电机空气过滤器；

5) 检查电路各部连接件是否良好。

(3) 500h 保养。

1) 首先完成 100h 保养；

2) 检查皮带磨损程度，必要时考虑更换皮带；

3) 清洗喷头；

4) 向右和上下旋转的轴承添加黄油。

B 常见故障维修

风炮的常见故障分为机器本身故障、电路故障、油路故障（发电机故障），具体如下：

(1) 机器本身故障包括：不喷雾、压力不稳、压力不足（喷雾量小），故障检查和维修主要包括以下几个方面：

1) 查吸水塑胶管是否泄漏（破损或未锁紧）；

2) 打开出水开关排掉多余的空气；

3) 检查水箱内进水管过滤网以及泵前的过滤器滤芯是否堵塞；

4) 检查皮带是否太松（或严重磨损）；

5) 检查喷雾管与接头是否泄漏或损坏；

6) 检查压力是否调整合适（调压阀）；

7) 拆下泵进水室及出水室，检查活门（单向阀）是否堵塞或损坏（与担架式喷雾机的泵相同）。

(2) 电路故障：

1) 跳空气开关（跳闸）；

①检查马达电缆是否破损或浸水，若是则由电工更换电缆；

②若电缆无故障，则可能是瞬时过载跳闸，打开控制柜，合上相应的空气开关，并按下热保护器的蓝色复位按钮（RESET），重新启动泵组。

2）马达发烫：电路故障，由电工检查线路。

3）遥控失灵：更换遥控器的 12V 电池（或更换遥控器）。若仍无法解决，则由电工检查遥控组件故障。

（3）油路故障（发电机故障）：油路故障与背负式和担架式汽油机类似，这里不再赘述，请参见背负式或担架式部分的内容。

在此要特别指出该发电机特殊故障：电启动的发电机，按启动按钮发电机不旋转。一般是电路故障，由电工检查电路，尤其注意蓄电池是否有电，若蓄电池亏电，则需及时用相应电压的充电器进行充电，否则会导致发电机不转，甚至蓄电池损坏。

2.9.3 喷淋除臭设备

2.9.3.1 喷淋除臭设备的原理

喷淋除臭设备一般用于固定的场所，如垃圾压缩站或中转站。整套系统在控制柜内参数控制表（PLC）的控制下，高压柱塞泵从药箱吸入药水，经水泵加压后经电磁阀、高压水管，由多路喷头喷出雾状药水。一般输出压力在 3.92MPa 以上，通过调压阀调节输出压力，由电磁阀控制具体哪几路喷头工作。

2.9.3.2 主要技术参数

常见的喷淋除臭设备主要包括控制柜、泵组、管道组件、电磁阀组件、药箱组件、喷头。

由于喷淋除臭设备是根据实际使用场地的要求定制的一套系统，因此各个地方的设备参数不尽相同，现以上海蕴藻浜垃圾中转站的喷淋设备作介绍，主要的参数如下：

喷头数量：212 个；

泵流量：9L/min；

泵最高压力：110kg。

2.9.3.3 日常保养和维修规程

A 日常保养

日常保养主要包括：

（1）日保养（班保养）。

1）清洁机器表面灰尘和油污；

2）检查柱塞泵的机油液位，油位过低需加油（30～40 号机油或汽车用机油）。最初使用 100～150h 应更换机油，以后每 800～1000h 更换一次；

3）检查药箱液位不应低于管道的最高点，管道接头泄漏的需紧固；

4）检查外部紧固螺钉和管道是否松动，如脱落，要补齐。

（2）100h 保养（月保养）。

1）首先完成日（班）保养；

2）清洗药箱和更换过滤器滤芯。

（3）800h 保养。

1）首先完成100h保养；

2）更换柱塞泵的机油。

B 常见故障维修

a 管路、泵组故障

（1）不喷雾、压力不稳或不足，故障检查和维修主要包括以下几个方面：

1）检查过滤器是否堵塞，若堵塞则更换滤芯；

2）检查高压水管是否有泄漏点，喷头是否有泄漏，重新接上高压水管，更换泄漏的喷头；

3）检查压力是否合适，适当调整调压阀；

4）卸开出水接头，启动泵组，排掉多余的空气。

（2）喷头堵塞或泄漏，应更换堵塞或泄漏的喷头。

b 电气故障

（1）跳空气开关（跳闸），故障检查和维修主要包括以下几个方面：

1）检查马达电缆是否破损或浸水，若是则由电工更换电缆；

2）若电缆无故障，则可能是瞬时过载跳闸，打开控制柜，合上相应的空气开关，并按下热保护器的蓝色复位按钮（RESET），重新启动泵组。

（2）马达发烫，是电路故障，由电工检查线路。

2.9.4 洗涤塔

2.9.4.1 洗涤塔的原理

气体从塔底（或一侧）送入，经气体分布装置分布后，与液体呈逆流（或截流）连续通过填料层的空隙，在填料表面上，气液两相密切接触进行传质，待处理气体经传质作用进入循环液体中与循环液体中药剂进行化学反应，生成易溶解难挥发的盐类物质，使气体得到净化。

2.9.4.2 洗涤塔的组成

一般喷淋洗涤塔主要由塔体、填料层、填料支架、雾化喷淋系统、气水分离系统、药液储存投加系统等单元组成，具体如下：

（1）塔体：塔体采用碳钢或玻璃钢制成。

（2）填料：多面球填料。

（3）填料支架：支撑填料。

（4）雾化喷淋系统：由耐腐蚀的喷嘴、PVC管道、循环水泵和循环水池等组成。

（5）气水分离系统：由PVC网多层叠加组成。

（6）药液储存投加系统：由配药箱和配套输送泵等组成。

2.9.4.3 日常保养和维修规程

A 日常保养

日常保养工作主要包括以下几个方面：

（1）定期检查设备各紧固件有无松动。

（2）注意观察设备、设备与风管连接点是否有漏气现象发生。若由密封件老化引起的漏风则应及时更换密封件，以保证处理效果。

（3）经常观察设备的运行状况，发现异常情况及时断开电源。

（4）定期对喷淋洗涤塔内填料进行清洗（一般为每年清洗一次）；具体情况可根据现场情况进行相应调整，填料长期不清洗将会使处理效果下降。

（5）定期观察喷嘴运行状况，若遇喷淋液喷水不畅或喷出液体不成扇面，说明喷嘴堵塞需及时清洗。

（6）喷淋洗涤塔上设置了检视窗和维修入口，以便人员检视洗涤塔的工作状况是否正常并能及时更换已经老化的填料；维护和更换过填料工作后需要将孔板密封好，以防止设备运行时漏气。

（7）定期检查循环泵运行状态，若出现异常应停机检查。

（8）设备长期停用时应排干水泵和循环水箱中的水。

（9）运行时每天定期对设备进行巡视检查。

B　常见故障维修

常见故障的维修包括以下几个方面：

（1）循环泵漏水：主要原因是泵密封圈磨损，更换密封圈或更换整台泵。

（2）鼓风机漏水：检查洗涤塔液位是否过高，液位过高会使药水溢流至风机管道，而风机并非防水，导致漏水，甚至烧毁风机电机。应该禁止这种现象的发生，如加药时设专人看护。

（3）水泵电机或风机电机发烫：是电路故障，由电工检查电路。

2.9.5　除尘和活性炭吸附设备

2.9.5.1　设备原理

由于除尘和活性炭吸附设备常安装于一套管道系统，因此一并进行说明。

常用的除尘装置分为：固定式和卷帘式，原理都是由滤布过滤空气中的灰尘，使得空气得到净化。这里以卷帘式除尘器为例说明。

卷帘除尘器主要过滤部件为滤布，滤布被卷在转轴上，待处理的气体经风机进入到箱体后，通过滤布得到净化。当滤布过滤一定量含尘气体后滤布已经造成堵塞，控制器根据设计发出信号，电机带动减速机开始运转，已经堵塞的滤布被卷在下部卷轴上，上部新的滤布逐步到达箱体横断面，使待处理气体通过滤布截留作用去除气体中含有的粉尘。如此进行一定循环后，上部新的滤布逐渐被卷在下部卷轴上，此时控制器发出信号，报警器开始报警，需进行滤布更换工作。

活性炭吸附设备起主要作用的为活性炭，活性炭是一种多孔性的含碳物质，它具有高度发达的孔隙构造，是一种极优良的吸附剂，每千克活性炭的吸附面积更相当于8个网球场之多。而其吸附作用是由物理性吸附力与化学性吸附力达成。其结构则为碳形成六环物堆积而成，由于六环碳的不规则排列，造成了活性炭多微孔体积及高表面积的特性。当待处理的气体经风机吹吸作用进入到塔体后，通过活性炭物理吸附与化学反应除掉废气中的臭气成分。

2.9.5.2　设备组成

卷帘除尘器主要由箱体、卷帘机组等单元组成，具体如下：

（1）箱体：箱体由碳钢组成，内表面涂抹耐腐蚀、耐冲刷材料。

（2）卷帘机组：卷帘机组由滤布、电机、减速器、控制器、卷轴等几部分构成。

活性炭吸附塔主要由塔体、活性炭框架、活性炭框架支撑、活性炭等单元组成。

（1）塔体：塔体采用碳钢制成。

（2）活性炭框架：保证活性炭层厚度均匀性。

（3）活性炭框架支撑：支撑活性炭框架，保证塔体内部结构稳定。

（4）活性炭：蜂窝活性炭。

2.9.5.3　日常保养和维修规程

A　日常保养

a　卷帘除尘器

（1）开机前，认真检查各电路连接线是否正确牢固。

（2）经常观察设备的运行状况，发现异常情况及时断开电源。

（3）不要随意拆调电器元件。

（4）定期检查设备各紧固件有无松动。

（5）注意观察设备、设备与风管连接点是否有漏气现象发生。若由密封件老化引起的漏风则应及时更换密封件，以保证处理效果。

（6）卷帘除尘器箱体上设置检修人孔，当设备运行不正常，或需要更换滤布时可打开此孔进行维护和滤布更换工作；维护和更换过滤布工作后，需要将孔板密封好，以防止设备运行时漏气。

（7）经常注意设备清洁，并保持传动链条的润滑性。当设备滤料用完后，机器自动报警，请注意及时更换过滤器滤料。

b　活性炭除臭塔

（1）定期检查设备各紧固件有无松动。

（2）注意观察设备、设备与风管连接点是否有漏气现象发生。若由密封件老化引起的漏风则应及时更换密封件，以保证处理效果。

（3）经常观察设备的运行状况，发现异常情况及时断开系统电源。

（4）定期对塔体内活性炭进行更换（一般为 3~6 个月更换一次）；具体情况可根据现场情况进行调整，活性炭若长期不进行更换，则会因吸附饱和而失去吸附作用，效果下降。

（5）活性炭吸附塔上设置了对开门，当需要进行检修或是活性炭更换时可从此处把活性炭框架取出。检修完成后应封闭好对开门，防止运行过程中漏气。

（6）运行时每天定期对设备进行巡视检查。

B　维修规则

维修期间主要工作是更换活性炭。

2.9.6　离子除臭设备

2.9.6.1　设备原理

离子除臭是采用氧离子发生器对由风机送入的空气进行电离，产生正、负离子，并随风送至除臭点，由正、负离子与有害气体产生电化学反应，把有害物质分解成无害物质，达到除臭的目的，同时也有一定的杀菌效果；产生的正、负离子在电场作用下吸附空气中的尘粒和悬浮物，逐渐形成较大的颗粒沉降，从而达到一定的除尘效果。

2.9.6.2 设备组成和主要参数

A 设备组成

离子除臭设备包括：离子发生装置、送风管道、ECO 废气处理箱，具体如下：

（1）离子发生装置：离子除臭工艺的核心设备，具有产生大量高能量正、负氧离子的功能。

（2）送风管道：利用风机从室外吸入干净空气送至离子发生装置，经离子发生器电离产生大量正、负氧离子，然后送至需处理的空间。

（3）ECO 废气处理箱：是内部有复杂多层结构，用于集中二次处理废气的专用装置，由风机从臭气处理区域吸入一次处理后的废气，通过外部引入单独一路离子风，在箱体内充分混合，使一次处理未分解的有害物质在此氧化分解，最终达标排放。

B 主要参数

根据各个生产厂家的不同，各种离子除臭设备的参数也不尽相同，这里以上海田度固废处置中心垃圾中转站的离子除臭设备参数来举例说明：

离子发生器：48 套；

离子发生管：240 个；

送风机：11 台；

最大送风量：149200m^3/h；

排风机：3 台；

最大排风量：57000m^3/h。

2.9.6.3 日常保养和维修规程

A 日常保养

日常保养工作包括以下几个方面：

（1）离子除臭系统是通过送、排风系统运作达到治理废气的目的。因此，通风系统（包括风机、电机及其电源、传动皮带）必须按常规进行定期保养、检测和维护。

（2）送风口滤网每周清洁一次（如抖拍、清扫等），每月彻底清洗一次，必须干燥后才可使用，可多次清洗使用，每 2~3 个月视实际污染状况确定是否更换新过滤网。

（3）离子管视清洁度而定，一般每月清洗一次。

（4）送风口风量已调试完成，蝶阀已调试至最佳状态，不得擅自启闭。

（5）排风口风量已调试完成，蝶阀已调试至最佳状态，不得擅自启闭。

（6）离子管寿命一般为 14 个月（按每天 24h 连续使用计算），因而运作一年后应及时检查或更换。

（7）所用电源电压需保持稳定，风机使用电压 380V，离子发生器使用电压 220V。

（8）离子除臭系统所有技术参数已经调试确定，如离子发生器的档位、风阀开启的大小和送风量等等。工况改变的情况下严禁随意修改条件，以确保整个系统的正常工作。

B 常见故障维修

常见故障维修包括以下几个方面：

（1）系统无法启动：

1）检查电源是否出现故障；

2）检查电机是否出现故障。

（2）净化效果不明显：

1）检查进风口滤网清洁程度；

2）检查离子管清洁程度；

3）检查蝶阀是否处于正常位置；

4）检查离子管是否老化或损坏；

5）检查离子发生器熔丝是否完好。

（3）系统声音异常：

1）检查风管支架及配件是否松动；

2）检查风机运行是否正常。

第3章 可持续生活垃圾卫生填埋技术与设备

3.1 城镇固体废物处理现状与发展趋势

在我国的国民经济和社会发展第十一个五年规划期间，国家和地方政府都加大了城镇固体废物处理与资源化建设、管理方面的投入，大部分城市在逐步还清历史"欠账"的同时，基本上满足了日益增长的城镇生活垃圾无害化处理的需要。部分地区开始逐步重视小城镇甚至乡村生活垃圾的处理工作。

目前，我国城市生活垃圾仍以卫生填埋为主，焚烧处理技术在"十一五"期间得到了较快的发展，堆肥处理市场则呈逐渐萎缩的态势。2008年，我国城市生活垃圾无害化处理量为10216万吨，其中卫生填埋8559万吨，占83.8%；焚烧处理1522万吨，占14.9%；堆肥处理135万吨，仅占1.3%。

不少城市的垃圾填埋场还同时担负着部分污水处理厂污泥和建筑垃圾的接纳任务，同时餐厨垃圾的收运处理问题也在不少城市得到重视。

我国城市环境卫生建设固定资产投资总体上呈逐年增长的态势。"八五"期间累计共投入45.25亿元，"九五"期间累计共投入191.54亿元，"十五"期间累计共投入467亿元，"十一五"前两年累计投入317.6亿元。按可比价格计算，2007年固定资产投资是1990年的48.90倍，年平均增长率达到25.7%。然而，城市环境卫生建设固定资产投资占市政公用设施固定资产投资的比例仍维持在比较低的水平。

我国城市生活垃圾卫生填埋场建设稳步推进，特别在国债资金的支持下，一批较高标准的卫生填埋场建成并投入运行。到2008年为止，全国共建有卫生填埋场406座，日处理能力达到25.6万吨。

我国生活垃圾焚烧处理在"十一五"期间得到了较快发展，2008年焚烧日处理能力达到50531吨，是2000年的20.21倍，预计未来10年城市垃圾焚烧处理将得到更大发展。

我国的城市垃圾堆肥处理正在经历停滞甚至萎缩的历程。从2005~2008年堆肥处理能力的变化可以看出，堆肥处理能力继续呈逐年下降的趋势。

粪便处理方面，部分城市模仿欧美粪便与污水合并处理模式，且已接近美国20世纪90年代初水平；少数大城市借鉴日本粪便处理厂的模式，即建立粪便单独收集处理系统，但总体上仍处于较低的水平。

3.2 生活固体废物处理存在的问题

目前我国城市生活垃圾年清运量约为1.55亿吨，且平均每年以3%左右的速度递增，城镇生活垃圾的历年堆存量已达到60多亿吨，占据了大量的土地资源。由于缺乏完善的垃圾处理设施，垃圾降解过程中产生的有机污染物、重金属以及病原微生物的无序释放，对周边生态环境产生了巨大影响，对居民身体健康造成了严重危害。因此，如何实现生活垃圾的全消纳处理与资源化，消除生活垃圾处理过程中对周边环境的二次污染，是实现循环经济和构建和谐社会的一个关键问题。

3.2.1　卫生填埋场

生活垃圾卫生填埋场存在的恶臭、渗滤液未达标、温室气体未加有效控制、新填埋场选址极端困难等问题已经严重影响卫生填埋技术的应用与发展。

渗滤液的任意排放及不能达标排放，严重影响了周围生态环境及地下水的安全，已危及到公共卫生安全和居民身体健康，成为公共卫生突发群体事件和蔓延的重要源头和渠道之一。

简单的垃圾填埋和堆放处理工艺由于缺乏完善的填埋气体的收集、处理设施，造成了大量填埋气的无序排放。填埋所产生的温室气体中含有 55%～60% 的甲烷、40%～45% 的二氧化碳。由于甲烷对温室效应的贡献约为二氧化碳的 20 倍，全世界每年甲烷排放量大约 5 亿吨，其中有 2200 万～3600 万吨来自填埋场，填埋场是继湿地和稻田之后，对大气甲烷贡献较大的发生源。

3.2.2　焚烧厂

焚烧厂烟气中污染物特别是二噁英等的排放、恶臭等已经引起周边居民普遍担忧，新建焚烧厂的选址越来越困难。而作为危险废物的垃圾焚烧飞灰，其处理与处置难题也日益突出。

尽管现代化垃圾焚烧厂都采取了有效的有机污染物控制措施，但每年二氧化硫、烟尘排放总量仍相当大，特别是关于氮氧化物目前我国还没有强制性的污染控制措施，其排放对周围环境的污染严重。其次，PM10、PM2.5 等污染物还未列入控制指标，而危害性却很大。

垃圾焚烧飞灰中富含高浓度重金属和二噁英，被世界各国列为危险废物，需要特殊处理。预计到 2010 年，我国仅城市生活垃圾焚烧产生的飞灰就将达到 100 万吨，每年用于飞灰的处理费用高达 10 亿元，产生的大量垃圾焚烧飞灰已经成为城市危险废物管理面临的新难题。

3.2.3　堆肥厂

生活垃圾的高混杂、高无机物含量严重限制了堆肥技术的发展，急需解决生活垃圾源头混合收集问题，研发相应的收集运输设备。

堆肥产品质量不高、肥效低、堆肥产品销路不好、收入难以与运行成本持平，与常规的化学肥料相比不具备竞争性，目前基本没有合理的市场，严重制约着垃圾堆肥处理的发展。

堆肥筛上物未得到有效处理，总体资源化利用率低，堆肥过程中的气味、污水对周围环境影响较大，二次污染严重。受现实的经济和社会条件制约，机械化高温堆肥由于投资和单位运行成本较高而难以推广应用。

3.2.4 渗滤液处理设施

由于新标准的实施，填埋场、焚烧厂渗滤液处理设施全部需要改造更新，投入巨大，技术还未完全成熟。

填埋场和焚烧厂渗滤液 COD 和 BOD_5 浓度高，现有处理设施尚无法满足原标准的出水要求，更无法达到新标准的要求。另外，新标准对出水的重金属也有严格控制指标，而原有设施则根本未考虑重金属的去除设施。因此，加快满足新标准的渗滤液深度处理设施建设，十分迫切。

在卫生填埋方面，主要问题是：

（1）选址困难。

（2）国债项目管理体制限制造成整个库区一次性铺膜，浪费严重。

（3）从业人员文化水平普遍偏低，现场管理不善。

（4）渗滤液处理仍然存在严重问题，包括投入不足，选用处理技术不当，运行经费偏低。

（5）温室气体排放量巨大，长期未得到重视。

（6）污水处理厂污泥等高含水率物质的加入增加了垃圾填埋场的运行难度，加重了填埋场的环境污染。

（7）建筑垃圾等大宗废物进入垃圾填埋场，不仅缩短了填埋场的使用寿命，而且造成了资源浪费。

在焚烧方面，因全国各地普遍采用 BOT 形式，恶性竞争导致处理费严重低于实际成本，造成运行管理薄弱，烟气处理不能做到完全达标，PM10、PM2.5、NO_x、二氧化碳排放未得到有效控制，焚烧飞灰处理处置不当等。

在生物处理方面，厌氧发酵还处于起步阶段，全国多座厌氧发酵处理厂虽建设多年，但一直未正常使用，不仅投资浪费，而且严重影响环境卫生事业的发展。

在垃圾处理技术安全评价与控制方面，与发达国家相比，我国在垃圾处置全过程安全监控预警、突发事故应急关键技术和应急预案基础建设等方面缺乏综合性和系统性技术支撑。

在粪便处理方面，有些化粪池的粪渣由于未按时清掏导致安全问题。如重庆主城区粪便老化粪池设施及下水道发生爆炸事件多达 22 起。

3.3 生活固体废物处理存在问题的原因

绝大部分城市仍然采用落后的散装车辆或小型船舶运输生活垃圾，密闭性很差，渗滤液滴漏严重，集装箱运输仍在规划或建设之中，距离实施尚需时日。一些特种固体废物的收运工作缺少规范和管理，容易造成二次污染和安全风险。设计理念比较落后，科技水平低，土地填埋利用率不高，占用了大量土地资源；大部分生活垃圾填埋场缺乏有效的基础和边坡防渗措施；由于生活垃圾中有机物含量和含水率往往高达 50% ~60%，导致渗滤液产量大、浓度高，渗滤液处理达标排放或排放至城市污水处理厂处理后达标排放的填埋场较少，地下水污染地表水的污染事故不断出现。

填埋气体处理与利用系统刚刚开始发展，现有填埋场多为敞开式排放或通过竖井排放，简易填埋场的填埋气仍处于无组织排放状态，不仅引起了温室效应，造成安全隐患，而且也是产生恶臭的主要原因；填埋场的封场一般都未进行生态恢复，由于缺乏封场和后续管理标准，缺乏相应的政策和法规，已经终场的生活垃圾堆体不能够合理地安全封场和持续维护。污水处理厂污泥、建筑垃圾等的无序进场增加了垃圾场的运行难度，缩短了填埋场的使用寿命，加重了环境污染和资源浪费。因历史原因，大量堆场未做任何修复就另作他用，存在安全隐患；现有填埋场中，许多已经稳定化或即将稳定化的，可以开采利用。

据统计，目前国内利用国外先进焚烧技术建造的焚烧厂普遍存在建设工程投资大的现象，吨工程投资约 45 万 ~60 万元，而只引进技术，关键设备国内生产的吨工程投资约 35 万 ~45 万元，技术和设备全部国产化的吨工程投资只要 25 万 ~30 万元。我国目前运转基本正常的国外技术建造的焚烧厂的运行费用为 80 ~200 元/吨。而飞灰并未得到安全处置。除个别高水平建设和管理的焚烧厂外，其余焚烧厂飞灰处置没得到足够重视，大多进行简易填埋处理或直接作为建筑材料利用，安全隐患大。熔融固化被国际公认为最稳定的固化技术，但由于飞灰熔点高，传统的熔融固化技术能耗大，运行成本高。另外，PM10、PM2.5 和 NO_x 等还未列入控制指标。

混合收集的生活垃圾杂质含量高，为保证产品质量而采用复杂的分离过程导致产品成本高，没有政府的补贴，很难运行下去；一般堆肥厂的粗堆肥产品只能作为土壤改良剂，其销路取决于堆肥厂所在地区土壤条件的适宜性，在黏性土壤地区，特别是南方的红黄黏土、砖红黏土、紫色土地区有较好的销路。堆肥厂产品的经济服务半径一般较小。质量较差的粗堆肥产品一般只能就近销售，利用粗堆肥产品制造的复合肥，其销售也面临一般化肥和复合肥的竞争；生活垃圾处理的连续性和堆肥产品销售季节性之间存在的固有矛盾，也会增加生活垃圾的处理成本和堆肥产品的生产成本。但既有的垃圾堆肥处理设施经适当改造后，具有作为填埋前或焚烧前生物减量预处理或生物干化预处理的潜力。

目前实现城市粪便的处理和资源化还面临着三大障碍：一是全社会对粪便污染环境的严重性认识还不足，长期以来，各级政府和有关部门一直将城市生活垃圾污染作为环境治理的重点，忽视了城市粪便的严重污染。二是国家相关扶持政策不到位，目前我国对垃圾处理资源化有许多优惠政策，而对粪便的资源化处理在政策方面缺少鼓励扶持。三是缺乏成熟可靠的不同粪便处理模式的技术支撑。

欧美等发达国家对固体废弃物处置工程的安全问题非常重视，在科研和技术开发上投入了大量的研究经费。在垃圾处置中的突发性、灾难性事故的应急处理上，发达国家充分运用先进的信息管理手段和工程技术，确保及时发现隐患、控制事故扩展和蔓延，从而使人员伤亡和财产损失减小到最低程度。而我国并没有出台标准化的垃圾处置事故评价技术体系及应急处理规定与方案。

3.4　国内外生活固体废物处理技术发展趋势

3.4.1　生活垃圾收运技术发展

生活垃圾收运技术系统的发展过程大体上可以划分为三个阶段，即简单阶段、机械化阶段和信息化阶段。相对于一些发达国家的生活垃圾收运系统已率先进入到信息化阶段，目前我国各大中生活垃圾收运系统基本跨越了简单阶段，进入机械化阶段，少数大城市已发展到从机械化阶段向信息化阶段过渡。

发达国家基本建立了较完善的生活垃圾收运系统。生活垃圾收集方式是建立在垃圾分类收集的基础上，比较典型的收集方式有定时收集、申报收集、"双十"收集系统、气力抽吸式垃圾管道收集系统等。在生活垃圾的运输方面，发达国家生活垃圾运输机械化水平较高，管理体制也比较完善，实现了生活垃圾运输管理的机械化和信息化。其转运方式除常用的几种形式之外，还有压实打包成块式、RPP垃圾压缩打包系统等。

国内城市目前应用了许多垃圾收运技术模式。如深圳垃圾收运系统，以垃圾压缩车为主、配套小型垃圾转运站和桶屋的旧模式和以集装箱垃圾运输车为主、配备环保型转运站的模式；上海目前使用的是圆桶垃圾房和侧装密封车；垃圾收集车、二次袋装垃圾房加压缩后装车；垃圾收集车、集装箱垃圾房加集装箱拉臂车；垃圾收集车、小型压缩垃圾房加集装箱拉臂车等收运模式。苏州居民区生活垃圾采用的垃圾桶加侧装车或后装压缩车收运方式，在高档住宅区、商业区、写字楼、部分企事业单位，采用二次袋装垃圾加后装压缩车或平板自卸车收运方式，部分企事业单位采用垃圾集装箱加拉臂车收运方式。

3.4.2 生活垃圾卫生填埋技术发展

据美国环保署（EPA）资料，美国填埋场数量由1988年的7924座下降到2001年的1858座，填埋处理比例由1980年的80%到2001年下降为55%。减少垃圾填埋场污染物的方法之一是减少填埋物中有机成分的含量。同时，由于垃圾资源再生利用率的提高，填埋场中的有机物含量逐步降低。

机械-生物预处理（Mechanical-Biological Pre-treatment，MBP）是减少填埋前可生物降解的主要方法之一，近年来在欧洲国家的生活垃圾处理中得到广泛应用。机械-生物预处理源于德国和奥地利的工程实际。20世纪70年代末，这两个国家就开始进行生活垃圾的机械-生物预处理。经过几十年的发展应用，到2002年，德国每年约有1800万吨生活垃圾（约占全部城市生活垃圾的50%）送至全国29家机械生物预处理厂处理；奥地利约有10%的生活垃圾经过机械-生物预处理。应用研究表明：生活垃圾经过较充分的机械生物预处理后，可减少30%~50%的填埋体积；填埋气减少80%~90%左右；渗滤液有机负荷减少90%左右，重金属含量一定程度上得到减少。另外，国外对生活垃圾填埋场或堆场已经进行了大量开采和再利用，节省了数目可观的土地资源。

发展污泥与垃圾共填埋技术具有重要意义。就我国目前的国情而言，填埋仍然是最适合的污泥处置方式。但是，为了减缓污泥给填埋场带来的负面影响，必须对污泥进行强化脱水和固化。由于污泥中有机物高、颗粒细小、亲水性强、比表面积大、强胶体结构的特性导致了污泥脱水困难，物理调理剂（如硅藻土、珠光体、粉煤灰等）加入到污泥中起到骨架构建体的作用，在污泥中形成坚硬的网格骨架，即使在高压作用下仍然保持多孔结构，因此有效地解决了污泥中有机质压缩性的问题，改善了污泥的脱水性能，与化学调理剂结合可以大大提高污泥的脱水性能。同时，调理剂的加入可以起到增强固化效果、提高土力学性能的作用。国外有大量的研究开展了添加物理调理剂形成骨架构建体来改善污泥的脱水性能，并取得了阶段性的成果。

我国生活垃圾填埋场建设正处于稳步推进阶段。在传统厌氧卫生填埋技术层面，基本达到和接近国外经济发达国家水平。但是在减少温室气体、减量化等的新型卫生填埋技术方面，还基本停留在概念的呼吁和研究开发阶段。

3.4.3　生活垃圾焚烧技术发展趋势

目前，全世界年生活垃圾焚烧量约为 1.65 亿吨。生活垃圾焚烧厂主要分布于 35 个发达国家和地区。按生活垃圾年焚烧处理能力分析，欧盟 19 个国家共建有焚烧厂 425 座，年处理能力约为 6360 万吨，占 38%；日本共建有焚烧厂 1374 座，年处理能力约为 4030 万吨，占 24%；美国共建有焚烧厂 143 座，年处理能力约为 314 万吨，占 19%；东亚部分地区（中国、中国台湾、韩国、新加坡、泰国等）共建有焚烧厂 160 座，年处理能力约为 2400 万吨，占 15%；其他地区（俄罗斯、乌克兰、加拿大、巴西、摩纳哥等）共建有焚烧厂 30 座，年处理能力约为 600 万吨，占 4%。

我国城市生活垃圾焚烧处理总体上还处于初步发展阶段。在我国部分城市，城市生活垃圾的焚烧需求会逐步加大。经济发展和国内焚烧技术进步又将为垃圾焚烧处理发展进一步创造条件。采用流化床，通过加煤进行掺烧的垃圾处理工程项目近几年发展也相对较快，但其全成本分析评价有待完善。2008 年，我国投入运行的生活垃圾焚烧厂有 72 座，总规模超过 5.0 万吨/日，还有一批垃圾焚烧厂在规划中。

垃圾焚烧中还有一些技术难题有待进一步攻关，如垃圾焚烧尾气中通常含有颗粒污染物、氯化氢、硫化物、氮氧化物、重金属、二噁英等有害物质，这些物质的处理方法、工艺及设备需要从多个角度开展研究。

垃圾焚烧飞灰处理是焚烧技术的重要组成部分。焚烧飞灰处理技术根据处理的思路主要可以分为三大类：

（1）将重金属等有害物质包容在飞灰固化体中使它们不容易释放到环境中（简称为固化机制）。典型的固化机制处理垃圾焚烧飞灰的方法有水泥固化法和化学药剂固化法。

（2）将重金属等有害物质从飞灰中分离出来，再对低毒性的飞灰残留物进行填埋处置或转化为建材从而实现资源化（简称为分离机制）。典型的分离机制处理垃圾焚烧飞灰的方法有酸碱浸提、生物浸提、电化学分离法等。

（3）熔融固化法是介于固化机制和分离机制之间的一种飞灰固化除毒方法。熔融固化既能有效分解二噁英，又能有效固化重金属。目前，国外有将飞灰制成附加值高的微晶玻璃的研究。制成的微晶玻璃不仅固化飞灰，还能实现飞灰资源化。为降低飞灰熔融固化成本，发展低温熔融固化技术是解决飞灰难题的重要途径。

3.4.4　生活垃圾处理能源化与节能减排技术发展趋势

3.4.4.1　以垃圾制氢技术发展为例说明能源化发展趋势

垃圾中最有资源化利用伸展空间的是垃圾中的有机物组分。有机垃圾的资源化主要是将其中的碳氢化合物转化为能源。垃圾发电和热能利用的经济产出远不能平衡其生产投入，还需大量的经济补贴。因此，世界各国都在研究垃圾热解气化技术，将垃圾热解成为燃气，在能源利用的品级上比垃圾发电前进一步。

在垃圾气化方面，国外作了大量的研究工作，如外热式气化技术。欧、美、日等都采用不同的技术途径建立了应用垃圾热解气化技术的运行工程，垃圾热解气化技术已进入了实用化、工程化和商业化推广阶段。美国 MTCI 公司已研制成功多个型号的沸腾床垃圾气化炉。该气化炉采用外加热方式，垃圾的气化温度较低，一般为 700℃，所得的可燃气体热值为 14300kJ/m³。美国 Michael G. 发明的垃圾气化炉是一个能处理多种垃圾的自循环垃圾气化系统，采用垃圾气化后产生的裂解气体作为外热式热源，明显增加了垃圾气化燃气产品的输出，提高了其经济效益。

为了进一步提高垃圾的资源化价值，国外已开始了城市生活垃圾热法制氢和生物制氢的研究。德国 Karlsruhe 研究中心的 H. Schmieder 等人的研究表明，有机垃圾在 600℃ 和 25MPa（超临界）的条件下，以 KOH 或 K_2CO_3 作催化剂的条件下，气化产物中主要是 H_2 和 CO_2，CH_4 只有 3% 左右，CO 和 $C_2 \sim C_4$ 的碳氢化合物都小于 1%（体积分数）。这种超临界催化转化法温度高、压力大、燃料消耗和设备制造代价高。

目前国内主要研究垃圾的内热式气化，由于内热式气化方式中有大量空气进入炉内使垃圾部分燃烧，也会产生二噁英。同时，其热解燃气中含大量氮气和二氧化碳，其燃气热值低，属于低品位燃气，利用的局限性大。

3.4.4.2 以固体废物衍生温室气体排放为例说明节能减排技术发展趋势

大气中造成温室效应的温室气体主要有 CO_2、水蒸气、CH_4、CO、O_3 等，CO_2、CH_4 和氯氟碳化合物（CFCs）是作用最强的 3 种温室气体。垃圾填埋作为甲烷排放的最重要的人为源，其温室气体的减排也越来越受到重视。

垃圾填埋衍生温室气体的减排途径有很多，从资源化的角度考虑，除了传统的填埋气和垃圾用于焚烧发电以外，目前的最新研究集中于餐厨垃圾厌氧发酵的能源化温室气体减排技术。从减量化的角度考虑，一是通过生物技术减少甲烷的产生或将产生的甲烷进行生物转化，二是通过加速填埋场稳定化，缩短温室气体产期时间而实现减排的目的。

A 两相厌氧消化的"促产氢"和"减甲烷"技术

餐厨垃圾富含淀粉、脂肪、糖类等易生物降解的成分，如果采用卫生填埋方式处置将占用大量宝贵土地，同时产生的恶臭渗滤液将严重污染填埋场周边环境，因此采用全封闭的厌氧处理模式是处置这类废弃物的首选方法。由于餐厨垃圾在厌氧条件下极易被微生物分解，产生氢气、甲烷等可燃气体，因此采用厌氧消化方式处置餐厨垃圾可在处理这些废弃物的同时回收大量生物能源，从而一定程度上缓解我国能源短缺的现状。

B 甲烷氧化技术

甲烷氧化主要是通过生物强化技术提高填埋场表面覆盖层甲烷氧化菌的表观活性，当填埋气在通过填埋场表面时，通过甲烷氧化菌的作用将 CH_4 氧化为 CO_2 以及菌体。通过合理地铺设垃圾填埋场生物覆盖层，强化甲烷氧化微生物的活性，加快 CH_4 的氧化速度，CH_4 氧化率达 12% ~60%，该技术的工程化应用有望实现填埋场运营后期不适宜资源化填埋气的减排处理。目前主要有的技术为：

（1）甲烷氧化菌的扩大培养。

（2）矿化垃圾覆盖层的甲烷氧化。

（3）甲烷菌抑制技术。

（4）准好氧填埋技术。

（5）离子液体吸收-电催化氧化技术。

（6）植物氧化技术。

（7）可持续填埋技术及生物反应器填埋技术。

3.4.5 生活垃圾渗滤液处理技术发展趋势

随着新标准的颁布和实施，膜材料与膜技术开始广泛应用于垃圾渗滤液处理，膜分离技术中，反渗透（RO）技术在渗滤液处理中应用最多，在国外已有很多成功的例子，国内也有部分实施。RO 分离技术能有效地截留填埋场渗滤液中的一些小颗粒有机物（包括溶解态物质）和无机物，能从水溶液中分离出 $0.3 \sim 1.2nm$ 大小的溶质，甚至可以去除部分无机离子，对于低分子量有机物（$<500Da$），基本能去除干净，而对于一些病原微生物、病毒及原生动物胞囊等，去除率也很高。同时，RO 技术对于垃圾渗滤液水质和水量的波动性也具有较高的抗变能力，运行稳定性高。

经膜分离处理后，污染物的去除效果显而易见，经分离后的出水能够达到国家相应的排放标准。而且膜技术能够连续化操作，机械化程度高，易于管理。但该技术在国内迟迟不能被用于实际工程，究其原因为膜材料成本高，且在处理这种受污染较严重的水体时，膜极易被污染，较难清洗，难以再次利用。因此，开发一种成本低廉的膜产品以及高效的膜清洗技术对该法实际工程应用价值的提高具有深远意义。

3.4.6 城镇粪便处理技术发展趋势

按粪便收运与处理方式不同，城镇粪便处理模式大致可以分为欧美模式、日本模式和发展中国家模式。欧美模式是以城市排水管网和污水处理厂作为粪便收运和处理基础的，即污水粪便合并处理的高成本模式；日本模式是除污水粪便合并处理之外，还采用车辆收运集中处理和现场净化池分散处理相结合的粪便单独处理的中成本模式；而发展中国家模式则是多样化的粪便处理系统的低成本模式。

20 世纪 80 年代以后，我国开始构筑模仿西方工业国家的粪便排放管道化模式，水冲式厕所普及率迅速提高，改变我国传统使用的旱厕。城市居民家庭卫生设施和公厕数量大幅度增加，农村粪肥的使用逐渐减少，迫使许多城市面临粪便出路问题。因此大规模的粪便处理设施开始逐步建设。除了将粪便作为农肥进行应用外，视粪便为废物处理后排放的净化处理技术，也因此得到引进、吸收和开发。

最近十年间，越来越多的城市开始将粪便作为废物进行处理，将粪便处理设施选择在城市污水处理厂或垃圾卫生填埋场附近建设，处理后的上清液进入污水处理系统，粪渣进入污泥处置系统或与垃圾一起填埋。

西方工业国家历经 160 多年逐步发展，才形成了公厕水冲管理的污水、粪便合并处理系统框架。我国城市排水系统的发展在相当长一段时期内对粪便处理的支撑是有限的，近10 多年来城市粪便总收运量一直呈现持续增长的态势，人均粪便收运量稳中有升，并未因下水道普及率的提高而降低。虽然城市粪便处理量的增长速度已经超过了粪便清运量的增长速度，但是处理能力却没有达到相应的增长速度。调查研究表明，我国目前粪便处理设施数量严重不足，总体技术水平仍然比较低。

3.4.7 城镇建筑垃圾处理技术发展趋势

建筑垃圾是全世界都将面临的问题。国外一些国家在再生利用建筑垃圾方面做了大量工作，取得了较好的效果。这方面，日本、德国、丹麦等国家走在了前面。

日本从20世纪60年代末就着手建筑垃圾的管理，制定相应的法律、法规及政策措施等，以促进建筑垃圾的转化和利用。2000年，日本的建筑垃圾再生利用率是90%，建筑垃圾影响环境的问题也得到较好的解决。1997年，丹麦建筑垃圾排放量约为340万吨，约占各种垃圾总量的25%，如今约有90%的建筑垃圾得到了重新循环利用。

从垃圾分类资源化的角度，建筑垃圾分布相对集中，便于利用，开展建筑垃圾回用及资源化是我国今后的必由之路。

3.5　国内生活固体废物处理技术需求和差距

3.5.1　生活垃圾收运技术需求和差距

目前，在我国数量庞大的生活垃圾中，绝大多数没有实行分类收集，而是以混合收集为主；同时缺乏清洁高效收运前端处理技术的支撑。混合收集的生活垃圾进入垃圾填埋场后，造成资源的损失和浪费，而塑料、金属、玻璃、化学纤维等物质的存在也会对生活垃圾的降解产生不利的影响；生活垃圾堆肥适合于生活垃圾中的可降解有机物，而混合收集的垃圾阻碍了我国生活垃圾堆肥化的发展，其垃圾中所存在的塑料、金属、玻璃、化学纤维、建筑垃圾等物质会影响微生物对垃圾中可降解有机物的生物降解，使堆肥的质量很差，从而使销路本来就很窄的堆肥出售更难；生活垃圾焚烧法能够取得热能，进而转化为电能，但混合收集的生活垃圾含水率高，且其中存在金属、玻璃、渣土等物质，所产热值相对不高，给生活垃圾焚烧造成困难。从资源循环利用的角度考察，生活垃圾中有许多物质，如塑料、玻璃、金属、化学纤维、纸张、建筑垃圾等均为可再生或可重复利用的资源，可以通过分类和分选后循环利用，走可持续发展的道路。

3.5.2　卫生填埋方面的技术需求和差距

卫生填埋场现场管理技术很低，投资效益未能充分发挥。由于国债使用管理办法的限制，大量卫生填埋场在建设过程中一次全库区铺膜，致使大部分膜裸露于大气环境中，老化严重，投资极其浪费。其次，现场管理人员素质较低，不能正确管理填埋场，无法严格按照卫生填埋场标准进行操作。全国基本处于原生垃圾直接填埋状态，比欧洲开始推广填埋前机械-生物预处理的减量化和节地型填埋方式落后10年以上。寻找污泥高效脱水稳定技术，解决市政污水处理厂污泥与垃圾处理之间的矛盾，必须加以重视。

3.5.3　焚烧方面的技术需求和差距

焚烧厂建设速度远远超过国内研发进展，导致国产化水平偏低，投资浪费，二次污染无法控制。由于中国生活垃圾存在高混杂、高无机物、高含水率和低热值的特点，国外引进的设备无法适应，致使生活垃圾焚烧效果较差，投资效益低下。垃圾焚烧飞灰大部分只经简单固化填埋，造成一定的风险和安全问题。其次，渗滤液处理技术研发严重滞后，运行费用偏高，效益较差。

3.5.4　渗滤液处理方面的技术需求和差距

渗滤液处理技术设施已经严重滞后于国家现有标准，几乎所有卫生填埋场和焚烧厂的渗滤液处理设施均面临改造升级的迫切需要。2008 年发布的渗滤液处理新标准，完全与原来的标准不同，要求极高。原来的处理设施，即使执行老标准，都无法达到出水水质要求，对于新标准，更是无法满足。

3.5.5　固体废物行业在循环经济、节能减排等方面的技术需求和差距

以城镇粪便和建筑垃圾处理为例。中小城镇粪便产量大、卫生问题较为严重，如病原体的传播、感染等。且不同类型城市间粪便处理设施的数量及处理能力易存在较大的差异。据统计，我国目前城市粪便年清运量超过 3800 万吨，其中约有 1100 多万吨粪便未经无害化处理流入河湖水体，造成水体的严重污染，也是许多疾病的重要传播媒介。1100 多万吨粪便相当于 23 万吨 COD、5 万吨氮和近 1 万吨磷，其污染当量相当于 1500 多万头生猪产生的粪便。同时，排入城市下水管网但未经终端城市污水处理厂接纳处理的年粪便量 2500 多万吨，折算下来相当于全国禽畜粪便近一周的总产生量。如果处理这些粪便污水，其污染当量至少需要新增城市污水日处理能力 2400 万吨。

另一方面，城市粪便也是一种重要的生物质能源和肥料资源，3800 多万吨城市粪便约折合 350 多万吨标准煤，约折合 180 多万吨化肥。由于我国城镇粪便收运系统较完善，相对于农村禽畜粪便，城镇粪便资源更便于集中开发、规模化利用。

目前我国每年的建筑垃圾产生量高达 5 亿吨左右。发达国家每年的建筑垃圾生产量处于一个比较平稳的水平。而我国的情况却相反，我国基础建设尚未结束，人们对房屋的基本需求以及住房条件改善的要求也不断增长，另外房子的老龄化意味着更多的房子被拆除重建，这些因素都预示着我国建筑垃圾在未来有继续增长的趋势。

从建筑垃圾对环境的危害而言，其产生、运输、处置的全过程，都应该被列入管理的范畴。同时从资源环境管理的角度出发，还应包括建筑垃圾的循环利用、资源回收等方面的开发和管理。而目前，我国的建筑垃圾管理，仅从城市市容环境卫生的角度出发，这与建筑垃圾处理较先进的国家比差距还是很大的。

3.6　生活垃圾可持续填埋技术

根据我国目前的经济现状和未来的发展趋势，在今后的相当长的时间里，卫生填埋仍然是我国处理生活垃圾最重要的方法之一。一个城市在选择生活垃圾出路时，首先应该考虑的是卫生填埋。卫生填埋场是卫生填埋的载体，其建设周期短，投资相对较低，并且可以分段投入，管理方便，现场运行比较简单。另外，从可持续发展来看，生活垃圾选择填埋场填埋，事实上是一种以资源的形式保存给后代，待一次资源枯竭或科学技术发展后，人们可以对填埋在卫生填埋场中的垃圾资源进行开采和重新利用。

卫生填埋法在我国的应用已有十几年的历史。十几年来，我国许多科研部门和应用单位积极探索适合我国的生活垃圾卫生填埋技术，取得了许多宝贵经验。我国地域广阔，南北和东西的气候、生活习惯等差异很大，生活垃圾中的含水率、组成等也有很大差别。比如，南方的生活垃圾含水率就比北方的高。因此，在进行生活垃圾卫生填埋时，应根据当

地的实际情况，确定渗滤液和沼气的收集与处理设施的设计与建设方案，以及封场后的管理期限等。

3.6.1 生活垃圾填埋场稳定化与矿化垃圾的形成

长期以来同济大学对生活垃圾填埋场稳定化过程进行了深入系统的研究。结果表明，垃圾成分、压实密度、填埋年龄及填埋深度、填埋场地理位置、水文气象条件等均会影响垃圾的降解速度，从而也影响填埋场稳定化进程。研究发现，填埋场封场数年后（在上海一般至少在 8 ~ 10 年以上，北方地区 10 ~ 15 年以上），垃圾中易降解物质完全或接近完全降解，垃圾填埋场表面沉降量非常小（小于 1 ~ 5mm/a），垃圾自然产生的渗滤液和气体量极少或不产生，垃圾中可生物降解含量（BDM）下降到 3% 以下，渗滤液 COD 浓度下降到 25 ~ 50mg/L 以下，此时的垃圾填埋场可以认为达到稳定化状态，所形成的垃圾被称为矿化垃圾。

在上海，这种矿化垃圾至少有 4000 万吨（老港垃圾填埋场 2000 万吨，市区和郊区历年来的堆场、江镇堆场等近 2000 万吨）。北京、天津、广州等城市所堆存的矿化垃圾估计也有几千万吨。三峡库区、大运河两岸也存在已经搬迁或急需搬迁的几千万吨矿化垃圾。因此矿化垃圾的资源非常充足，可以认为是取之不竭用之不尽的。

研究结果还表明，矿化垃圾有较大的比表面积、松散的结构、较好的水力传导和渗透性能、较好的阳离子交换能力等。另外，矿化垃圾中微生物数量庞大、种类繁多，由于其特殊的形成历程，这些微生物尤以多阶段降解性微生物为主，可降解诸如纤维素、半纤维素、多糖和木质素等难降解的有机物，因此是一种性能非常优越的生物介质，完全适合作为一种优良的生物反应器填料或介质，而且有着其他介质（如土壤）所无法比拟的优越性能。

经过反复检验验证，矿化垃圾中不含 O 型口蹄疫病毒、致病性大肠杆菌、沙门氏菌、链球菌和金黄色葡萄糖球菌等有害病原菌和细菌。可以肯定的是，生活垃圾在堆场或填埋场填埋若干年后所形成的矿化垃圾是无害的，可以安全开采和利用。

事实上，绝大部分的垃圾填埋场均建于市郊。随着城市的发展，几乎每个城市的垃圾产生量都在增加，所需的填埋场的面积越来越大。但对于寸土寸金的城市，要不断地提供新的填埋场以满足需要是非常困难的，甚至是不可能的。解决这个问题的一个重要而且可行的方法就是把矿化垃圾进行开采，这不仅可以充分利用矿化垃圾中的有机肥料和可回收物品，还可以对腾出的空间重新填入新垃圾，从而极大地延长填埋场使用年限。

建设一座填埋场所需投资一般在 4000 万元以上，使用年限仅为 10 ~ 15 年。我国有些填埋场（如上海老港填埋场）已使用多年，其中的一部分垃圾已成为矿化垃圾，完全可以开采利用，即把填埋场作为垃圾的中转处理场所，而不是最终的归宿。根据研究结果，矿化垃圾开采、筛分后，可以得到 50% ~ 60% 的有机细料（以下简称矿化垃圾），5% ~ 10% 的可回收利用的物品（塑料、玻璃、金属等），25% ~ 30% 的化学纤维和橡胶等，因此一般有 80% 左右的垃圾可被利用（见表 3-1）。目前，上海市老港填埋场有 2400 万吨矿化垃圾，其他堆场有 1600 万吨。若对全部矿化垃圾进行开采，则可回收数量巨大的各种资源。

表 3-1　上海市老港填埋场填埋 10 年的矿化垃圾组成

组 成	小于 40mm 的组分（矿化垃圾细料）	化学纤维、橡胶制品	石头、砖瓦、水泥块	塑料、玻璃、金属	含水率
质量百分比(干重)/%	50 ~ 60	25 ~ 30	10 ~ 20	5 ~ 10	20 ~ 35
4000 万吨开采后各组分的数量/万吨	2000	1000	400	600	

　　矿化垃圾除了作为优越的生物介质用于处理有机废水外，还是一种肥料，可用于种植草皮和树木，也可以作为园林绿化的有机肥料，这在上海市当前大规模绿化运动中是很有意义的。可回收物品经适当处理后（清洗等），可以出售给有关厂家再生利用，经济与社会效益相当明显。

　　在筛分过程中，发现挖出的潮湿垃圾不能立即筛分，必须经过晾晒后才能进行。筛分出的粗大料没有多大利用价值，可作为回填料。每开采 100t 矿化垃圾，可得矿化垃圾细料 55t。

　　每开采 10000t 矿化垃圾，所腾出的空间可以回填 7000 ~ 8000t 新鲜生活垃圾。就上海市老港Ⅰ ~ Ⅲ期填埋场来讲，虽然没有达到卫生填埋场标准，但吨基建投资仍然达 56 元。因此，矿化垃圾开采与利用，这对于土地严重缺乏的上海市来说，是非常有现实意义的。尽可能延长填埋场的使用寿命，无论是节约土地资源和建设填埋场的庞大投资，还是解决上海市生活垃圾出路问题，均有重大意义。

　　矿化垃圾开采已经成为欧盟国家和日本等国家的重要研究与实践领域。由于历史原因，国内外均存在大量生活垃圾堆场。目前，这些堆场已经稳定化，可以开采。同时，由于这些堆场的环境已经受到严重污染，因此必须对已经稳定化的矿化垃圾进行开采，并对完成开采后的堆场土地进行生态修复，使土地具有利用价值。

3.6.2　矿化垃圾的开采

　　卫生填埋场开采工程基本上是选用采矿业、建筑业以及其他固体废弃物处置工程中所使用的设备来进行。一般来说，填埋场的开采分以下几个步骤：

　　(1) 挖掘。先由挖掘机将填埋单元中的稳定化生活垃圾挖掘出来，再由前装式装载机将挖掘出来的物料堆成便于后续操作的条堆，并分选出体积较大的器具、钢缆等物品。

　　(2) 筛分。滚筒筛或者振动筛将开采出来的物料中的土壤（包括覆盖材料）从稳定化生活垃圾中筛分出来。所使用的筛的尺寸和型号取决于最后得到的物料的用途。例如，如果需要将筛分得到的土壤用于填埋场覆盖，就需要选用 2.5 英寸的筛孔。但是如果最后得到的土壤是作为建筑填料出售或者作为其他需要土壤比例较高的填充材料时，就必须选用更小一些的网孔来去除小块的金属、塑料、玻璃和纸片。在填埋场开采的实际应用中，滚筒筛比振动筛更有效。但是振动筛具有更加小巧、易于装配和机动性强等特点。

　　(3) 可再生物料的利用和处置。根据现场情况，土壤和稳定化生活垃圾都可以得到回收利用。分选出来的土壤可用于填充材料或者生活垃圾填埋场的日覆盖材料。开采出来的稳定化生活垃圾可使用物料再生设备分选出有价值的成分（如钢铁和铝），或者在生活垃圾焚烧炉里焚烧产生能量。

3.6.3 矿化垃圾性质特征

3.6.3.1 化学性质

对上海老港生活垃圾场1990年、1994年填埋的矿化垃圾组成与性质分析，结果见表3-2。由表3-2所示的各项理化性质测试结果可以看出，矿化垃圾中有机质、总氮含量、总磷含量、阳离子交换量均较高，其中有机质含量高达10%左右，远大于一般壤土，但与肥沃的壤土相类似；总氮、总磷含量也高于常规壤土的含量；阳离子交换量明显高于普通砂土，比普通的砂土高出数十倍，比肥沃的壤土也高出2~3倍。其小于0.25mm细粒含量也较一般砂土高出近十倍，由于细小颗粒含量高，矿化垃圾必然具有更高的比表面积。此外，结合小于0.25mm细粒含量和质地的判别结果，矿化垃圾与一般土壤组分比较，其粒径分布具有倾向于两极分布的趋势。这些特性均表明矿化垃圾细料具有优良的理化性质，当用作污染物处理介质时，能提供极好的吸附交换条件和优良的微生物生命活动环境。

表3-2 典型矿化垃圾的主要化学性质

填埋时间	含水率/%	有机质含量/%	pH值	总氮(N,干计)/%	总磷(P₂O₅,干计)/%	阳离子交换量(每百克矿化垃圾)/毫克当量
1990年填埋生活垃圾（填埋期为13年）	34.0	9.69	7.65	0.41	1.02	68.7
1994年填埋生活垃圾（填埋期为9年）	27.5	10.47	7.42	0.76	1.18	71.4

3.6.3.2 微生物学性质

表3-3所示是老港填埋场1990年和1994年填埋矿化垃圾细菌总数的测试结果，并同时给出几种不同类型壤土的细菌总数。表3-3所示结果显示出：两组矿化垃圾的细菌总数极为相近；与常规土壤相比，其细菌总数在数量级上与较肥沃壤土相接近，是普通砂土所无法比拟的。矿化垃圾中生存有数量庞大、种类繁多的微生物，由于其特殊的形成历程，这些微生物尤以多阶段降解性微生物为主，这显示出填埋生活垃圾作为污水处理介质具有优良的微生物学特性。

因此，以矿化垃圾作为生物反应床的填料介质，从物理、化学性质和水力学性质来看，有较大的比表面积、松散的结构、较好的水力传导和渗透性能、适宜的pH值、较好的阳离子交换能力等；从生物角度来看，有优良的生物种群和较高的细菌总数，都说明了矿化垃圾完全适合作为一种优良的生物反应器填料或介质，而且有着其他介质所无法比拟的优越性能。

表3-3 典型矿化垃圾及部分壤土的细菌总数

样品（取样地）	1990年填埋生活垃圾细料（填埋龄13年，上海）	1994年填埋生活垃圾细料（填埋龄9年，上海）	红壤（杭州）	砖红壤（徐闻）	水稻土（江苏）	暗粟钙土（满洲里）
细菌总数(每克干生活垃圾)/个	8.63×10⁶	9.02×10⁶	11.03×10⁶	5.07×10⁶	32.30×10⁶	9.05×10⁶

3.6.4　矿化垃圾腐殖质的性质表征

对老港填埋场不同填埋时间的生活垃圾进行取样分析，并定量表征包括矿化垃圾有机碳的测定、矿化垃圾腐殖质有机无机复合量及复合度的测定、腐殖质结合态分组的分析。LA95 表示 1995 年填埋的生活垃圾（相当于填埋 8 年），以此类推。

3.6.4.1　有机碳含量的测定

有机碳含量的测定结果（见图 3-1）表明矿化垃圾中有机碳浓度与封场时间基本为正相关的关系，即封场时间越长，有机碳含量越高。TOC 仪器法测定矿化垃圾有机碳也得到相同的趋势。

有机碳含量随封场时间增加而升高反映矿化垃圾腐殖化过程中腐殖质积累的特点，这一点与普通土壤不同。对于普通土壤尤其是农业土壤，由于化学工业的发展和人们追求产量的目的，化肥替代农家肥成为农业生产的主要肥料，回归土壤的有机物越来越少，

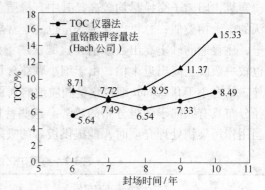

图 3-1　不同封场时间生活垃圾中有机碳变化规律

使得土壤的腐殖质处于不断老化和消耗的状态。而矿化垃圾中由于生活垃圾中含有超过 50% 的有机物，有机物在填埋场厌氧条件下，需要很长时间才能完全腐殖化和矿化，所以腐殖质含量基本处于不断积累的过程。由于封场 6 年以上的填埋单元容易降解的有机物已经基本在微生物作用下分解，而腐殖质的形成在未扰动填埋单元的厌氧条件下是一个长期的过程，这就意味着腐殖质随封场时间的延续将不断积累，导致有机碳含量随封场时间增加而升高。

3.6.4.2　腐殖质样品的元素分析

腐殖质样品的元素分析从有机元素含量这个侧面反映腐殖化进程。使用 EA1110 CHNO-S 元素分析仪测定矿化垃圾及污泥堆肥腐殖质样品的碳、氮、氢、硫，氧用扣去灰分的差值法计算（见表 3-4）。

表 3-4　矿化垃圾及污泥堆肥腐殖质样品元素分析

样 品 名 称	N/%	C/%	H/%	S/%	O/%
LA94-FA	3.1227	39.7943	4.3458	2.3198	46.3725
LA95-FA	3.7122	43.1815	5.1301	2.4249	37.3823
LA96-FA	4.0886	42.8600	5.2292	2.8420	40.3031
LA97-FA	3.6731	39.4719	5.0895	3.9797	41.8498
LA98-FA	3.6621	41.2101	4.8731	2.7646	34.2102
LA94-HA	5.8336	47.8913	6.4693	1.0292	38.7766
LA95-HA	5.6763	48.5733	6.3226	0.7651	38.6628
LA96-HA	5.7464	50.8463	6.0868	1.4164	35.8905
LA97-HA	5.4032	53.0388	7.3107	0.6963	33.5122

样 品 名 称	N/%	C/%	H/%	S/%	O/%
LA98-HA	5.6899	51.5022	7.0454	0.9420	33.3685
LA94-HA（$h=0.5$m）	5.3250	50.3065	6.7819	0.7945	
LA94-HA（$h=2$m）	5.0525	53.0766	7.1261	0.8372	
LA94-HA（$h=4$m）	5.2121	55.3089	7.8162	0.7606	
污泥堆肥(15天)-HA	8.1092	47.2506	7.0101	0.8701	
污泥堆肥(30天)-HA	7.8436	47.8439	7.4380	1.1971	

腐殖质碳含量的变化比较明显，无论是HA还是FA样品，封场时间越长，碳含量逐渐下降：HA的碳含量从1998年样品的51.5%下降到1994年样品的47.9%，FA的碳含量则由41.2%下降到39.8%，反映腐殖质随封场时间的增加，芳化度提高，含碳量下降。HA的碳、氢和氮含量高于FA，但硫含量低于FA，反映FA的组分中蛋白质的代谢产物较HA多，而氮含量高说明氨基含量高。

污泥堆肥HA样品的氮和氢含量均高于矿化垃圾腐殖质HA样品，碳含量相当于1994年封场的矿化垃圾腐殖质样品，硫含量彼此相差不大。1994年封场单元垂直采样（采样深度分别为0.5m、2.0m、4.0m）得到矿化垃圾HA样品中碳含量随采样深度加大而增加（50.31%~55.31%），反映表层矿化垃圾腐殖化程度高于深层矿化垃圾，这可能与覆盖土厚度较小（实际为0.1~0.5m），表层生活垃圾处于比较有利的氧化环境中有关。

最近一段时间以来，人们对填埋法处理生活垃圾持批评态度，主要原因是认为填埋法占地面积大，渗滤液处理难，资源被埋在地下，潜在污染时间长等。然而，人们也逐步认识到，生活垃圾堆肥和焚烧技术所存在的高成本和潜在污染同样不容忽视。尽管填埋法存在上述问题，可绝大多数的城镇仍然采用填埋法处理生活垃圾。本文认为，生活垃圾填埋场是一座巨大生物反应器，因此，对填埋场中矿化垃圾进行开采利用，把腾出的空间填埋新的生活垃圾，完全实现了填埋场的可持续利用，从而解决了传统意义上的填埋法占地大、资源利用率低的缺点。显然，生活垃圾填埋—矿化垃圾利用—生活垃圾再填埋，是生活垃圾填埋技术的发展，适合我国当前的社会与经济水平，值得推广应用。

3.7 生活垃圾渗滤液及其达标处理组合技术

即使渗滤液的COD含量小于100mg/L，其毒性仍然非常大。亚急性和亚慢性试验结果表明，垃圾渗滤液能诱发小鼠骨髓嗜多染红细胞微核的形成，且呈现明确的浓度（COD_{Cr})-效应关系。垃圾渗滤液可诱发小鼠骨髓嗜多染红细胞微核的形成，在亚急性染毒条件下，其COD_{Cr}阈值为10mg/L；在亚慢性染毒条件下，其阈值降至5mg/L。在低COD_{Cr}质量浓度（5mg/L）下，随着处理时间的延长，染毒组小鼠的微核率和微核细胞率均有非常显著的增加，说明垃圾渗滤液与机体接触的时间越长，引起细胞遗传损伤所需的浓度就越低。短期低浓度垃圾渗滤液对微核的诱发未见性别异常，但短期较高浓度或长期低浓度垃圾渗滤液诱发微核的效应存在性别差异。雌性小鼠的微核率和微核细胞率均显著高于雄性小鼠，表明雌性小鼠对垃圾渗滤液的敏感程度高于雄性小鼠。据此推测，如果人与动物长期饮用受低浓度垃圾渗滤液污染的水，就有可能引起体内靶组织和靶细胞遗传物质损伤。且这种损伤由于性别的不同而呈现一定的差异。具体来讲，把 COD 为 5mg/L 的渗滤液喂养小老鼠，5 天后，小老鼠就发疯，直至死亡。

垃圾渗滤液对鲫鱼肝脏中的 CAT 和 SOD 活性的综合作用效果表明渗滤液 COD_{Cr} 浓度和染毒时间具有双重依赖性。短时间或者较长时间低浓度暴露，对 CAT 和 SOD 的活性均会产生诱导，此时说明水体已经受到渗滤液的污染，但污染还达不到对鱼类的生存造成危害的程度；随着染毒时间的延长或浓度的增加，上述诱导作用会减弱，此时鱼类自身的防御机制开始遭到破坏，对鱼类开始产生危害，但并不影响其正常生存；当高浓度长时间暴露时，酶活性受到抑制，鱼类自身的防御机制遭到不可逆的破坏，此时渗滤液对鱼类产生了危害。因此，通过鱼肝脏 CAT 和 SOD 活性的变化，不仅可以提示环境污染物的作用机理，而且可以作为垃圾渗滤液在对水生生态系统早期污染和轻度污染发生时的警示。总的来讲，渗滤液 COD >40mg/L 时，1 周以后，鲫鱼的生长就受到严重影响，直至死亡。

垃圾渗滤液对大麦的毒性作用与渗滤液中有机污染物的含量（COD_{Cr}）有直接的关系，相关系数（R）在 0.82 ~ 0.99 之间。垃圾渗滤液及其不同工艺出水 COD_{Cr} 值与其对大麦种子萌发的毒性、根尖细胞分裂的抑制作用及诱发大麦根尖细胞的遗传损伤程度呈正的线性相关。而大麦幼苗生长状况与 COD_{Cr} 值呈负的线性相关。COD 为 100mg/L 的渗滤液浇灌大麦种子，发芽率等指标严重受到影响。

就不同工艺渗滤液出水对大麦各生物学指标产生毒效应的 COD_{Cr} 阈值进行等级划分，通过综合分析可知，经过有机膨润土和曝气处理后的渗滤液对植物的毒性较低，而活性炭处理出水对植物的毒性较大，渗滤液原水或经过厌氧处理后的出水对植物的毒性介于两者之间。上述结果说明有机膨润土和曝气处理这两种处理工艺可有效降低能够引发植物毒性的有机污染物，有利于降低渗滤液的毒性。而活性炭虽然可以有效的降低渗滤液的 COD_{Cr} 值，但是对水中具有植物毒效应的有机污染物的去除效果并不理想。厌氧处理对水中的有机污染物基本没有去除效果。

渗滤液臭味大，任意排放将导致受接触的农作物枯萎或死亡。由于渗滤液污染而引起的群众纠纷越来越多。生活垃圾填埋场渗滤液污染周围水体引起群众不满和纠纷就是典型例子。

3.7.1   与城市生活污水合并处理

根据国家有关标准，渗滤液处理到 COD 含量小于 1000mg/L，BOD 含量小于 600mg/L，SS 含量小于 400mg/L 时，即可排入城市生活污水处理厂合并处理。但不同的城市，对进入生活污水处理厂的渗滤液水质要求差别较大，如要求 COD 含量小于 300mg/L，BOD 含量小于 150mg/L，SS 含量小于 200mg/L（即国家二级排放标准）。

由于渗滤液处理长期无法解决，许多城市花费巨资建设渗滤液输送管道，把渗滤液送入城市生活污水处理厂，如福州、成都等城市。

渗滤液处理方法根据是否可以就近接入城市生活污水处理厂处理，相应分成两类，即合并处理与单独处理。所谓合并处理就是将渗滤液引入附近的城市污水处理厂进行处理，这也可能包括在填埋场内进行必要的预处理。这种方案以在填埋场附近有城市污水处理厂为必要条件，若城市污水处理厂是未考虑接纳附近填埋场的渗滤液而设计的，其所能接纳而不对其运行构成威胁的渗滤液比例是很有限的。通常认为加入渗滤液的体积不超过生活污水体积的0.5%时都是安全的，而根据不同的渗滤液浓度，国外研究证明这个比例可以提高到4%~10%，最终的控制标准取决于处理系统的污泥负荷，只要加入渗滤液后污泥负荷不超过10%就是可以接受的。

虽然合并处理可以略微提高渗滤液的可生化性，但由于渗滤液的加入而产生的问题却不容忽视，主要包括污染物质如重金属在生物污泥中的积累影响污泥在农业上的应用，以及大部分有毒有害难降解污染物质如TOX等并没有得到有效去除而仅仅是在稀释过程后重新转移到排放的水体中，进一步构成对环境的威胁。因此目前国外相当一部分专家不提倡合并处理，除非城市生活污水处理厂增加三级深度处理的工艺。

3.7.2 渗滤液单独处理

绝大部分填埋场远离市区，铺设专门管道是不现实的，因此，渗滤液独立处理是最重要的方式之一。

渗滤液单独处理方案按照工艺特征又可分为生物法、物化法、土地法以及不同类别方法的综合，其中物化法又包括混凝沉淀、活性炭吸附、膜分离和化学氧化法等。混凝沉淀主要是用Fe^{3+}或Al^{3+}作混凝剂；粉末活性炭的处理效果优于粒状活性炭；膜分离法通常是运用反渗透技术；化学氧化法包括用诸如臭气、高锰酸钾、氯气和过氧化氢等氧化剂，在高温高压条件下的湿式氧化和催化氧化（例如臭氧的氧化率在高pH值和有紫外线辐射的条件下可以提高）。

与生物法相比，物化法不受水质水量的影响，出水水质比较稳定，对渗滤液中较难生物降解的成分，有较好的处理效果；土地法包括慢速渗滤系统（SR）、快速渗滤系统（RI）、表面漫流系统（OF）、湿地系统（WL）、地下渗滤处理系统（UG）及人工快渗处理系统（ARI）等多种土地处理系统，主要通过土壤颗粒的过滤、离子交换吸附、沉淀及生物降解等作用去除渗滤液中的悬浮固体和溶解成分。土地法由于投资费用较少，运行费用较低，从生命周期分析的角度来看是最有价值去大力研究开发的处理方法。

垃圾填埋场产生的渗滤液的处理一直是世界上公认的难题。生物法是渗滤液处理中最常用的一种方法，由于它的运行处理费用相对较低，有机物被微生物降解主要生成二氧化碳、水、甲烷以及微生物的生物体等对环境影响较小的物质（甲烷气体可作为能量回收），不会出现化学污泥造成二次污染的问题，所以被世界各国广泛采用。生物法处理渗滤液的难点是氨氮的去除。本文认为，沿用传统的生活污水处理工艺处理渗滤液是很困难的，继续朝着这个方向研究渗滤液处理技术也是很难取得突破性进展的。以下重点介绍几种有发展前景的生物处理方法。

3.7.2.1 矿化垃圾生物反应床处理法

我国在填埋场和堆场填入的垃圾达几千万吨。当中的一些垃圾经多年的降解后，基本上达到了稳定化状态，因而被称为矿化垃圾。这些矿化垃圾的资源非常充足，其利用对于垃圾资源化和填埋场土地利用均有重要意义。矿化垃圾中的微生物就可以用来降解和处理外来有机物，这些微生物的生存和降解能力非常强，可降解诸如纤维素、半纤维素、多糖和木质素等难降解有机物，没有恶臭味道，可自然晾干而不产生渗滤水。外观特征类似于腐殖质，呈微颗粒状，质地疏松，具有无数极微孔隙，具有很大的表面积，因此是一种性能非常优越的生物介质，只要条件合适，完全可用来降解废水中的有机物。矿化垃圾中微生物数量高于一般肥沃黑土壤 1000 倍以上。

自 1995 年以来，同济大学赵由才课题组就利用矿化垃圾含有大量的具有很强生存和降解能力的微生物的特性，以矿化垃圾为生物填料制造出矿化垃圾生物反应床，并用这种反应床处理渗滤液、畜禽废水等。采用矿化垃圾生物反应床可有效处理渗滤液，COD 含量为 2000 ~ 10000mg/L、BOD 含量为 1000 ~ 10000mg/L、NH_3-N 含量为 250 ~ 1500mg/L、BOD/COD 含量为 0.2 ~ 0.7，分别降低到 COD 含量为 300 ~ 500mg/L、BOD 含量为 60 ~ 150mg/L、NH_3-N 含量为 0 ~ 25mg/L，去除率达到 90% ~ 99% 以上。通过对机理的研究，发现有机污染物先被矿化垃圾的表面和内表面吸附，在微生物的作用下，被吸附的有机物发生降解，腾出的表面又吸附有机污染物。如此循环下去，从而达到了渗滤水的净化效果。矿化垃圾生物反应床的最大处理量就是保持吸附和降解达到平衡所允许的废水进水量。

矿化垃圾生物反应床处理渗滤液技术已经在全国得到应用，包括上海市老港填埋场（渗滤液处理量 100 吨/天和渗滤液处理量 400 吨/天两座反应床）、山东即墨生活垃圾填埋场（渗滤液处理量 70 吨/天）、山东蓬莱生活垃圾填埋场（渗滤液处理量 70 吨/天）等。越来越多填埋场正在准备采用该技术处理渗滤液。

矿化垃圾生物反应床处理渗滤液的吨投资 2 万元，吨运行费 4 元（原二级国家排放标准）或 2 元（原国家三级排放标准）。运行管理十分简单方便。

3.7.2.2   厌氧生物处理法

处理渗滤液的生物法可以分好氧处理和厌氧处理两大类，具体的方法有稳定塘、生物转盘、厌氧生物滤池、上流式厌氧污泥床等。厌氧生物处理法只能作为渗滤液预处理方法，其出水远未达到二级排放标准。

A   上流式厌氧污泥床

上流式厌氧污泥床（UASB）反应器的反应区一般高 1.5 ~ 4m，其中充满高浓度和高生物活性的厌氧污泥是其高效工作的基础。反应区内厌氧微生物分别以游离污泥、絮状污泥和颗粒污泥三种形态存在。正常的 UASB 反应器内，反应区的污泥沿高程呈两种状态：下部 1/3 ~ 1/2 的高度范围内，主要堆集着颗粒污泥和絮状污泥，即便因进水水力作用使污泥粒子以紊动的形式存在，但相互之间距离很近，几乎呈搭接之势。在这个区域内的污泥浓度 VSS 高达 40 ~ 80g/L，通常称为污泥床层。污泥床层是去除污水中可生物降解的有机物的主要场所，约占去除总量的 70% ~ 90%。污泥床层以上约占反应区总高度 1/2 ~ 2/3 的区域内悬浮着粒径较小的絮状污泥和游离污泥，污泥粒子之间保持着较大的距离，相应污泥浓度也较小，VSS 平均约 5 ~ 25g/L。这个区域通常称为污泥悬浮层，它是防止污泥粒子流失的缓冲层，其生物处理的作用并不明显，被降解的有机物约占去除总量的 10% ~ 30%。在污泥床层和悬浮污泥层之间通常存在着一个浓度突变的分界面，被称为污泥层分界面，它的存在及高低和废水的种类、出水及出气等条件有关。

B   厌氧生物滤池

厌氧生物滤池是世界上最早的废水厌氧生物处理构筑物之一，是厌氧生物膜法的代表工艺之一。它是利用附着在载体表面的厌氧微生物所形成的生物膜净化废水中有机物的一种生物处理方法。

厌氧生物滤池根据进水点位置的不同，分为升流式厌氧生物滤池和降流式厌氧生物滤池两种。无论哪种厌氧生物滤池其构造均类似于好氧生物滤池，包括池体、滤料、布水设备及排水（泥）设备等。不同之处在于厌氧生物滤池内部是一个封闭的系统，其中心构造是滤料，滤料的形态、性质及其装填方式对滤料的净化效果及运行有着重要的影响。对于滤料不但要求结构坚固、耐腐蚀，而且要求有较大的比表面积。因为滤料是厌氧微生物形成和固着的部位，所以要求滤料表面应当比较粗糙便于挂膜，又要有一定的孔隙率以便于污水均匀地流过，同时通过近年来厌氧生物滤池的运行实践表明，滤料的形状及其在生物滤池中的装填方式等对运行效能也有很大的影响。

厌氧生物滤池的工作原理与好氧生物滤池的也相似，只不过发挥作用的是厌氧微生物而不是好氧微生物。在厌氧生物滤池的工作过程中，有机废水通过挂有厌氧生物膜的滤料时，废水中有机物扩散到生物膜表面，并被生物膜中的厌氧微生物降解产生生物气。净化后的废水通过排水设备排至池外，所产生的生物气被收集。由于厌氧生物滤池的种类不同，其内部的流态也不尽相同。升流式厌氧生物滤池的流态接近于平推流，纵向混合不明显。降流式厌氧生物滤池一般采用较大回流比操作，因此其流态接近于完全混合。

厌氧生物滤池中存在着大量兼性厌氧菌和专性厌氧菌。除此之外还会出现不少厌氧原生动物。这些原生动物中主要有 Metopus、Saprodinium、Urozona、Trimyema 及微小的鞭毛虫等。研究结果表明，厌氧原生动物约占厌氧生物滤池中生物总量的20%。厌氧原生动物的作用主要是捕食分散的细菌，这样不仅可以提高出水水质，而且能够减少污泥量。

3.7.2.3 好氧生物处理法

渗滤液厌氧处理后，一般再经过好氧处理以进一步降低污染物浓度。大量实践经验表明，渗滤液经过厌氧处理—好氧处理后，无论好氧处理段的曝气时间多长，出水 COD 含量为 $600 \sim 800$ mg/L 左右，很难再下降。也许，COD 含量为 $600 \sim 800$ mg/L 是渗滤液生物处理的极限，进一步削减就必须依靠反渗透或活性炭吸附等技术。

A 稳定塘

稳定塘俗称氧化塘，包括厌氧塘、兼性塘、曝气塘和好气塘。稳定塘最初用于城市生活污水的处理，在生活垃圾渗滤液处理中运用稳定塘技术也取得了较好的效果。

厌氧塘水深通常为 $3 \sim 5$m，主要利用厌氧微生物降解水中的有机物，其表面负荷可以是好氧塘的几十倍，但出水水质不好。厌氧微生物降解有机物的过程大体上可分为产酸阶段和产甲烷阶段。大分子有机物首选被产酸菌分泌的胞外酶水解之后变成小分子，再被微生物摄取进入体内，代谢之后形成有机酸排出体外，即所谓产酸阶段；在产甲烷阶段先由产氢产乙酸菌将有机酸转化成氢气和乙酸，然后再由专性的甲烷菌利用乙酸和氢气生成甲烷气体，完成有机物的碳化过程，厌氧塘中部分有机物因转化成甲烷气体释放到空气中去而被去除；兼氧塘一般深度为 $1.0 \sim 1.5$m，水体上层生活着好氧菌和藻类，中层生活着可在有氧和无氧两种情况下生活的兼性菌，底层生活着绝对厌氧的细菌，在它们的共同作用下，可以更有效地降解有机物；曝气塘则通过人工强化的曝气过程提高污水的溶解氧，在好氧微生物的作用下加速污染物的去除。有机物代谢后生成二氧化碳和水，部分转变成微生物的细胞物质，或者沉入塘底形成底泥，或者随出水排出；好气塘是一类完全依靠藻类光合作用供氧的塘。为了使阳光透射到池塘底部，以便藻类在整修塘内维持光合作用，所以好气塘通常都是一些很浅的池塘，塘深一般为 $30 \sim 40$cm，常用水力停留时间为 $3 \sim 5$ 天。

B 生物转盘

生物转盘是所谓固定生长系统生物膜法中的一种，运用于常规的污水处理中可有效地解决活性污泥法的污泥膨胀问题，并且由于膜上生物量大，生物相丰富，既有表层的好氧微生物，又有内层的厌氧微生物，所以还具有脱氮作用。

C 活性污泥法

传统活性污泥法处理渗滤液时会遇到 NH_4^+—N，影响活性污泥正常生长。低氧-好氧两段活性污泥法处理填埋场垃圾渗滤液，最终出水 COD_{Cr}、BOD_5 和 SS 含量的平均值分别达到 226.7mg/L、13.3mg/L 和 27.8mg/L，总去除率分别为 96.4%、99.6% 和 83.4%。两段法的负荷分别达到：低氧段 1.34kg COD_{Cr}/(kgMLSS·d)，0.76kg BOD_5/(kgMLSS·d)；好氧段 0.31kg COD_{Cr}/(kgMLSS·d)，0.07kg BOD_5/(kgMLSS·d)，该法明显优于普通的活性污泥法。

通过镜检可以观察到低氧段内活性污泥生物相的主体是夹杂有丝状菌的菌胶团，但也发现少量不活泼的钟虫和钟虫游泳体，这可能是由于溶解氧的波动偏高形成的。好氧段内污泥生物机与传统活性污泥法相似，除有多种菌团外，原生动物有草履虫、变形虫、楯纤虫等，种类相对较少但数量很多；后生动物有轮虫和线虫，数量也很多。

3.7.2.4 生物法评述

利用生物法处理渗滤液不能照搬生活污水生物法处理的方法，其自身特性要引起高度重视，具体如下：

(1) 渗滤液水质和水量变化大。

(2) 曝气处理过程中会产生大量的泡沫。

(3) 由于渗滤液浓度高，生物处理过程需要较长的停留时间，由此引起的水温低的问题会对处理效果产生较大影响。

(4) 渗滤液输送过程中某些物质的沉积有可能造成管道堵塞。

(5) 渗滤液中磷的含量较低。

(6) 在老的填埋场中 BOD_5 较低而 NH_4^+-N 较高，所以通常的做法是先通过吹脱去除高浓度的 NH_4^+-N 再利用生物法去除有机物。

(7) 氯代烃的存在可能对处理效果产生影响。

渗滤液作为高浓度难降解的污水，要达到日益严格的排放标准，单纯用生物法是很难达到目的的。一般是将生物法作为后续工艺的预处理，先去除大部分可生化降解有机物，再与絮凝沉淀或活性炭吸附或膜分离工艺结合，才能达到排放标准。

生物法中，好氧工艺的活性污泥法和生物转盘的处理效果最好，停留时间较短，但工程投资大，运行管理费用高，相比来说稳定塘工艺比较简单、投资省、管理方便，只是停留时间长、占地面积大。但作为一项成熟的渗滤液处理技术，由于能够把厌氧和好氧塘相结合，分别发挥厌氧微生物和好氧微生物的优势，是应该优先考虑的好氧生物处理工艺。厌氧处理工艺近年来发展很快，特别适合于高浓度的有机废水，它的缺点是停留时间长，污染物的去除率相对较低，对温度的变化比较敏感，但通过研究表明厌氧系统产生的气体可以满足系统的能量需要，若将这部分能量加以合理利用，将能够保证厌氧工艺有稳定的处理效果，还能降低处理费用，是很有前途的处理工艺，特别是 UASB 工艺，由于负荷率大幅提高，停留时间缩短，也是一种优选的生物预处理工艺。

3.7.2.5 絮凝沉淀工艺

大量研究证明，生物预处理后的渗滤液利用絮凝沉淀工艺时（利用铁盐或铝盐作絮凝剂），COD_{Cr} 的去除率可以达到 50%，反应过程中最佳的 pH 值对于铁盐和铝盐分别为 4.5 ~ 4.8 和 5.0 ~ 5.5，而且这两种絮凝剂的去除效率以及不同的搅拌方式之间没有明显的差异。Fe 或 Al 加入渗滤液中最小的加药量在 250 ~ 500g/m³，其中铁盐的加药量与理论加药量很接近。

用硫酸铝、氯化铝、七水合硫酸亚铁、三氯化铁、聚合硫酸铁（PFS）、聚合氯化铝（PAC）、聚合铝铁处理生物处理后的尾水。这些混凝剂的浓度均为 1000mg/L。

无机高分子混凝剂和无机低分子混凝剂对经过生物预处理后的低浓度渗滤液的处理效果相似，而高分子混凝剂的价格远远高于低分子混凝剂，所以推荐选择低分子无机混凝剂三氯化铁，它形成的絮体沉降性能好，处理低温水和低浊水的效果比铝盐好，但处理后水的色度比铝盐高。另外，虽然混凝剂的投加剂量很大，但 COD_{Cr} 的去除率并不高，这主要是因为经过生物预处理后的低浓度渗滤液中悬浮颗粒含量很低，而混凝剂主要去除含悬浮颗粒的胶体溶液，对溶解性有机物的去除效果较差。当调节原水 pH 值在最佳的 5 左右时，以及三氯化铁的最佳投加量为 1200mg/L 时，COD_{Cr} 的去除率可以达到 48%，与国外研究者所得结论基本相同。

三氯化铁混凝剂的作用机理以静电中和以及卷扫作用为主，当胶体浓度很低时，常以卷扫机制去除水中胶粒。生物预处理后的低浓度渗滤液以溶解性有机物为主，浊度很低，所以卷扫机制发挥主要作用，三氯化铁的投加量必须超过氢氧化物的溶度积，由水合铁离子在水解聚合生成氢氧化物沉淀过程中的中间产物，即铁的单核或多核羟基配离子引起胶体脱稳，然后再由铁的氢氧化物沉淀的卷扫作用将其去除。

为了提高去除效率，尝试用阴离子型聚丙烯酰胺（PAM）作助凝剂，当 PAM 的投加量为 1mg/L 时，COD_{Cr} 的去除率从 21.9% 提高到 29.2%，升高了 7.3%。而当 PAM 的投加量继续增加时，COD_{Cr} 的去除率反而下降，这是由于过量的 PAM 使高聚物的线性结构相互缠绕，反而减少了线性结构上的活性吸附位点，吸附架桥作用相应削弱。

通过对比阳离子有机高分子絮凝剂（阳离子型聚合胺，商品名 Dyeflock-EF，由希腊 Aristotle 大学提供）与普通无机低分子混凝剂三氯化铁的处理效果证实，两者对低浓度难降解渗滤液中溶解性有机物的最高去除率相似，均在 25% 左右，但在相同 COD_{Cr} 去除率下，阳离子型聚合胺的投加量远远低于三氯化铁（前者的最佳投加量为 360mg/L，而后者则需要投加 1200mg/L）。另外阳离子聚合胺还具有较好的脱色作用。

当阳离子型聚合胺的投加量为 600mg/L 时，色度的去除率可达到 80%，但考虑到投加量过高反而使 COD_{Cr} 的去除率下降，所以推荐的投加量为去除 COD_{Cr} 的最佳投加量 360mg/L。

絮凝沉淀工艺的不足之处是会产生大量的化学污泥；出水的 pH 值较低，含盐量高；氨氮的去除率较低。所以即使有可观的处理效率，在选用时还是要慎重考虑。

3.7.2.6 膜分离工艺

渗滤液后处理中经常采用反渗透工艺，因其能够去除中等分子量的溶解性有机物，早期利用醋酸纤维膜进行的试验表明，COD 的去除率可以超过 80%，虽然在运行过程中存在膜污染问题，但反渗透工艺作为后处理工艺设在生物预处理后或物化法之后，负责去除低分子量的有机物、胶体和悬浮物，可以提高处理效率和膜的使用寿命。

一级反渗透工艺可使 COD、BOD 和 AOX 的去除率为 80%，但是氨氮和氯离子的去除率要达到较高水平则至少需要二级反渗透工艺。总之，反渗透工艺因其在渗滤液处理方面的高效性、模块化和易于自动控制等优点，应用得越来越多，但其如下缺点也要引起重视：

（1）小分子量的物质的截留效率还不尽如人意（例如氨、小分子的 AOX 物质等）。

（2）高浓度的有机物或无机可沉降物容易造成污染膜或在膜表面结垢等问题。

（3）由于操作压力很高（3~5MPa）造成能耗很高。

（4）反渗透浓液的处理是最大的困难，将其回灌到填埋场中已经不可取了，因为浓液的污染物浓度很高，属于非常危险的废物。目前多采用蒸发和干燥的方法，但费用很高。

3.7.2.7　化学氧化工艺

化学氧化工艺可以彻底消除污染物，而不会产生絮凝沉淀工艺中形成的污染物被浓缩的化学污泥。该工艺常用于废水的消毒处理，而很少用于有机物的氧化，主要是由于投加药剂量很高而带来的经济问题。对于渗滤液中一些难控制的有机污染物，化学氧化工艺可以考虑使用。

常用的化学氧化剂有氯气、次氯酸钙、高锰酸钾和臭氧等。用次氯酸钙作氧化剂时 COD 的去除率不超过 50%；用臭氧作氧化剂时，没有剩余污泥的问题，COD 的去除率也不超过 50%，而且对于含有大量的有机酸的酸性渗滤液使用臭氧作氧化剂不是很有效，因为有机酸是耐臭氧的，相应就需要很高的投加剂量和较长的接触时间。过氧化氢作氧化剂时因为可以去除硫化氢而主要用来除臭气，加药量一般每一份溶解性的硫要投加 1.5~3.0 份的过氧化氢。

当高锰酸钾投加量为 500mg/L 时，色度的去除率可达 87.5%，然而当高锰酸钾投加量过高时，其在渗滤液中的残留会对色度造成一定的影响。次氯酸钠的脱色作用则更佳，其处理后的出水接近自来水的色度，随着次氯酸钠投加量的增加，色度的去除率也增加，当投加市售有效氯浓度为 5.2% 的次氯酸钠 10mL 时，原水色度为 200 倍的低浓度渗滤液色度的去除率高达 98%，投加量达到 25mL 时色度的去除率则达到 99.5%，可见次氯酸钠完全可以解决渗滤液排放的色度问题。

高锰酸钾作为氧化剂处理低浓度渗滤液时，并不是将有机物全部氧化成二氧化碳和水，而是将一部分如腐殖质类的复杂有机物氧化成分子量较小的有机物。高锰酸钾在酸性介质中是强氧化剂，而在中性、碱性介质中都为弱氧化剂。生物预处理后低浓度的渗滤液属于中性和弱碱性，因此高锰酸钾氧化时的产物是二氧化锰。由于二氧化锰在水中的溶解度很低，因此产物以水合二氧化锰胶体的形式从水中析出，正是由于水合二氧化锰胶体的作用，使其在中性条件下具有很高的除微污染物的效能，所以在处理这类低浓度渗滤液时高锰酸钾虽不能发挥很强的氧化作用，但由于水合二氧化锰胶体的形成，仍能取得较好的效果：一方面，二氧化锰是许多反应的催化剂，有试验表明，对高锰酸钾氧化有机物的催化作用也很明显；另一方面，新生成的水合二氧化锰胶具有很大的表面积，能吸附水中的有机物，所以水合二氧化锰胶体对大多数污染物，应该兼有催化氧化和吸附两种作用。对某种易被氧化的小分子量的有机物而言，催化氧化的去除作用可能大一些，而对大分子量不易被氧化的有机物则吸附的作用会大一些。实验表明采用高锰酸钾作氧化剂处理生物预处理后低浓度的渗滤液时，COD_{Cr} 的去除量与高锰酸钾投加量之间存在线性关系，即高锰酸钾与有机物之间的反应为一级反应，每 1mg 高锰酸钾可与 0.3mg COD_{Cr} 反应。

次氯酸钠的浓度常用有效氯的浓度来表示，经换算，1g 次氯酸钠等于有效氯 0.953g。实验表明次氯酸钠的投加量与 COD_{Cr} 的去除量之间也存在线性关系，投加 1mg 次氯酸钠相应可以去除 0.3mg 的 COD_{Cr}，与高锰酸钾去除 COD_{Cr} 的量相当。而在相同投加量的条件下，次氯酸钠转移电子的量是高锰酸钾的 1.5 倍，可以推测，在次氯酸钠的氧化过程中有一部分大分子的有机物仅仅被分解成小分子的有机物，未被彻底去除。次氯酸根离子在被还原的过程中，极易得到电子，溶液中次氯酸根离子与氢离子结合，形成很小的次氯酸中性分子，而次氯酸的氧化性远高于次氯酸根（它们的电极电位分别是 1.49V 和 0.9V）。

湿式氧化法的基本原理是废水在高温（350℃）和高压（250bar）的条件下与氧气反应，氧化能力随着温度的增加而增加。主要的问题是处理费用太高。

3.7.2.8　组合工艺

前面分别论述的渗滤液处理技术（生物法、物化法以及土地法）均有各自的特点，但也存在不足之处：生物法虽然运行成本较低，工程投资也可以接受，但系统管理相对复杂，且对渗滤液中难降解有机物无能为力，所以一般用作高浓度渗滤液的预处理；物化法则能有效去除难降解有机物，但有的工艺工程投资极高（如膜分离的反渗透工艺），有的工艺处理成本较高（如化学氧化法），同时还存在化学污泥和膜分离浓液的二次污染问题，因此常用作生物预处理后的渗滤液后处理；土地法具有投资省、运行管理简单、处理成本低等诸多优点，但因其最终出水难以达标，仍然需要与其他工艺组合后应用。所以新建填埋场渗滤液处理厂一般采用组合工艺形式。

在国外一些国家，填埋场作为最终处置的方法，是无更好的处理方法而不得已采取的最后一种方法。如欧洲（瑞士），则禁止有机物含量大于 5% 的废物进入填埋场。而结合我国国情，由于它的建设投资少、技术要求不高等优点，仍是较实际可行的处置方式。

由于在场底防渗、渗滤液处理和垃圾覆盖等方面存在问题，国内许多填埋场还没有达到严格意义上的卫生填埋。通过前面介绍的几类有代表性的渗滤液处理工艺，可以看出，处理渗滤液的关键问题是解决水质水量变化大、NH_3-N 含量高、有机污染物含量高和含大量难以生物降解的有机物等问题。大部分的垃圾渗滤液处理技术是以生化处理为主，生化与物化相结合的。在一定程度上解决了渗滤液的污染问题，但是由于渗滤液水质水量变化大的特点，使出水达不到排放标准，这是较普遍的状况，也是较难解决的问题。可通过设置一些构筑物如较大容量的雨水调节池或雨污分流等来减少降水的渗入量，从而减少渗滤液的产生量。

目前卫生填埋场面临的最大挑战是如何降低居高不下的渗滤液处理成本和提高处理效率的问题。渗滤液初始浓度 COD 含量达 10000~50000mg/L，而国家排放标准为 COD 含量小于 60mg/L。全国绝大部分填埋场的渗滤液处理均未达到国家二级排放标准。而许多城市要求渗滤液处理应该达到一级排放标准。据有关资料统计，要使渗滤液处理达到一级国家排放标准，吨处理费用至少在 50~100 元以上。

渗滤液是世界公认的较难处理的高浓度有机废水之一，因各地的水质千差万别，成分极为复杂，很难有通行世界的渗滤液处理技术和工艺。组合工艺虽然能使渗滤液在处理后达到或接近日益严格的渗滤液处理排放标准，但高额的费用对于不发达的地区仍然很难接受，发展以土地法为基础的简单经济实用的渗滤液处理技术将具有重大的现实意义。

需要指出的是，渗滤液与生活污水混合处理技术的应用在不同地区是持不同态度的。许多研究结果已经证明，由于停留时间太短（4～5h），渗滤液中的难降解有机物在生活污水处理厂也是无法降解的。因此，把渗滤液混入生活污水中，实际上是一种稀释作用。

3.7.3　矿化垃圾新型载体的筛选和性能

矿化垃圾反应床技术通过矿化垃圾自身所具有的物理过滤、化学沉淀、交换吸附，以及生物降解等功能，实现对渗滤液污染物的降解。与常规渗滤液处理方法相比，矿化垃圾生物反应床有许多优势：如矿化垃圾具有稳定高效、种类繁多的微生物种类、活性酶和完备的有机-无机生态系统，无需通过高成本的强制曝气、回流、加药等人为措施创造有利于微生物生长、繁殖的环境，反应床对污染物负荷适应性强；反应床的代谢产物可在床层内部降解转化、挥发逸散、或随尾水溶出，系统无须设置污泥回收和处理设施；工艺流程和设备维修简单、基建投资低、运行管理方便、处理成本低（一般仅占常规处理方法的10%～30%），使用寿命长（10 年以上）等等。目前已成功应用于上海老港矿化垃圾生物滤床处理渗滤液建设工程、江苏淮安王元垃圾填埋场渗滤液处理等工程。但是该技术在工程中还出现例如反应床表面结壳、堵塞等现象。因此，该技术还有待完善，同时为了达到新的排放标准，还必须和其他技术进行组合，以达到高效去除渗滤液污染物的目的。

通过研究寻找到一种新载体，利用其具有高密度的蜂窝状结构，可使其单独作为填料或与矿化垃圾有机结合，发挥其在长期使用中不易板结的优点，同时有利于微生物的生长繁殖，通过接种高效微生物，使得微生物的密度超过单纯的矿化垃圾，反应体的生物活性高于普通的矿化垃圾体，处理渗滤液的能力大幅度提高，从而使矿化垃圾的占地面积大大缩小。经多重微孔颗粒反应床处理后渗滤液可安全达到《生活垃圾填埋场污染控制标准》（GB 16889—2008）三级排放标准。

在经多重微孔颗粒反应床处理的基础上，与多种经济高效的单项技术加以集成组合，如高效氧化絮凝技术、驯化沟工艺、多级过滤装置（微滤、精滤、反渗透）等集成技术，有望使垃圾渗滤液主要污染物处理达到新国标允许范围。

通过电子显微镜照片对比分析表明，多重微孔颗粒具有更多的蜂窝状结构，表面具有0.5～5μm 的孔隙，比较适合微生物的挂膜，而矿化垃圾表面相对平整；挂膜后的矿化垃圾和多重微孔颗粒对比发现，多重微孔颗粒挂膜相对厚，表面可清晰地看到有更多的胞外分泌物，附着微生物生长相对更好。

图 3-2 和图 3-3 所示为挂膜前矿化垃圾和多重微孔颗粒的表面性状的电镜照片，可以看到，多重微孔颗粒的表面更为粗糙，多为0.5～5μm 的蜂窝状结构，适合微生物（大多直径小于0.4μm）的挂膜。

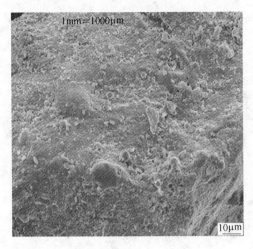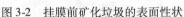

图 3-2 挂膜前矿化垃圾的表面性状

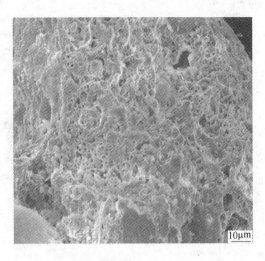

图 3-3 挂膜前多重微孔颗粒的表面性状

图 3-4 和图 3-5 所示为矿化垃圾和多重微孔颗粒分别挂膜 4 个月和 3 个月后的表面性状的电镜照片，可以看到多重微孔颗粒的孔隙中附着较多的微生物，挂膜效果好，经 3 个月运行细菌总数已接近矿化垃圾。

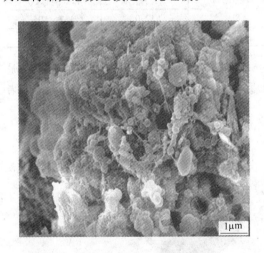

图 3-4 矿化垃圾挂膜 4 个月后的表面性状

图 3-5 多重微孔颗粒挂膜 3 个月后的表面性状

矿化垃圾的优势在于可带来大量适合于渗滤液处理的微生物，效果快而稳定。问题是在工程实施中不易得到大量的符合要求的矿化垃圾，由于常混入各种未分解的垃圾杂物，大大降低了应有的效果；同时，难以分离出混入的覆盖用的泥土和垃圾里的泥土，容易引起滤床堵塞。

扫描电镜结果显示，多重微孔颗粒表面和空隙中可着生大量微生物，尤其是经过一段时间的运行，其中的微生物数量不亚于矿化垃圾。由于多重微孔颗粒具有相对较大的空隙率，不存在泥土杂物的不利影响，其耐堵塞的程度应当优于矿化垃圾。

老港垃圾填埋场填埋多年的矿化垃圾和多重微孔颗粒的外观如图 3-6 所示，矿化垃圾和多重微孔颗粒的物化性状见表 3-5。

矿化垃圾   多重微孔颗粒

图3-6 矿化垃圾和多重微孔颗粒

表3-5 矿化垃圾和多重微孔颗粒的物化性状

项 目	密度/g·cm⁻³	孔隙率/%	有机碳/%	含水率/%	异养细菌总数/个
矿化垃圾	1.60~1.76	0.28	8.0	12.0	1.7×10^7
多重微孔颗粒	1.69~1.87	0.32	1.6	10.0	2.8×10^5

粒径分析结果表明，矿化垃圾中含有的小于 $50\mu m$ 的极小颗粒较多重微孔颗粒多；泥土粒径几乎都在 $50\mu m$ 以下。故矿化垃圾所含似黏土的成分多，这有可能是矿化垃圾床堵塞的原因之一（见图3-7）。

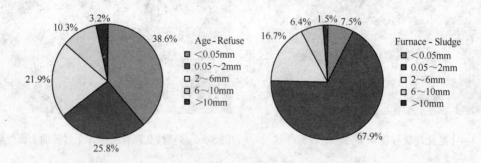

图3-7 矿化垃圾和多重微孔颗粒粒径分布图
（a）矿化垃圾粒径分布图；（b）多重微孔颗粒粒径分布图

多重微孔颗粒的粒径分布表明：其中含有小于 $50\mu m$ 的极小颗粒比例在 7.5% 左右；矿化垃圾的粒径分布表明：其中含有小于 $50\mu m$ 的极小颗粒比例在 38.6% 左右；泥土粒径分布表明：其中含有小于 $50\mu m$ 的极小颗粒比例在 87% 左右。

3.7.4 新型载体生物反应床处理渗滤液的实验研究

多重微孔颗粒生物反应床实验装置为圆柱体，其模型图和实物图如图3-8和图3-9所

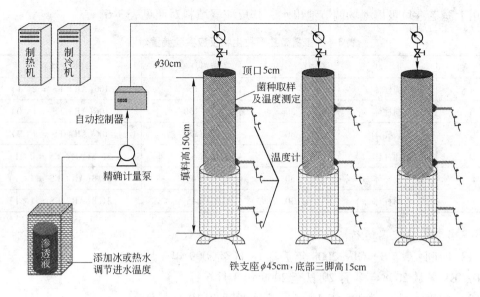

图 3-8　多重微孔颗粒生物反应床反应器模型图

图 3-9　多重微孔颗粒生物反应床反应器模型实物图

示，反应实验装置直径为 30cm，截面积为 706.5cm²，填充填料高度为 150cm，填料总体积 106L。本实验有 3 组对照反应器 A、B、C，分别装入不同配比的 AR 和多重微孔颗粒 FS，A、B、C 的填料中 AR 与多重微孔颗粒 FS 配比分别为 2∶1、1∶0 和 1∶2。两个月后又加入 3 组反应器 D(AR∶FS = 0∶1)、E(AR∶FS = 1∶1,厌氧) 和 F(AR∶FS = 1∶1,好氧)，此 3 组反应器直径为 30cm，填料总体积为 31.8L。

　　多重微孔颗粒生物反应床反应器放置于保温室内，由制冷剂和制热机调控室内温度。本实验的温度控制为 40℃、30℃、20℃、10℃，考察温度对处理效果的影响程度。实验进水采用上海老港垃圾填埋场调节池出水，其反应器填料对照见表3-6。

表3-6 多重微孔颗粒生物反应实验装置对照

名 称	形 状	直径/cm	填料高度/cm	填料总体积/L
A	圆柱体	30	150	106(AR∶FS = 2∶1)
B	圆柱体	30	150	106(AR∶FS = 1∶0)
C	圆柱体	30	150	106(AR∶FS = 1∶2)
D	圆柱体	30	45	31.8(AR∶FS = 0∶1)
E	圆柱体	30	45	31.8(AR∶FS = 1∶1)
F	圆柱体	30	45	31.8(AR∶FS = 1∶1)

3.7.4.1 反应器运行

（1）时间：A、B、C从2008年7月18日至2009年3月6日；
D、E、F从2008年8月29日至2009年3月6日。

（2）温度：40℃，2008年7月18日至2008年10月6日；
30℃，2008年10月7日至2008年11月4日；
20℃，2008年11月5日至2009年1月5日；
10℃，2009年1月6日至2009年3月10日。

（3）工况：容积负荷采用逐渐增大模式，2008年8月22日A增至39.6L/(m^3·d)，之后逐渐稳定在19.8L/(m^3·d)(2008年9月8日开始)，有机负荷（COD）为10～120g/(m^3·d)；B、C、D、E、F（水力负荷19.8L/(m^3·d)）均独立运行。2008年10月25日开始，A→C串联，总水力负荷15.1L/(m^3·d)。2008年12月6日开始，A（水力负荷39.6L/(m^3·d)）→C(出水1/3)→E→F(回流至A)串联，B、D（水力负荷19.8L/(m^3·d)）仍独立运行。

反应器进水由计量泵和自控装置进水和人工进水结合，通过对温度、水力负荷、有机负荷及通风条件等参数的调控，考察反应器的运行。本小试研究中反应器稳定运行6～8个月，其进水水质情况见表3-7。

表3-7 反应器进水水质情况 （mg/L）

COD_{Cr}	BOD_5	NH_3-N	NO_3-N	NO_2-N	TN	TP	pH 值	ORP/mV	SS
2000～8000	200～3000	1400～2800	5～21	<10	1700～3000	8～23	7.6～8.4	-420～-210	130～4000

3.7.4.2 监测指标

对反应器进出水进行取样监测，监测周期为每周一次。监测指标为COD_{Cr}、BOD_5（稀释与接种法，GB 748S8—1987）、TN（碱性过硫酸钾消解紫外分光光度法，GB 11894—1989）、NH_3-N（纳氏试剂比色法，GB 7479—1987）、NO_3—N（酚二磺酸分光光度法，GB 7480—1987）、NO_2—N（分光光度法，GB 7493—1987）、TP（钼酸铵分光光度法，GB 11893—1989）、SS（重量法，GB 11901—1989）、pH 值（玻璃电极法，GB 6920—1986）、ORP（电极法，SL94—1994）等。B柱填料为100%的矿化垃圾；D柱填料为100%的多重微孔颗粒。

3.7.4.3 不同填料的温度影响试验

针对 B、D 两模型柱水力负荷为 19.8L/(m³·d)的条件下得出的不同温度的出水浓度和去除率数据，如图 3-10 和图 3-11 所示。

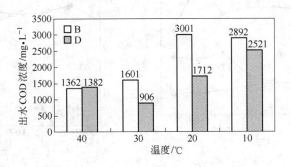

图 3-10 不同温度下出水 COD 浓度变化

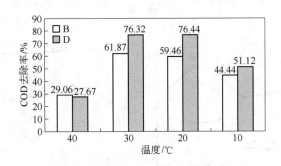

图 3-11 不同温度下对 COD 去除率变化

由图 3-10 和图 3-11 所示的结果表明，40℃条件下长期运行，由于持久耐受高温使得微生物处理机能下降；30℃条件下对 COD 的去除效果最好，其次是 20℃，而 B 柱（填料为 100% 的矿化垃圾）在运行 7 个月左右（20℃工况条件下）因堵塞问题出水水质受到影响。随着温度的降低，在 10℃温度较低的工况条件下，反应柱对 COD 的去除能力随着下降。

由此得出，在保证反应床不堵塞的前提下，矿化垃圾反应柱与多重微孔颗粒反应柱处理能力相当，但经过一段时间的运行（半年左右）前者更容易发生床体堵塞、布水困难的问题。故多重微孔颗粒反应床在处理垃圾渗滤液的应用能力上较矿化垃圾反应床有更多的优势。

3.7.4.4 多重微孔颗粒填料与矿化垃圾处理垃圾渗滤液的效果对比

B、D 两模型柱水力负荷 19.8L/(m³·d)、温度在 20℃时出水 COD、NH₃-N、TN 浓度和去除率数据，如图 3-12 ~ 图 3-17 所示。

从图 3.14 ~ 图 3.17 所示的曲线图得出，纯矿化垃圾填料（B 柱）与多重微孔颗粒填料（D 柱）的反应柱处理垃圾渗滤液的效果对比可知，在水力负荷 19.8L/(m³·d)情况下，进水 COD 浓度在 6000 ~ 8000mg/L 之间时，多重微孔颗粒对 COD 的去除率在 70% ~ 85% 之间，纯矿化垃圾对 COD 的去除率在 30% ~75% 之间，且波动较大；进水 NH₃-N

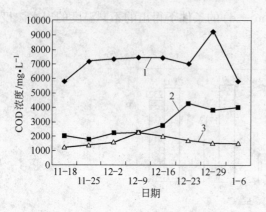

图 3-12 20℃ B、D 柱进、出水 COD 变化
1—进水；2—B 柱出水；3—D 柱出水

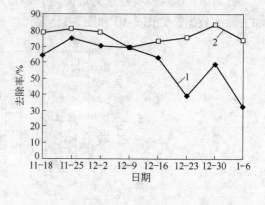

图 3-13 20℃ B、D 柱 COD 去除率比较
1—B 柱；2—D 柱

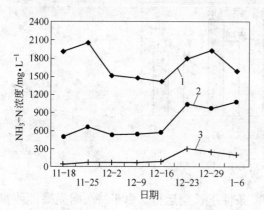

图 3-14 20℃ B、D 柱进、出水 NH₃-N 变化
1—进水；2—B 柱出水；3—D 柱出水

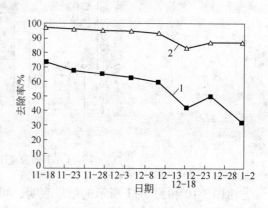

图 3-15 20℃ B、D 柱 NH₃-N 去除率比较
1—B 柱；2—D 柱

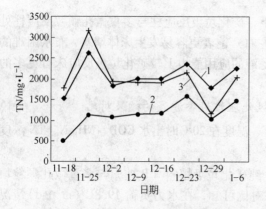

图 3-16 20℃ B、D 柱进、出水 TN 变化
1—进水；2—B 柱出水；3—D 柱出水

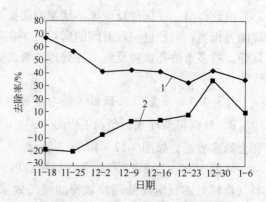

图 3-17 20℃ B、D 柱 TN 去除率比较
1—B 柱；2—D 柱

浓度在 1500 ~ 2000mg/L 时，多重微孔颗粒对 NH_3-N 的去除率在 83% ~98% 之间，纯矿化垃圾对 NH_3-N 的去除率在 30% ~75% 之间；进水 TN 浓度在 2000 ~2700mg/L 左右时，多重微孔颗粒对 COD 的去除率在 40% 以内，偶尔释放吸附的氮而使对 TN 的去除率出现负值，纯矿化垃圾对 TN 的去除率在 30% ~75% 之间。由此可见，多重微孔颗粒对 COD 和 NH_3-N 的去除效果要优于纯矿化垃圾，对 TN 的去除效果差于矿化垃圾，分析原因是多重微孔颗粒填料疏松，通透性强，好氧状态好，有利于 COD 的转化和氨氮转化，而不利于反硝化脱氮，使用多重微孔颗粒反应床需在后续处理单元中为反硝化脱氮创造环境，增加脱氮工艺。

3.7.5 不同水力负荷和不同温度影响试验

反应器 A 为圆柱体，直径 30cm，高 155cm，实际填料 106L（AR：FS = 2：1，下同），进水浓度：40℃ 条件下 COD 为 2000 ~ 3000mg/L ；30℃、20℃、10℃ 条件下 COD 为 6000 ~8000mg/L。不同运行条件下进出水 COD 质量浓度和去除率变化如图 3-18 所示，水力负荷、温度、去除率关系见表 3-8。

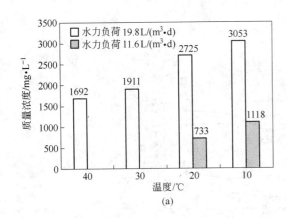
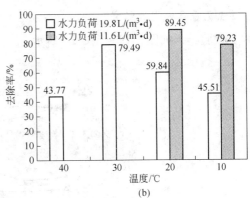

图 3-18　不同运行条件下进出水 COD 质量浓度和去除率变化图

（a）不同运行条件下出水 COD 质量浓度；（b）不同运行条件下对 COD 的去除率

表 3-8　水力负荷、温度、去除率关系

温度/℃	水力负荷/L·(m³·d)⁻¹ 19.8		11.6	
	平均出水浓度/mg·L⁻¹	平均去除率/%	平均出水浓度/mg·L⁻¹	平均去除率/%
40	1692	43.77	—	—
30	1911	79.49	—	—
20	2725	59.84	733	89.45
10	3053	45.51	1118	79.23

由图 3-18 和表 3-8 可知，同样在水力负荷为 19.8L/(m³ · d)条件下，COD 去除率最高出现在 30℃，其次在 20℃，过高过低的温度都不利于 COD 的去除。

图 3-18 所示浅色柱为水力负荷为 11.6L/(m³ · d)时的出水浓度和去除率，深色柱水力负荷为 19.8L/(m³ · d)时的出水浓度和去除率。20℃时，水力负荷为 11.6L/(m³ · d)能

够保证出水 COD 浓度在 1000mg/L 以下，而水力负荷在 19.8L/($m^3 \cdot d$) 时，出水水质变差，浓度上升了 73%，COD 去除率随之下降。同样的现象出现在 10℃。另外，由于低温的影响，10℃条件下，水力负荷在 11.6L/($m^3 \cdot d$) 时已不能保证出水 COD 浓度在 1000mg/L 以下。

3.7.6　多级 A/O 串联工艺

采用多级 A/O 串联工艺，促使更多的 COD_{Cr} 物质转化为 BOD，并在该工艺过程中用于反硝化脱氮，以期提高 TN 的去除效果。

3.7.6.1　试验对象

试验对象为：A 柱和 C 柱（多重微孔颗粒与矿化垃圾混合填料，填料总体积为 212L）。

3.7.6.2　工况条件

工况条件为：环境温度：30℃、20℃；进水量：3.2L/d；A 柱与 C 柱串联，A 柱出水全部进入 C 柱。

3.7.6.3　试验结果

试验结果如图 3-19 ~ 图 3-21 所示。

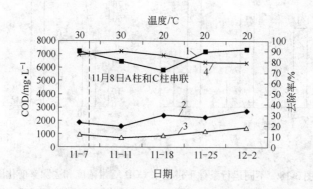

图 3-19　串联工艺对 COD 的去除变化

1—进水；2—A 柱出水；3—C 柱出水；4—总去除率

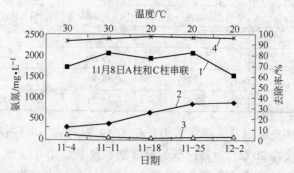

图 3-20　串联工艺对氨氮的去除变化

1—进水；2—A 柱出水；3—C 柱出水；4—总去除率

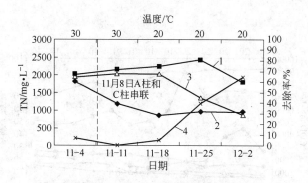

图 3-21　串联工艺对总氮的去除变化
1—进水；2—A 柱出水；3—C 柱出水；4—总去除率

3.7.6.4　数据分析

由图 3-19 ~ 图 3-21 可知，11 月 8 日 A 柱和 C 柱串联运行后，在水力负荷为 15.1L/$(m^3 \cdot d)$ 的负荷下，随着温度的降低，对 COD 的去除率也随之小幅下降，由此可见在不改变负荷的情况下，串联工艺对 COD 的影响较小；11 月 8 日 A 柱和 C 柱串联运行后，随着温度由 30℃ 调至 20℃，系统对氨氮的去除率稳中有小幅升高趋势；11 月 8 日 A 柱和 C 柱串联运行后，系统对总氮的去除率大幅上升，由原来的 10% 左右，提升至 60% 以上。

3.7.7　回流

将多重微孔颗粒生物反应床含大量 $NO_3\text{-}N$ 的出水，回流至滤床的进口端，利用进水中的碳源和回流的 $NO_3\text{-}N$，给以厌氧或缺氧条件，使滤床中发生反硝化脱氮反应，从而提高系统的 TN 去除效果。

3.7.7.1　试验对象

试验对象为 A 柱、C 柱、E 柱和 F 柱。

3.7.7.2　工况条件

工况条件为：环境温度：20℃、10℃；进水量：3.2L/d；A 柱、C 柱、E 柱、F 柱依次串联，F 柱出水回流至 A 柱，回流水占进水总量的 28%。

3.7.7.3　试验结果

回流对 COD、氨氮、总氮的去除效果如图 3-22 ~ 图 3-24 所示。

3.7.7.4　数据分析

12 月 6 日实施回流工艺以后，在同　温度下（20℃），COD 的去除率曲线没有大的波动，温度降至 10℃，去除率呈现下降趋势，说明回流措施对 COD 去除影响较小，而温度的影响凸现出来。

虽然温度对参与氮转化的细菌影响很大，但实施回流工艺后，抵消了一部分由温度降低带来的负面影响，在持续低温 45 天左右，氨氮去除率曲线没有明显下降趋势，而在 96% ~ 98% 之间波动，长久的低温，最终导致氨氮去除率下降。

实施回流工艺以后，总氮的去除率明显上升，在 30% ~ 55% 之间波动。考虑到回流量只有 28%，在实际运行中如要提高 TN 去除率，还可以提高回流比例。

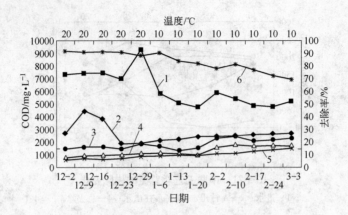

图 3-22　回流工艺对去除 COD 变化

1—进水；2—A 柱出水；3—C 柱出水；4—E 柱出水；5—F 柱出水；6—总去除率

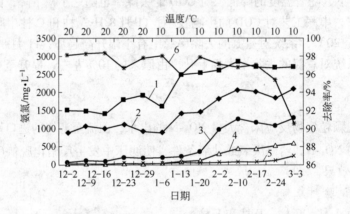

图 3-23　回流工艺对去除氨氮变化

1—进水；2—A 柱出水；3—C 柱出水；4—E 柱出水；5—F 柱出水；6—总去除率

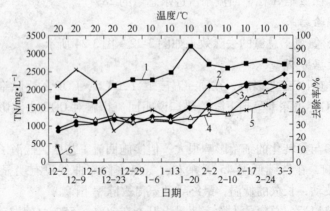

图 3-24　回流工艺对去除总氮变化

1—进水；2—A 柱出水；3—C 柱出水；4—E 柱出水；5—F 柱出水；6—总去除率

综上，回流工艺对 COD 的去除作用不大，而更有利于对总氮和氨氮的去除，尤其是对总氮的去除作用抵消了低温带来的影响。回流工艺可使总氮去除率提升至 50% 左右，如加大回流量，总氮去除率还有上升空间。

3.7.8 新型载体微生物群落结构研究

填料是多重微孔颗粒反应床处理污水的主体，填料的形态、结构及附着微生物的生长、繁殖、代谢活动及微生物之间的演替情况往往能直接反应系统的处理状况。因此研究填料的微生物多样性和群落结构对反应器的运行调控有着重要的指导意义。传统的微生物计数技术可以定量的表征反应器填料上的功能微生物的生长情况，但同时这种传统的微生物培养方法仅能表征部分可培养的微生物状况。近年来，分子生物学的快速发展为微生物群落结构的研究带来新的机遇，通过从基因水平探索分析反应器填料的微生物群落的丰度、均匀度及变异情况等，将微生物多样性的研究提高到遗传多样性水平上，为全面研究微生物多样性提供技术手段。

利用传统的微生物计数方法对不同时期的反应器填料异养细菌、放线菌、亚硝化细菌、硝化细菌和反硝化细菌进行计数分析，以及用分子生物学方法实时荧光定量 PCR 和 DGGE 技术对其微生物群落结构进行分析，为反应器的运行提供部分技术指导。

3.7.9 反渗透工艺

3.7.9.1 膜分离技术

膜分离技术是利用膜对混合物中各组分的选择透过性能来分离、提纯和有目的浓缩产物的新型分离技术，膜分离过程是一种无相变、低能耗的物理分离过程，具有高效、节能、无污染、操作方便和用途广等特点，是当代公认的最先进的化工分离技术之一。

膜分离技术包括微滤、超滤、纳滤、反渗透、液膜、渗透汽化、扩散渗析等。液体分离膜的分类，根据待分离物质的大小，依次可分为微滤、超滤、纳滤、反渗透，它们的分离范围如图 3-25 所示。

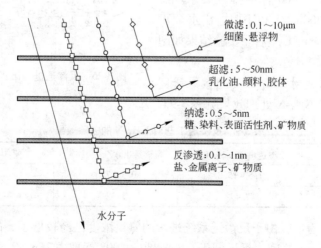

图 3-25 膜孔径示意图

膜分离技术应用在废水处理中，主要是微滤、超滤、反渗透。微滤和超滤属于筛分机理，主要用于膜生物反应器及废水的预处理等，反渗透是将溶液中溶剂·(如水)，在压力作用下透过一种对溶剂（如水）有选择透过性的半透膜进入膜的低压侧，而溶液中的其他成分（如盐）被阻留在膜的高压侧从而得到浓缩。即利用反渗透膜截留细小纤维和有机添加剂如光亮剂等，而让水分子透过膜，从而达到分离浓缩目的。

该技术的特点是对垃圾渗滤液安全地达标排放，利用常规处理方法再结合膜分离技术处理垃圾渗滤液，透过液可完全达到排放标准；反渗透系统可使透过液放心地达到排放要求，甚至可以满足降级回用要求，比如灌溉循环水。反渗透浓缩液量约 10m³/h，为节省投资及运行费用可将浓缩液回灌至填埋场处置。经膜系统浓缩 3 倍后的浓缩液可通过调节pH 值后，回灌至填埋场，大部分二价无机盐及部分杂质在堆埋场上以固体形式截留。

目前膜分离技术应用于垃圾渗滤液处理中取得了良好的效果。前述的复合填料反应床、高级氧化絮凝、驯化沟、多重微孔颗粒反应床、外加碳源等工艺都可以与膜分离技术结合使用。

3.7.9.2 反渗透系统运行条件和成本

进水应满足所选用的反渗透膜的应用条件。一般来说，进水污染物浓度应尽量低，这样可以减少膜的污染，减少清洗次数，延长膜使用寿命，减少运营成本。

某中试工程反渗透系统投资成本约 9 万元（包括设备、安装、调试、检修等），估算运行费用约 10 ~ 15 元/吨污水（包括膜清洗和膜更换费用等）。

3.7.9.3 反渗透系统运行数据及分析

反渗透自 2008 年 9 月启动以来，间断运行，运行日保持反冲洗。

A 反渗透系统对 COD 处理效果研究

反渗透进水 COD 质量浓度为 110 ~ 580mg/L（平均约为 250mg/L），出水 COD 质量浓度全部在 100mg/L 以下，最低只有 4mg/L，达到 GB 16889—2008 标准排放要求。反渗透进水 COD 在 400mg/L 以下时，出水 COD 质量浓度平均在 30mg/L 左右。实验结果如图 3-26 所示。

B 反渗透系统对 NH_3-N 处理效果研究

反渗透系统对 NH_3-N 处理效果见表 3-9。

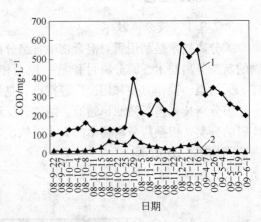

图 3-26 反渗透进、出水 COD 浓度变化
1—反渗透进水；2—反渗透出水

表 3-9 反渗透工艺对 NH_3-N 的去除效果

项 目	反渗透进水/mg·L⁻¹	反渗透出水/mg·L⁻¹	对 NH_3-N 的去除率/%
范 围	1.5 ~ 15.8	0.5 ~ 7.0	13.64 ~ 92.24
平均值	7.49	2.32	59.35

从表 3-9 可以看出，由于反渗透系统进水的氨氮浓度已经较低了，故反渗透出水的氨氮浓度在 0.5 ~ 7mg/L 之间，远远低于 GB 16889—2008 标准中 25mg/L 的排放要求。

C 反渗透系统对 TN 处理效果研究

为了研究反渗透系统对 TN 处理效果及其处理范围，将进水 TN 浓度控制在 1000mg/L

以下，研究了多个浓度的处理效果，见表 3-10。

表 3-10 反渗透工艺对 TN 的去除效果

反渗透进水/mg·L^{-1}	反渗透出水/mg·L^{-1}	平均去除率/%
0 ~ 100	<40	
100 ~ 200	<100	
200 ~ 650	100 ~ 180	64.37
700 ~ 900	250 左右	

反渗透进水的 TN 浓度在 1000mg/L 以内变化，平均去除率在 65% 左右，若能保证进水 TN 浓度低于 100mg/L，则出水可满足 GB 16889—2008 标准中 40mg/L 的排放要求。故在前段处理工艺中需提高脱氮效果，使得进水的总氮尽可能地降低，确保总氮能达标排放。

虽然反渗透可以处理负荷较高的废水，但是污染物浓度较高的废水易损坏反渗透膜，扩大膜孔径，影响处理效果，加大运营成本，因此在前面的处理工艺中应尽量高效、稳定地去除污染物，以保障反渗透系统的正常运行。

3.7.10 垃圾渗滤液达标处理组合技术

根据试验结果，在对各处理技术深入研究的基础上，推荐垃圾渗滤液达标处理组合技术为：调节池→复合填料反应床(通风)→氧化絮凝(可选用)→驯化沟（外加碳源）→多重微孔颗粒反应床→反渗透→出水。处理系统的各工艺单元可依据填埋场实际情况、渗滤液水质、工程的实施条件和当地的处理要求等，进行灵活的组合和调整。各技术工艺对污染物的处理效果如图 3-27 和图 3-28 所示（只列出 COD 和 TN）。

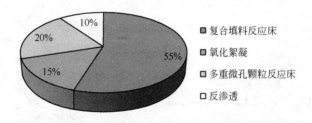

图 3-27 各技术对 COD 处理效果

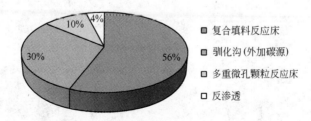

图 3-28 各技术对 TN 处理效果

多重微孔颗粒具有更多的蜂窝状结构，较矿化垃圾更适合微生物的挂膜，挂膜后的生物膜性状与矿化垃圾相似，附着微生物生长良好。多重微孔颗粒粒径分布中小于 50μm 的极小颗粒较矿化垃圾少，作为生物反应床填料通透性好。其对 COD 和氨氮的去除效果优于矿化垃圾。复合填料反应床 COD 平均去除率为 55.71%，总氮平均去除率为 56.75%，NH_3-N 平均去除率为 63.24%。通过外加碳源，可以提高总氮去除效果。总氮去除率可达 95.5%，植物也可作为替代碳源提高系统的 TN 去除效果。实际应用中，可采取在驯化沟等合适工艺中采用直接投加碳源、种植水生植物或接种高效微生物等措施来强化脱氮功能。

反渗透进水 COD 在 400mg/L 以下时，出水平均 COD 在 31mg/L 左右；氨氮浓度在 7mg/L 以下，远远低于 GB 16889—2008 标准中 25mg/L 的排放要求；反渗透进水 TN 在 100mg/L 以下可满足 GB 16889—2008 标准中 40mg/L 的排放要求。故在前段处理工艺中需确保脱氮效果，保证进水的总氮尽可能地降低。

调节池→复合填料反应床（通风）→氧化絮凝→驯化沟（外加碳源）→多重微孔颗粒反应床→反渗透→出水的工艺路线可满足垃圾渗滤液处理达标排放的要求。处理系统的各工艺单元可依据填埋场实际情况、渗滤液水质、工程的实施条件和当地的处理要求等，进行灵活的组合和调整。

第4章 生活垃圾卫生填埋场运营管理技术

4.1 安全管理制度

为实现工程公司安全管理零事故的目标，圆满完成技术运营中心的各项任务，特制定本安全管理制度：

（1）认真执行"安全第一，预防为主"的方针，强化管理教育，规范员工行为，实现人身、设备安全事故零发生。

（2）技术运营中心以"严格程序，规范行为，安全作业，热情服务，不伤害自己，不伤害他人，不被他人伤害"为主线，辅导、示范员工树立安全意识和掌握防护技能。

（3）技术运营中心和各个项目部要鼓励和督促员工正确穿戴劳动防护用品、自觉遵守劳动纪律、遵守道路交通法规、遵守安全使用设备规程、遵守特殊工种持证上岗和安全用电、防爆防火防毒防恐的规定，表彰好人好事，杜绝违章违规现象。

（4）进入各项目点工作，必须执行安全生产"八不准"纪律：

1）严禁未佩戴识别标志、未穿戴劳动防护用品上岗；

2）严禁无资质证者违规操作机械车辆设备；

3）严禁在当班时间内擅离岗位或做与本职工作无关的事；

4）严禁在当班、值班时间饮酒或酒后四小时内上岗；

5）严禁冬天穿塑料底鞋、平时穿拖鞋、高跟鞋从事作业；

6）严禁在无保护、无防范措施时指挥他人违章作业；

7）严禁传播影响团结的谣言妨碍安全生产；

8）严禁在上下班乘车途中嬉闹或擅自动用随车的工具器材。

（5）技术运营中心管理人员必须带头执行安全纪律，在巡查中严格制止违反安全规程的行为，如有发现应做好书面记录，在技术运营中心例会上提出改进意见以举一反三；如发现违纪违章的情节较为严重时，应立即出具整改单责令当事人整改，并在班组会议上通报情况，实施跟踪管理以防微杜渐。

（6）各项目部要加强日常教育和现场检查，及时掌握情况和查明事故原因，帮助员工纠正作业中的不规范行为；对确因智障或能力影响而难以执行安全规程、胜任岗位操作的人员，要及时进行调整或更换，以避免隐患，消除风险，确保安全服务万无一失。

（7）技术运营中心对各项目点的安全培训、安全作业实施跟踪管理，项目点员工应予以积极配合，对于安全隐患应及时报告。

4.2 车辆安全运行规定

为了保证车辆安全运行，工作人员必须遵守以下几项规定：

（1）行车人员必须履行职业道德、职业责任和职业操守，坚持礼貌用语和礼让三先，不驾驶无证车辆，不驾驶与证件不符的车辆。

（2）上岗必须按规定统一着装、佩戴识别标牌和穿戴必要的劳防用品；出车前应查看交接班记录，检查刹车、喇叭、转向、灯光、雨刷等是否完好，完成螺栓紧固、水油润滑剂添加等保养工作，保证车辆性能完好。

（3）集中精力，谨慎驾车，遵守交通规则，服从和配合交警和调度指挥，在指定区域、线路、地点行驶或作业，未经批准不擅自改道或变更；严格遵守行车纪律：不让无关人员搭乘、不代他人捎带物品、不谈笑聊天、不吸烟、不吃零食、不打手机；不违章开车、不盲目开车、不开"带病"车、不疲劳开车，不开"霸王"车、不开冒险车、不开赌气车，确保行车安全，确保作业安全，确保任务完成。

（4）完成值勤任务后要认真冲洗保持车容整洁，车辆停放应进入指定区位；停车熄火后，拉上手制动，检查随车工具，取下车辆钥匙，锁好车门。

（5）各项目点班组长应努力做好风炮电瓶车和汽油机电瓶车的保养维护工作，做到勤充电，不使电瓶车在亏电状态下行驶。

（6）离岗前应记好班组台账，完成交接班程序。

4.3　设备安全运行规定

为了保证设备安全运行，工作人员必须遵守以下几项规定：

（1）本制度所指的设备是指技术运营中心在各项目点内管理和使用的一切机械、车辆和装备。

（2）设备管理人员必须妥善保存和保管所有设备的产品合格证书和使用说明等资料，建立设备档案，完整记载接收、使用、运行、养护和维修情况。

（3）设备使用或操作人员必须身体健康，拥有相应的操作证书或经过相关操作培训，特种设备作业人员必须持有相应合格的"特种作业操作证书"。

（4）设备启动运行前，操作人员必须按规定进行常规检查，作业结束后进行保养，确保零部件的安全可靠，如运行中发生故障应及时排除，确保安全。

（5）技术运营中心的设备管理人员要按时对设备使用履行监督检查职责，保证设备的安全、可靠运行，杜绝带病作业，保证完好使用。

（6）根据季节和气候变化，适时做好防冻保暖、防暑降温等工作，保证设备完好运转。

（7）操作人员要严格执行本规定和"设备操作作业指导书"，严格执行定期维修和验收制度，保持安全完好，确保安全运行。

4.4　作业场所文明安全管理规定

为了保证作业场所文明安全，工作人员必须遵守以下几条规定：

（1）在具备条件的场所，应设置必要的安全标语和禁令示牌，安全管理纪律和岗位责任制等制度要上墙。

（2）工具、物品应放置有序，通道要保持畅通，安全防护设施和用品要配备足够。

（3）作业场所地面有积水、污泥等应及时予以清除，防止泥泞或潮滑。

（4）未经批准不动用明火，不挪动消防器材。

（5）需要敷设电气线路时，应保证绝缘和完好，使用完毕须切断电源。

（6）禁止和拒绝非工作人员进入作业场所，作业结束时必须清理和清洗场地、工具、设备、设施，恢复环境卫生洁净。

（7）做好安全运行记录，执行手拉手交接班制度。

4.5 岗位责任制

岗位责任制是根据各个工作岗位的工作性质和特点，明确规定其职责、权限的制度。

4.5.1 中心党支部书记

中心党支部书记的主要职责有：

（1）全面负责中心内党建工作。

（2）全面负责中心的思想教育、班组建设、组织建设和作风建设。

（3）贯彻宣传党和国家的政策、法令、方针和上级党组织的指示。

（4）负责中心入党积极分子的培养、考察和党员发展工作。

（5）负责传达上级重要文件、会议精神、布置下一阶段工作。

（6）负责讨论管理权限内后备干部人选确定、培养等事宜。

4.5.2 中心总经理

中心总经理的主要职责有：

（1）负责中心业务预算、成本控制。

（2）全面负责中心业务的作业质量和安全，负责客户联系。

（3）负责中心技术方案审核、技术革新的组织。

（4）负责中心所辖范围内资产、房屋、土地等的管理、维护。

（5）负责合同的审核、签订。

（6）负责灭蝇除臭项目的开拓和策划，组织实施。

（7）负责中心内人员协调、管理、考核。

（8）负责传达公司重大决策和重要会议精神和中心相关工作。

（9）完成公司领导交办的其他工作。

4.5.3 中心内勤

中心内勤的主要职责有：

（1）与公司业务保障部联系工作，主要是业务报表与文字往来工作等。

（2）中心内部六项报表（分别是药料进出月报表、月盘点表、除臭灭蝇药运行月报表、每月收支预算表、每月收支表、各地人员情况表）的编制与整理保存。

（3）协助做好中心用工人员、合同、收款、内部档案与各项文字资料的整理保存。

（4）作为中心内审员做好部门贯标工作。

（5）技术运营中心办公点的日常管理，主要是食堂、中心管理人员考勤统计、各类报销登记、门卫与公共部位管理工作。

（6）做好中心劳动防护等工作计划,督促协助各相关点负责人做好劳动防护、安全等工作。

（7）业务范围各污泥点人员联系，劳动防护、配送药物等项工作。

（8）负责中心教程编制及各类规章制度编写和落实。

（9）完成公司领导交办的其他工作。

4.5.4 运营管理项目部

运营管理项目部的主要职责有：

（1）完成中心制定的各项业务指标。

（2）负责运营项目各作业点的检查、考核，并向中心总经理汇报。

（3）负责业务拓展的落实、管理、沟通工作。

（4）负责中心员工的安全、技术培训和考核。

（5）负责中心安全工作，落实安全文明作业。

（6）负责各分管区域人员考勤、申请加班核对及劳动防护品等的发放。

（7）负责分管区域药物、设备的发放申请及配送安排。

（8）负责每月运营物资的申报和采购，确保运营物资有足量库存。

（9）完成公司领导交办的其他工作。

4.5.5 设备管理项目部

设备管理项目部的主要职责有：

（1）负责客户单位 GPS 设备日常维护保养与维修工作。

（2）负责客户单位 800 兆集群对讲通讯设备系统维护与设备维修工作。

（3）负责客户单位船用甚高频对讲设备保养维修等工作。

（4）负责客户单位通讯工作中单项业务联系安排工作。

（5）负责灭蝇除臭设备的安装、更新，自动化控制及设备维修维护。

（6）负责编写设备维修作业规程、培训计划。

（7）制订设备维修保养计划，并做好相关费用的收支管理。

（8）负责做好物流公司的船舶、码头通信维护技术服务工作，确保通信畅通。

（9）完成领导交办的其他工作。

4.5.6 药厂项目部

药厂项目部的主要职责有：

（1）负责药厂日常事务管理与人员出勤安排，做好每月考勤表与下月加班安排申请。

（2）负责做好药厂进货与发货记录，每周一次库存盘点。

（3）负责制药基地整体工作安排，包括门卫值班安排，食堂伙食安排，整个基地院内卫生与办公大楼内部整洁保持等。

（4）负责整个地块安全保卫，每天安排二次巡更，做好巡更记录。

（5）严格加强药物的采购、领用、使用的管理，严防药物中毒，确保人身安全；做好材料消耗预算和工作计划；按照计划控制生产成本。

（6）负责运输车辆和制药设备的维护保养，年检。

（7）负责各类除臭、灭蝇药物配方调配、供应工作，要不断根据实际情况及需要来调整药物比例。

（8）完成领导交办的其他工作。

4.5.7 班组长

班组长的主要职责有：

（1）在确保作业质量和操作安全的同时，带头遵守公司和业主方的各项规章制度，带领班组人员按照作业流程和标准，做到规范服务。

（2）负责和指挥本班组的生产作业，确保按时保质保量地完成公司下达的各项任务。

（3）指导和监督本班组人员的作业操作，负责对整个班组作业过程进行质量监督，发现问题及时解决和上报。

（4）负责作业点的对内对外日常事务的协调，及时处置和汇报工作中出现的问题，便于公司协调解决。

（5）负责班组人员的考勤，做到工作合理安排。

（6）组织班组人员进行班前会议，负责复核班组各类台账，如记录是否填写，内容是否正确。

（7）督促班组人员自觉遵守劳动纪律，必须正确穿戴好劳防用品。

（8）组织人员做好各类设备的日常维护和保养，确保设备正常使用。

（9）组织本班组人员参加公司组织的各项活动和会议。

（10）负责对新员工进行安全教育，同时负责进行作业指导。

（11）做好药剂、除臭物品及设备等相关物品、材料的验收入库。

（12）按时完成上级领导交办的工作和任务。

4.5.8 灭蝇除臭员工

灭蝇除臭员工主要职责有：

（1）工作积极认真，由班组长负责。

（2）上岗作业必须正确戴好劳防用品，着装统一。

（3）熟悉本岗位的机械性能，作业流程，自觉遵守操作规程。

（4）认真检查机械设备，确保机械正常运转。

（5）按规定的稀释比例配制药物，确保灭蝇除臭效果。

（6）药液配制与喷洒必须确保安全，对药物要严格管理，严防流失。

（7）喷药杀灭苍蝇和除臭后认真做到质量自查，及时完成工作日志的填写。

（8）按规定的工作程序，保持所辖范围工作达到规定标准。

（9）上船喷药时，除按灭蝇除臭操作规程操作外，还必须穿好救生衣，集装码头作业场地喷洒时，戴好安全帽，穿好反光背心。

（10）对盛放药物的有关容器，做到集中保管，统一回收，防止污染。

（11）及时报告辖区内突发事故和安全隐患，遵守劳动纪律，完成一切指派的工作。

4.5.9 药物调配工

药物调配工主要职责有：

（1）认真遵守劳动纪律，药物调配中不得擅自离开工作岗位。

（2）熟悉本岗位的机械性能，作业流程，自觉遵守操作规程。

（3）认真检查机械设备，确保机械正常运转。

（4）按规定标准配制药物，确保灭蝇、除臭正常，做到质量自查。

（5）自觉正确穿戴好劳动防护用品，药物调配作业中工作人员均有两人以上，增强自我保护、相互保护意识。

（6）药物配制时必须注意安全，严禁酒后作业，禁止吸烟。

（7）认真做好材料的领用和产成品入库的记录，对药物原料产成品入库前需贴标签，并做到双人双锁管理，严防流失。

（8）对生产药物的相关容器做到集中保管，及时联系有关单位回收，防止污染。

（9）按中心要求努力完成生产任务。

4.5.10　车辆驾驶员

车辆驾驶员主要职责有：

（1）驾驶人员应不断提高自己的责任心、事业心及业务水平。

（2）驾驶人员必须经过公安交通部门考试审核，持有驾驶证，方可独立驾驶车辆，不准驾驶与证件不符合的车辆，严禁无证驾驶。

（3）出车前必须做好检查保养工作，重点检查制动器、转向机构、喇叭、方向灯、照明、刹车及轮胎螺丝等是否安全可靠，严禁带病出车。

（4）出车前严禁饮酒，车辆启动前应看清前后左右有无行人和障碍物，然后鸣号启动。

（5）行驶中必须集中思想、谨慎驾驶、不麻痹大意、不急躁，保持适当车速行驶，密切注意来往车辆和行人动态，不准吸烟和闲谈，驾驶室内不准超载。

（6）严禁开"英雄车、赌气车"，严禁盲目超车。

（7）驾驶长途车应有两名正式驾驶员轮流开车，并要注意休息，车辆在途中故障修理时，严禁吸烟。

4.5.11　门卫

门卫主要职责有：

（1）门卫人员应忠于职守，严格执行岗位责任制度及公司规章制度，因工作失职造成后果的，视情节轻重给予经济处罚。

（2）按时到岗、不脱岗、离岗，上岗时不得睡觉、打盹、不准酒后上岗和工作时间饮酒。

（3）夜班人员应按时将办公楼门窗锁好，要定次不定时进行检查，如发现异常要及时报告，发生案情应拨打"110"向公安机关报警，并保护好现场。

（4）对联系工作人员或来访者应查验证件，询问来意后填写"来客登记表"；对无证件者，经同意后方可放行；拒绝上门推销和无关人员入内。

（5）门卫人员应衣着整洁，佩戴胸卡，使用文明用语并搞好"门前三包"。

（6）自觉遵守维护个人隐私，认真做好各类报刊、文件发放工作。

（7）上班前及下班后半小时内，门卫人员应主动站在单位门前维持上下班秩序。

4.6 灭蝇除臭作业指导书

为了保证灭蝇除臭作业的顺利进行，作业人员应按照指导进行作业。

4.6.1 灭蝇作业指导书

灭蝇作业有三种不同环境：

（1）垃圾中转站灭蝇工作。中转站配备两名灭蝇工。配置背负式与手压式喷洒设备各两套，在中转站工作间隙，主要是早晚两次喷洒灭蝇药剂，卸料大厅和压缩站主要喷洒7号药以及在明沟内撒上一些诱蝇杀等固体药物。

（2）码头及道路区域灭蝇工作。码头及道路区域配备两名灭蝇工（兼），配置三轮车及汽油机一台，主要是早晚两次喷洒灭蝇药剂；车辆进出道路和码头空地上主要喷洒2号药，在一些角落位置撒上一些诱蝇杀等固体药物；办公楼内使用喷雾罐和粘蝇纸灭蝇；在垃圾船上主要利用烟雾包灭蝇。

（3）填埋场灭蝇工作。填埋场的区域比较大，配备的工人比较多，每人配备一台背负式喷雾机，另配两台备用。早晚各一次在填埋区、卸载码头、办公楼周围道路等地方利用背负式喷雾机喷洒灭蝇1号药，在办公楼周围一些角落，撒上一些诱蝇杀、加强蝇必净等固体灭蝇药物，办公楼内部则使用粘蝇纸、雷达喷雾罐等灭蝇工具灭蝇。

4.6.2 除臭作业指导书

根据垃圾、污泥等废弃物在码头装卸、运输、填埋、污水处理等过程中实际产生臭气的情况，采取相应的方法，通过喷洒除臭剂进行控制臭气。

4.6.2.1 填埋场除臭

填埋场除臭应按照以下指导进行除臭作业。

（1）在垃圾填埋单元，喷洒 EM 制剂和 ECOLO 植物提取液。喷洒之前，必须完成灭蝇工作。在进行垃圾填埋作业中，当垃圾在推平时残余杀虫剂会被翻到垃圾内部，这样就避免或减少灭蝇化学药剂对微生物的活性影响，从而达到良好的除臭效果。

（2）经过 EM 制剂除臭的垃圾渗沥水已经去除大部分臭气，污水中的 COD_{Cr} 含量已经大大减少，其进入污水调节池后，采用 ECOLO 制剂进行控制。

（3）阴天、低气压、风力小的气候条件下，在垃圾运输车经过的道路等场所，恶臭气体比较稳定地呈现横向扩散的趋势，为达到较好的效果，需要将 ECOLO 制剂实施稀释喷洒。

（4）气候如果多雨，则垃圾填埋区提高喷洒浓度，降低喷洒数量，与此同时，加大剂量向垃圾渗滤液中投放 EM 制剂，以控制渗滤液自净过程中释放的恶臭成分。

（5）气候如果干燥，则利用场内已经处理后的中水，按比例添加 EM 制剂，使用喷洒车喷洒，提高菌群成活率，积极营造厌氧状态，以利于更好地发挥 EM 的功效（这也利于下层垃圾的厌氧产沼气过程，不会影响沼气发电机组的抽气功率），与此同时，应适当在填埋区喷洒部分 ECOLO 制剂，巩固除臭效果。

（6）特别注意：喷洒时作业面应控制严密，细密喷洒，以争取发挥最大除臭效能。

（7）污泥填埋中，在污泥倾倒时，按照规定的比例喷洒 EM 除臭剂。

4.6.2.2　中转站室内除臭

中转站室内应按照以下指导进行除臭作业：

（1）中转站分别设计建造了抽吸除尘除臭设备与喷淋除臭设备，前端喷淋设备喷洒除臭剂，后端抽吸除尘除臭设备抽吸臭气，过滤粉尘。故两个中转站的除臭工作就以现有设备为基础，人员由现场工作人员兼任，操作人员应在每天系统运行前添加药剂至指定位置。作业开始时将设备开启，作业结束后将设备关闭，按照设备使用说明书的要求工作。如无特殊情况，请不要随意打开电器控制柜。

（2）室外装卸除臭工作。主要是针对集装前后堆场四周、环卫专用车道、码头等地与办公区域等处除臭工作，主要工艺为在室外场地每天早晚喷洒水分子等速效持久除臭剂，场地适当喷洒无毒无害的进口植物除臭剂。每个码头配备汽油机两台，其他辅助设备若干。

4.6.2.3　码头除臭

码头除臭应按照以下指导进行除臭作业：

（1）码头除臭，从垃圾、污泥源头装船开始进行控制。

（2）垃圾、污泥每车次卸上船后，即刻对船上的垃圾、污泥喷洒除臭剂。喷药量应按照规定的比例执行。

（3）作业人员每天作业完毕后，填写当天的作业记录。作业人员根据药物消耗情况，提前一天通知除臭剂生产基地送货。

4.6.2.4　不同区域的臭气控制

根据垃圾中转、填埋作业、污水收集和生活管理区等臭气的来源和特点，应采取不同的预防和治理措施。

A　垃圾中转或定点倾卸区

应尽量保证垃圾运输车辆和贮存设施的封闭性，减少垃圾停留时间，及时清除陈腐垃圾，并定时喷洒药剂或石灰等防蝇除臭；若有垃圾贮存坑，则应使其处于负压状态，并设有一个小型凹陷装置，以防止运输车辆接近起卸平台时，自动门打开后溢出臭气。在转运完成后，应及时收集撒落的垃圾，并冲洗地面，以消除渗滤液产生的恶臭。

B　填埋区实施的斜面作业中

应在尽量缩小的区域内，快速地进行平铺、压实和覆土操作。应减少平铺时垃圾的飞扬和抛洒，确保压实强度，并采取日覆盖与适时覆盖相结合的方式，避免垃圾的暴露。在填埋区完成后，最终覆土的厚度、材质必须遵守防臭规划；同时可在其上增加表土，建造植被，以防止水土流失，并减轻恶臭。

C　污水收集区调节池、厌氧塘、兼氧塘等处理设施的周围

应实行通路隔断，或建造防护林带、构建芦苇湿地等方式，减少臭气污染。鉴于填埋场在选址时就考虑到离周围居民较远，可以采用调节池加盖密闭，抽吸臭气后高空排放的技术路线；对于小型填埋场的调节池，也有加除臭菌种的尝试，但不要加入难降解的有机物，以免加重污水处理的难度。

D　生活管理区

生活管理区周围应建有围墙、灌乔木、绿地、防护林等阻隔，并定时喷洒除臭防腐剂或其他有中和掩蔽作用的药剂。办公楼、宿舍、食堂、浴室等设施内应密闭，并采取空间消臭和强制通风相结合的方式,最大限度地降低恶臭影响。

4.7 设备设施操作作业指导书

设备设施操作作业指导书分别对汽油机、风炮、喷淋除臭设备洗涤塔、除尘和活性炭吸附设备以及离子除臭设备提供了指导。

4.7.1 汽油机

常用的汽油机分为背负式和担架式,都是通过燃油发动机带动风机或泵,把药液喷向目标区域的机械。

4.7.1.1 工作原理

(1)背负式:风机叶轮与发动机输出轴连接,发动机带动叶轮高速旋转,产生高速气流,其中大部分高速气流流向喷管,少量气流经管道流入药箱,在药箱内形成一定的压力,药水在风压作用下,经管道由喷嘴流出,经高速气流吹散成细小雾粒喷出。

(2)担架式:高压柱塞泵与发动机输出轴通过皮带-皮带轮连接,发动机带动柱塞泵内部曲轴旋转,曲轴带动活塞往复运动,并在单向阀的作用下,药水从药箱吸入水泵,经水泵加压后经高压水管由喷头喷出。一般柱塞泵的输出压力在15kg/cm^{2}以上,通过调压阀调节输出压力。

4.7.1.2 主要技术参数

A 背负式汽油机

背负式汽油机既能喷雾又能喷施粉剂,其主要用作农林作物的病虫害防治、城市环境卫生的消毒。

(1)背负式汽油机的主要组成部分:药箱组件、喷管组件、机架组件、油箱总成、发动机风机总成。

(2)影响到实际使用效果的参数:

药箱容量:15L;

水平射程:12.5m。

B 担架式汽油机

担架式汽油机只能喷洒液体药剂,通过装配不同的喷枪达到不同弥散程度的喷药效果。

(1)担架式汽油机的主要组成部分:发动机、喷管组件、泵浦组件、机架组件、药箱组件、传动机构。

(2)影响到实际使用效果的参数:

泵工作压力:1.5~3MPa;

泵流量:28~32L/min。

4.7.1.3 维护、维修规程

A 背负式汽油机日常保养

a 日保养(班保养)

日保养(班保养),需要以下几步:

(1)清洗机器表面灰尘和油污;

(2)检查外部紧固螺钉和管道是否松动,如脱落,要补齐。

b　50h 保养（完成日保养基础上）

50h 保养（完成日保养基础上），需要以下几步：

（1）清洗油箱、油开关、油路、浮子室清洗滤清器；

（2）清除火花塞积炭调整火花塞间隙（0.5～0.7mm）；

（3）清除消音器积炭。

c　100h 保养

100h 保养，需要以下几步：

（1）首先完成 50h 保养；

（2）检查电路各部连接件是否良好。

d　500h 保养

500h 保养，需要以下几步：

（1）按 100h 保养；

（2）更换磨损件。

在此要特别指出该汽油机正确使用的特别说明（严禁使用纯汽油）：

该型汽油机没有单独的润滑系统，是靠汽油中加入一定比例的机油来保证运动机件润滑的，一般使用摩托车或助动车二冲程汽油机专用汽油。

（1）使用比例（容积比）：

最初 50h：汽油：机油 = 25：1；

50h 后：汽油：机油 = 30：1。

（2）暂无二冲程专用机油，可用 40 号汽油机机油代替：

最初 50h：汽油：机油 = 15：1；

50h 后：汽油：机油 = 20：1。

B　背负式汽油机常见故障维修

背负式汽油机的常见故障分为：机器本身故障、电路故障、油路故障。

a　机器本身故障(气缸压力不够)

机器本身故障(气缸压力不够)，分为以下几种情况：

（1）活塞环磨损；

（2）油封磨损、变形；

（3）火花塞垫圈未垫或未拧紧；

（4）各种密封圈损坏；

（5）缸体磨损。

b　电路故障

电路故障，分为以下几种情况：

（1）火花塞积炭；

（2）火花塞损坏；

（3）电路各部件接触不良；

（4）高压线圈击穿或受潮；

（5）控制盒损坏；

（6）触发线圈损坏；

（7）充电线圈损坏。

c 油路故障

油路故障，分为以下几种情况：

（1）油路堵塞；

（2）燃油中有水；

（3）油开关堵塞；

（4）油箱盖小孔堵塞；

（5）混合油中机油比例太高。

机器出现故障时，首先检查机器压缩力是否正常，用手轻拉启动绳，活塞能上下移动，是否卡死、咬牢。除了火花塞故障外，其他都需拆开发动机才能处理。

其次进行打火试验，看火花强弱是检查电路有故障的最简单办法。拧下火花塞，拉启动绳，看火花塞是否有火花，火花应强而集中，呈蓝色，如火花塞无火花，则可取下火花塞及火花塞冒，用剪刀剪去高压线1cm（或者取下高压帽后在线头部插一根大头针），然后将高压线离缸体0.5cm，拉启动绳是否有火花，如有火花则说明火花塞已击穿或损坏，如仍无火花则再检查高压线圈，控制盒、充电线圈和线路接触是否良好。

最后检查油路，一般油路故障是人为因素造成的。混合油（汽油＋机油）比例要严格配置，将配置好后的混合油加入油箱中，要注意油料干净，防止杂质和水进入油中。如机器压缩力较好，火花塞打火也较强，经清洗油路仍不能启动，则可在火花塞中注些汽油，拧紧后再启动机器，这也是一种简便的应急措施。

d 其他故障

其他故障分为以下几种情况：

（1）机器运转中突然熄火，主要原因：燃油烧尽，火花塞积炭短路，高压线冒脱落。

（2）机器运转中功率不足，转速不平稳，主要分以下几种情况：

1）加速即熄火或明显转速下降，

原因：供油不足，油路堵塞，

排除方法：清洗化油器及油路。

2）转速不平稳，转速忽高忽低，

原因：燃油中有水，浮子室内有脏物，

排除方法：清洗油路。

3）二轴端漏油，发动机有金属敲击声，

原因：油封磨损，轴承磨损、连杆大小头磨损，

排除方法：更换油封，更换滚针轴承，直至换曲轴连杆。

C 担架式汽油机日常保养

a 日保养（班保养）

日保养（班保养），需要以下几步：

（1）清洗机器表面灰尘和油污；

（2）柱塞泵加注黄油（黄油杯旋转2~3圈）；

（3）检查发动机和泵的机油液位，油位过低需加油30~40号机油（最初使用10~15h应更换机油，以后每70~100h更换机油）；

（4）检查并调整皮带松紧至合适；

（5）检查外部紧固螺钉和管道是否松动，如脱落，要补齐。

b　100h 保养（完成日保养基础上）

100h 保养（完成日保养基础上），需要以下几步：

（1）清洗药箱和进水口过滤网；

（2）更换发动机和柱塞泵的机油；

（3）清除火花塞积炭，调整火花塞间隙（0.5~0.7mm）；

（4）清洗空气过滤器；

（5）检查电路各部连接件是否良好。

c　500h 保养

500h 保养，需要以下几步：

（1）首先完成 100h 保养；

（2）检查皮带磨损程度（考虑更换皮带）。

D　担架式汽油机常见故障维修

担架式喷雾机的常见故障分为：机器本身故障、电路故障、油路故障、其他故障，与背负式汽油机类似，这里不再赘述，请参见背负式部分的内容。

a　无法供水及压力不稳

无法供水及压力不稳。检查步骤如下：

（1）检查吸水塑胶管是否泄漏（破损或未锁紧）；

（2）打开出水开关排掉多余的空气；

（3）检查过滤网是否堵塞；

（4）下进水室及出水室，检查活门（单向阀）是否堵塞或损坏。

b　压力不足

压力不足。检查步骤如下：

（1）检查压力是否调整适当（调压阀）；

（2）检查皮带是否太松；

（3）检查喷雾管与接头是否泄漏或损坏；

（4）嘴磨损导致压力下降。

4.7.2　风炮

4.7.2.1　工作原理

远射程风送式喷雾机（俗称风炮），通过高压柱塞泵把药液加压至 $15kg/cm^2$ 以上，经高压管输送至高压喷雾头喷出雾状药液，同时经由大风量、高压的鼓风机把雾状药液风送至目标。由于药液雾化程度好（平均 $50~150\mu m$），且经鼓风机风送的距离（射程）较远（垂直大于 10m，水平大于 20m），即鼓风机的风能吹得到的地方都能喷到药液，因此非常适合用于垃圾堆场的大面积消毒、除臭、防疫，以及森林防护、城市园林绿化、行道树等高大林木的病虫害防治，以及开岩场、选煤场等的降尘及降温。

4.7.2.2　主要技术参数

常见的风炮结构主要包括：发电机组、电气控制柜、风机、喷管组件、泵浦组件、机架组件、药箱组件。

市场上有各种型号的风炮，参数各不相同，暂以大地 DA-500A 型举例说明。影响到实际使用效果的参数有：

配套动力：6kW 柴油发电机组；

药泵流量：25~29L/min；

工作压力：1.5~3.5MPa；

雾粒直径：50~150μm；

射程：垂直 20~25m，水平 30~40m；

仰俯角度：-10°~90°（遥控控制）；

药箱容积：500L。

4.7.2.3 维护、维修规程

A 日常保养

a 日保养（班保养）

日保养（班保养），需要以下几步：

（1）清洗机器表面灰尘和油污；

（2）柱塞泵加注黄油（黄油杯旋转 2~3 圈）；

（3）检查发电机和泵的机油液位，油位过低需加油；发电机的机油，根据发电机是柴油或汽油发电机加相应的机油。泵一般加 30~40 号机油。最初使用 10~15h 应更换机油，以后每 70~100h 更换机油。

（4）检查并调整皮带松紧至合适；

（5）检查过滤器滤芯是否发黑（或发黄）变脏，并及时换新；

（6）检查外部紧固螺钉和管道是否松动，如脱落，要补齐；

（7）预防受潮和淋雨，下雨前及时盖上雨篷。

b 100h 保养（完成日保养基础上）

100h 保养（完成日保养基础上），需要以下几步：

（1）清洗药箱和进水口过滤网；

（2）更换发电机和柱塞泵的机油；

（3）清除发电机火花塞积炭；

（4）清洗发电机空气过滤器；

（5）检查电路各部连接件是否良好。

c 500h 保养

500h 保养，需要以下几步：

（1）首先完成 100h 保养；

（2）检查皮带磨损程度，必要时更换；

（3）清洗喷头；

（4）在右和上下旋转的轴承添加黄油。

B 常见故障维修

风炮的常见故障分为：机器本身故障、电路故障、油路故障（发电机故障）。

a 机器本身故障

不喷雾、压力不稳、压力不足（喷雾量小）。

（1）查吸水塑胶管是否泄漏（破损或未锁紧）；

（2）打开出水开关排掉多余的空气；

（3）检查水箱内进水管过滤网以及泵前的过滤器滤芯是否堵塞；

（4）检查皮带是否太松（或严重磨损）；

（5）检查喷雾管与接头是否泄漏或损坏；

（6）检查压力是否调整合适（调压阀）；

（7）拆下泵进水室及出水室，检查活门（单向阀）是否堵塞或损坏（与担架式喷雾机的泵相同）。

b 电路故障

（1）跳空气开关（跳闸）：

1）检查马达电缆是否破损或浸水，若是则由电工更换电缆；

2）若电缆无故障，则可能是瞬时过载跳闸，打开控制柜，合上相应的空气开关，并按热保护器的蓝色复位按钮（RESET），重新启动泵组。

（2）马达发烫：电路故障，由电工检查线路。

（3）遥控失灵：更换遥控器12V电池（或更换遥控器）。若仍无法解决，则由电工检查遥控组件故障。

c 油路故障（发电机故障）

油路故障与背负式和担架式汽油机类似，这里不再赘述，请参见背负式或担架式部分的内容。

d 发电机特殊故障

电启动的发电机，按启动按钮发电机不旋转。

一般是电路故障，由电工检查电路，尤其注意蓄电池是否有电，若蓄电池亏电，则需及时用相应电压的充电器进行充电，否则会导致发电机不转，甚至蓄电池损坏。

4.7.3 喷淋除臭设备

4.7.3.1 工作原理

喷淋除臭设备一般用于固定的场所，如垃圾压缩站或中转站。整套系统在控制柜内PLC的控制下，高压柱塞泵从药箱吸入药水，经水泵加压后经电磁阀、高压水管，由多路喷头喷出雾状药水。一般输出压力在 $40kg/cm^2$ 以上，通过调压阀调节输出压力，由电磁阀控制具体哪几路喷头工作。

4.7.3.2 主要技术参数

常见的喷淋除臭设备主要包括：控制柜、泵组、管道组件、电磁阀组件、药箱组件、喷头。

由于喷淋除臭设备是根据实际使用场地的要求定制的一套系统，因此各个地方的设备参数不尽相同，现以上海蕴藻浜垃圾中转站的喷淋设备作介绍，主要的参数如下：

喷头数量：212 个；

泵流量：9L/min；

泵最高压力：110kg。

4.7.3.3　维护、维修规程

A　日常保养

a　日保养（班保养）

日保养（班保养），需要以下几步：

（1）清洁机器表面灰尘和油污；

（2）检查柱塞泵的机油液位，油位过低需加 30~40 号机油或汽车用机油（最初使用 100~150h 应更换机油，以后每 800~1000h 更换一次）；

（3）检查药箱液位不应低于管道的最高点，管道接头泄漏的需紧固；

（4）检查外部紧固螺钉和管道是否松动，如脱落，要补齐。

b　100h 保养（月保养）

100h 保养（月保养），需要以下几步：

（1）首先完成日（班）保养；

（2）清洗药箱和更换过滤器滤芯。

c　800h 保养

800h 保养，需要以下几步：

（1）首先完成100h 保养；

（2）更换柱塞泵的机油。

B　常见故障维修

a　管路、泵组故障：

（1）不喷雾、压力不稳或不足：

1）检查过滤器是否堵塞，若堵塞则更换滤芯；

2）检查高压水管是否有泄漏点，喷头是否有泄漏。重新接上高压水管，更换泄漏的碰头；

3）检查压力是否合适，适当调整调压阀；

4）卸开出水接头，启动泵组，排掉多余的空气。

（2）喷头堵塞或泄漏：

更换堵塞或泄漏的喷头。

b　电气故障：

（1）跳空气开关（跳闸）：

1）检查马达电缆是否破损或浸水，若是则由电工更换电缆；

2）若电缆无故障，则可能是瞬时过载跳闸，打开控制柜，合上相应的空气开关，并按热保护器的蓝色复位按钮（RESET），重新启动泵组。

（2）马达发烫：

电路故障，由电工检查线路。

4.7.4　洗涤塔

4.7.4.1　工作原理

气体从塔底（或一侧）送入，经气体分布装置分布后，与液体呈逆流（或截流）连续通过填料层的空隙，在填料表面上，气液两相密切接触进行传质，待处理气体经传质作用进入循环液体中与循环液体中药剂进行化学反应，生成易溶解难挥发的盐类物质，使气体得到净化。

4.7.4.2　洗涤塔的组成

一般喷淋洗涤塔主要由塔体、填料层、填料支架、雾化喷淋系统、气水分离系统、药液储存投加系统等单元组成。

（1）塔体：塔体采用碳钢或玻璃钢组成。

（2）填料：多面球填料。

（3）填料支架：支撑填料。

（4）雾化喷淋系统：由耐腐蚀的喷嘴、PVC 管道、循环水泵和循环水池等组成。

（5）气水分离系统：由 PVC 网多层叠加组成。

（6）药液储存投加系统：由配药箱和配套输送泵等组成。

4.7.4.3　维护、维修规程

A　日常保养

（1）定期检查设备各紧固件有无松动。

（2）注意观察设备、设备与风管连接点是否有漏气现象发生。若由密封件老化引起的漏风则应及时更换密封件，以保证处理效果。

（3）经常观察设备的运行状况，发现异常情况及时断开电源。

（4）定期对喷淋洗涤塔内填料进行清洗（一般为每年清洗一次）；具体情况可根据现场情况进行相应调整，填料长期不清洗将会使处理效果下降。

（5）定期观察喷嘴运行状况，若遇喷淋液喷水不畅或喷出液体不成扇面说明喷嘴堵塞需及时清洗。

（6）喷淋洗涤塔上设置了检视窗和维修入口以便于人员进行检视洗涤塔的工作状况是否正常并能及时更换已经老化的填料；进行过维护和更换填料工作后需要密封好孔板，以防止设备运行时漏气。

（7）定期检查循环泵运行状态，若出现异常应停机检查。

（8）设备长期停用时应排干水泵和循环水箱中的水。

（9）运行时每天定期对设备进行巡视检查。

B　常见故障维修

（1）循环泵漏水：主要原因是泵密封圈磨损，更换密封圈或更换整台泵。

（2）鼓风机漏水：检查洗涤塔液位是否过高，液位过高会使药水溢流至风机管道，而风机并非防水，导致漏水，甚至烧毁风机电机。应该禁止这种现象的发生，如加药时设专人看护。

（3）水泵电机或风机电机发烫：此为电路故障，由电工检查电路。

4.7.5　除尘和活性炭吸附设备

4.7.5.1　工作原理

由于除尘和活性炭吸附设备常安装于一套管道系统，因此放在一起进行说明。

常用的除尘装置分为：固定式和卷帘式，原理都是由滤布过滤空气中的灰尘，使得空气得到净化。这里以卷帘式除尘器为例说明。

卷帘除尘器主要过滤部件为滤布，滤布被卷在转轴上，待处理的气体经风机进入到箱体后，通过滤布得到净化，当滤布过滤一定量含尘气体后滤布已经造成堵塞，控制器根据设计发出信号，电机带动减速机开始运转，已经堵塞的滤布被卷在下部卷轴上，上部新的滤布逐步达到箱体横断面，使待处理气体通过滤布截留作用去除气体中含有的粉尘。如此进行一定循环后，上部新的滤布逐渐被卷在下部卷轴上，此时控制器发出信号，报警器开始报警，需进行滤布更换工作。

活性炭吸附设备中起主要作用的物质为活性炭，活性炭是一种多孔性的含碳物质，它具有高度发达的孔隙构造，是一种极优良的吸附剂，每千克活性炭的吸附面积更相当于八个网球场之多。而其吸附作用是借由物理性吸附力与化学性吸附力达成。其结构则为炭形成六环物堆积而成，由于六环碳的不规则排列，造成了活性炭多微孔体积及高表面积的特性。当待处理的气体经风机吹吸作用进入到塔体后，通过活性炭物理吸附与化学反应去除掉废气中臭气成分。

4.7.5.2 除尘和活性炭吸附设备的组成

A 除尘吸附设备

卷帘除尘器主要由箱体、卷帘机组等单元组成。

（1）箱体：箱体由碳钢组成，内表面涂抹耐腐蚀、耐冲刷材料。

（2）卷帘机组：卷帘机组由滤布、电机、减速器、控制器、卷轴等几部分构成。

B 活性炭吸附设备

活性炭吸附塔主要塔体、活性炭框架、活性炭框架支撑、活性炭等单元组成。

（1）塔体：塔体采用碳钢组成。

（2）活性炭框架：保证活性炭层厚度均匀性。

（3）活性炭框架支撑：支撑活性炭框架，保证塔体内部结构稳定。

（4）活性炭：蜂窝活性炭。

4.7.5.3 维护、维修规程

日常保养的维护、维修规程。

A 卷帘除尘器

（1）开机前，认真检查各电路连接线是否正确牢固。

（2）经常观察设备的运行状况，发现异常情况及时断开电源。

（3）不要随意拆调电器元件。

（4）定期检查设备各紧固件有无松动。

（5）注意观察设备、设备与风管连接点是否有漏气现象发生。若由密封件老化引起的漏风则应及时更换密封件，以保证处理效果。

（6）卷帘除尘器箱体上设置检修人孔，当设备运行不正常，或需要更换滤布时可打开此孔进行维护和滤布更换工作；进行过维护和更换滤布工作后需要密封好孔板，以防止设备运行时漏气。

（7）经常注意设备清洁，并保持传动链条的润滑性。当设备滤料用完后，机器自动报警，请注意及时更换过滤器滤料。

B 活性炭除臭塔

（1）定期检查设备各紧固件有无松动。

（2）注意观察设备、设备与风管连接点是否有漏气现象发生。若由密封件老化引起的漏风则应及时更换密封件，以保证处理效果。

（3）经常观察设备的运行状况，发现异常情况及时断开系统电源。

（4）定期对塔体内活性炭进行更换（一般为 3～6 个月更换一次）；具体情况可根据现场情况进行调整，活性炭若长期不进行更换，则会因吸附饱和而失去吸附作用，是效果下降。

（5）活性炭吸附塔上设置了对开门，当需要进行检修或是活性炭更换时可从此处把活性炭框架取出。检修完成后应封闭好对开门，防止运行过程中漏气。

（6）运行时每天定期对设备进行巡视检查。

4.7.6　离子除臭设备

4.7.6.1　工作原理

离子除臭是采用氧离子发生器对由风机送入的空气进行电离，产生正、负离子，并随风送至除臭点，由正、负离子与有害气体产生电化学反应，把有害物质分解成无害物质，达到除臭的目的，同时也有一定的杀菌效果；并且产生的正、负离子在电场作用下吸附于空气中的尘粒和悬浮物，逐渐形成较大的颗粒沉降，从而达到一定的除尘效果。

4.7.6.2　离子除臭设备的组成和主要参数

A　离子除臭设备组成

离子除臭设备的组成包括：离子发生装置、送风管道、ECO 废气处理箱。

（1）离子发生装置：是离子除臭工艺的核心设备，具有产生大量高能量正、负氧离子的功能。

（2）送风管道：是利用风机从室外吸入干净空气送至离子发生装置，经离子发生器电离产生大量正、负氧离子，然后送至需处理的空间。

（3）ECO 废气处理箱：是内部有复杂多层结构的，用于集中二次处理废气的专用装置，由风机从臭气处理区域吸入一次处理后的废气，通过外部引入单独一路离子风，在箱体内充分混合，使未分解的有害物质在此氧化分解，最终达标排放。

B　离子除臭设备的主要参数

根据各个生产厂家的不同，各种离子除臭设备的参数也不尽相同，这里以上海田渡固废处置中心垃圾中转站的离子除臭设备举例说明：

离子发生器：48 套；

离子发生管：240 个；

送风机：11 台；

最大送风量：149200m^3/h；

排风机：3 台；

最大排风量：57000m^3/h。

4.7.6.3　维护、维修规程

A　日常保养

（1）离子除臭系统是通过送、排风系统运作达到治理废气的目的。因此通风系统

（包括风机、电机及其电源、传动皮带）必须按常规进行定期保养、检测和维护。

（2）送风口滤网每周清洁一次（如抖拍、清扫等），每月彻底清洗一次（必须干燥后才可使用，可多次清洗使用，每2~3个月视实际污染状况确定）更换新过滤网。

（3）离子管视清洁度而定，一般每月清洗一次。

（4）送风口风量已调试完成，蝶阀已调试至最佳状态，不得擅自启闭。

（5）排风口风量已调试完成，蝶阀已调试至最佳状态，不得擅自启闭。

（6）离子管寿命一般为14个月（按每天24h连续使用）因而运作一年后应及时检查或更换。

（7）所用电源电压需保持稳定，风机使用电压380V，离子发生器使用电压220V。

（8）离子除臭系统所有技术参数已经调试确定，如离子发生器的挡位、风阀开启的大小和送风量等。工况改变的情况下严禁随意调节和修改，以确保整个系统的正常工作。

B　常见故障维修

常见故障维修主要有以下几种情况：

a　系统无法启动

（1）检查电源是否有故障。

（2）检查电机是否有故障。

b　净化效果不明显

（1）检查进风口滤网清洁程度。

（2）检查离子管清洁程度。

（3）蝶阀是否处于正常位置。

（4）离子管是否老化或损坏。

（5）离子发生器熔丝是否完好。

c　系统声音异常

（1）检查风管支架及配件是否松动。

（2）风机运行是否正常。

4.8　应急预案

4.8.1　苍蝇突增应急预案

针对苍蝇突增的应急预案应包括：

4.8.1.1　应急预案启动条件

室外空地、码头、道路上目视范围（10m²）内苍蝇超过20只，垃圾船以及垃圾填埋区目视范围（10m²）内苍蝇超过75只。

4.8.1.2　人员分工

（1）公司副总经理为总指挥，主要负责对外联系，启动应急预案。

（2）中心总经理为副总指挥，协同总指挥处置应急事件。

（3）运营管理项目部成员主要负责现场协调，信息沟通，对下联系；设备管理项目部调度作业设备，提供通信设备，信息宣传沟通；江镇药厂项目部主要负责及时提供应急所需药品。

（4）应急队伍主要由各个现场的喷药工人组成，主要负责联系上级主管人员，实施预案的具体工作。

4.8.1.3　工作程序

（1）码头上打药的工人发现码头苍蝇超过应急预案启动条件的最大值，要马上打电话通知上级主管人员，汇报突发情况。

（2）上级主管人员接到电话后，问清一些主要情况，马上向总指挥汇报情况，由总指挥决定是否启动应急预案。

（3）总指挥派遣指挥小组成员赶赴现场查看，和现场工人（应急小组成员）一起弄清楚苍蝇的主要聚集地，还要弄清楚这些苍蝇的来源地以及周围的环境要求等情况。

（4）将这些弄清楚以后，针对这些苍蝇以及环境要求情况选择一些针对性的药物以及药物的数量，运营部主管要通知药厂负责人马上将所需药物送至现场。

（5）主管人员要协调好码头方面，趁着码头方面休息的工作间隙，由现场工人（应急小组成员）马上喷洒送至码头的药物，重点喷洒苍蝇的主要聚集地和来源地，抑制苍蝇的孳生，消灭主要的苍蝇群。

（6）现场工人（应急小组成员）应按照规定重点仔细地继续喷洒送至的药物两天，并观察苍蝇的聚集情况，没有明显的苍蝇聚集情况后换回以前所用的药物正常喷洒，并通过电话向上级主管人员汇报情况，主管人员应将反应情况向总指挥汇报。

4.8.2　上级督查与参观检查应急预案

针对上级督查与参观检查的应急预案如下。

4.8.2.1　应急预案启动条件

接到领导参观检查的通知。

4.8.2.2　职责

（1）公司副总经理为总指挥，主要负责对外联系，启动应急预案。

（2）中心总经理为副总指挥，协同总指挥处置应急事件。

（3）运营管理项目部成员主要负责现场协调，信息沟通，对下联系；设备管理项目部调度作业设备，提供通信设备，信息宣传沟通；江镇药厂项目部主要负责及时提供应急所需药品。

（4）应急队伍主要由各个现场的喷药工人组成，主要负责联系上级主管人员，实施预案的具体工作。

4.8.2.3　工作程序

（1）接到检查通知后，由总指挥决定启动应急预案，安排指挥小组成员在检查前一天到达现场，查看是否有苍蝇超标的情况，与现场工人（应急小组成员）一起查看并确定一些苍蝇的主要聚集点以及苍蝇多发地带。

（2）针对这些苍蝇的主要聚集点以及苍蝇多发地带，让现场工人（应急小组成员）适当提高药物的调兑比例，在当天晚上和第二天早上重点仔细地喷洒药剂，确保苍蝇不会超标。

（3）第二天早上喷洒完药剂后，让现场工人（应急小组成员）拿着苍蝇拍检查一下办公楼各个办公室，确保办公室内没有苍蝇。

（4）检查完毕后，现场工人（应急小组成员）再打电话向上级主管人员汇报一下具体情况就可以回到休息室休息，主管人员则将具体情况向总指挥汇报。

4.8.3 药物中毒事故应急预案

针对药物中毒事故的应急预案如下。

4.8.3.1 目的

为了最大限度地减少或消除生产作业过程中，由于药物调和过程、设备故障、废弃物填埋区喷药、操作失误或不可抗拒的因素可能引发的人员中毒事故造成的人员伤亡。

4.8.3.2 适用范围

适用于技术运营中心范围内发生的中毒事故。

4.8.3.3 职责

（1）现场指挥。公司总经理是总指挥，分管安全和业务的副总经理是副总指挥。技术运营中心是现场指挥人。负责指挥事故现场的人员自救和现场保护工作，同时负责向上级和有关部门报告，根据伤员的中毒情况决定拨打120急救中心电话通知医疗单位抢救，还应立即投入现场救援。

（2）办公室。接到中毒事故后，及时报告总经理、上级主管部门、安全生产监督部门，并立即赶到现场，协助现场指挥做好救援和现场保护工作。

（3）抢救队伍。

4.8.3.4 抢救程序

A 药性

常用的拟除虫菊酯类农药品种有：溴氰菊酯、氯氰菊酯、氯菊酯、胺菊酯、甲醚菊酯等，多属中低毒性农药，对人畜较为安全，但也不能忽视安全操作规程，不然也会引起中毒。这类农药是一种神经毒剂，作用于神经膜，可改变神经膜的通透性，干扰神经传导而产生中毒。但是这类农药在哺乳类肝脏酶的作用下能水解和氧化，且大部分代谢物可迅速排出体外。

B 中毒症状

（1）经口中毒症状。经口引起中毒的轻度症状为头痛、头昏、恶心呕吐、上腹部灼痛感、乏力、食欲不振、胸闷、流涎等。中度中毒症状除上述症状外还出现意识朦胧、口、鼻、气管分泌物增多，双手颤抖，肌肉跳动，心律不齐，呼吸感到有些困难。重度症状为呼吸困难，紫绀，肺内水泡音，四肢阵发性抽搐或惊厥，意识丧失，严重者深度昏迷或休克，危重时会出现反复强直性抽搐引起喉部痉挛而窒息死亡。

（2）经皮中毒症状。皮肤发红、发辣、发痒、发麻，严重的出现红疹、水疱、糜烂。眼睛受农药侵入后表现结膜充血，疼痛、怕光、流泪、眼睑红肿。

C 中毒者抢救程序

首先将中毒者带离现场，到空气新鲜的地方清除毒物，脱掉污染的衣裤，冲洗皮肤和眼睛，并立即拨打急救中心电话120请求援助，及时送往医院并向医生提供明确中毒药物名称，以便于抢救治疗。

对经口中毒者急救应立即催吐，洗胃。对经皮肤中毒者应立即用肥皂水、清水冲洗皮肤，皮肤可用炉甘石洗剂或2%～3%硼酸水湿敷，看护中毒者双手，防止抓伤皮肤；眼睛沾染农药用大量清水或生理盐水冲洗，口服扑尔敏、苯海拉明等。

对于解毒治疗无效者，只能对症下药治疗。

（1）对躁动不安、抽搐、惊厥者，可用安定 10～20mg 肌注或静注，或用镇静剂巴苯比妥钠 0.1～0.2g 肌注，必要时 4～6h 重复使用一次。

（2）对流口水多者可用阿托品抑制唾液分泌。

（3）对呼吸困难者，应给予吸氧，还应注意保持呼吸道畅通。

（4）对脑水肿者可用 20% 甘露醇或 25% 山梨醇 250mL 静滴或静注；或用塞米松 10～20mL 或氢化可的松 200mg 加入 10% 葡萄糖溶液 100～200mL 静滴。

注：（1）抢救药品：炉甘石洗剂、2%～3% 硼酸、生理盐水、扑尔敏、苯海拉明、安定、巴苯比妥钠、阿托品、20% 甘露醇、25% 山梨醇、地塞米松、氢化可的松、葡萄糖溶液。

（2）现场负责人应做好事故现场保护工作，如实提供情况，接受事故调查。

（3）事后参加有关部门组织的事故"四不放过"发布会议。

4.8.4　设备故障应急预案

本着安全第一的原则，以及尽快恢复设备功能的要求，所有工程公司技术运营中心业务范围内涉及的设备故障应急预案都须按照"一停、二看、三维修"的流程处置。主要涉及的设备有：中转站喷淋设备、活性炭除臭设备、洗涤塔除臭设备、降尘设备、离子除臭设备、蒸发除臭设备、风炮、汽油机、车辆等。

4.8.4.1　设备故障处置流程

（1）根据设备类型和功能的不同，涉及水、电、油及机械动力等故障。设备出现故障首先应沉着冷静，根据实际设备情况果断切断水、电、油和机械动力，严禁在未看清故障源的情况下，用手触摸故障设备，防止造成人身损害。

（2）在设备停车的情况下，根据相关制度的规定和实际需要，向工程公司技术运营中心设备项目部报修，或组织自我维修。报修时应说清设备的名称、安装地点、故障现象，以便设备项目部了解情况并组织厂家维修。若自我维修时，可以根据实际情况试运转设备，以便看清设备故障源。

（3）在设备进行维修时，若是由厂家维修，则各项目点的班组人员应做好协助维修的工作。若自我维修，则须做好相关的维修记录。相关的维修标准按照《设备操作作业指导书》。

4.8.4.2　设备故障时技术运营中心的指挥人员

以工程公司分管副总为总指挥、技术运营中心总经理为副总指挥，设备项目部负责人为现场总指挥和总协调人。

4.9　生活垃圾填埋场甲烷减排对策

4.9.1　填埋场甲烷排放现状与影响因素

随着全球气候变暖现象逐步得到人们的共识，引发气候变暖的温室气体已被广泛重视。大气中的甲烷是一种仅次于 CO_2 的重要温室气体，对温室效应的"贡献"约为 26%。

它在大气中的浓度虽比 CO_2 低，但增长率则高得多。全球每年甲烷的排放量达到 5.35×10^8 t，其中人为源甲烷排放量为 3.75×10^8 t。据估计，到 2030 年甲烷的"贡献"将达到 50%，成为头号温室气体。可见，控制甲烷的排放对抑制温室效应的作用至关重要。

填埋场是主要的人为源甲烷排放地之一，联合国称每年有 1.48 亿吨垃圾被填入中国各地的填埋场中，随着生物和化学降解，这些垃圾中的有机成分每年都产生数量巨大的甲烷，每吨生活垃圾现在每年能产生 $150 \sim 250 m^3$ 填埋气。随着《京都议定书》于 2005 年 2 月 16 日的正式生效，垃圾填埋场温室气体减排技术正在成为国内外竞相研究开发的热点。我国也把减少甲烷的排放作为温室气体排放实施控制的目标之一。

影响生活垃圾填埋场甲烷排放的因素有很多，其中主要因素是温度和湿度。湿度越大，有机质降解越快。一般来说，生活垃圾中有机质厌氧降解的最佳湿度为 50% ~ 60%。由图 4-1 可知，湿度不在最佳范围将会导致填埋气转化不完全，产气周期会延长，但产气量较低，这样最终会导致填埋气利用难度加大。含水量的调节可以在填埋初期压缩的同时进行操作，但在填埋后漫长的降解过程中，生活垃圾填埋场封场防渗效果的好坏以及不同地区的降水量对填埋场内部含水量以及降解情况起着决定性的作用。

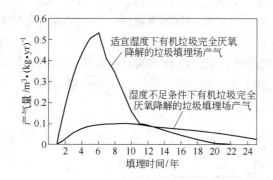

图 4-1　不同湿度下填埋气产量随时间的变化趋势图

温度对微生物的代谢有重要的影响，因此生活垃圾填埋场中填埋气产生速率受周围环境温度的影响。最佳的产气温度为 $35 \sim 37\,^{\circ}\!C$，由于有机质厌氧发酵是放热过程，因此填埋场内部最高温度可以升至 $60\,^{\circ}\!C$。对于我国北方冬季寒冷的气候条件，当填埋场内部温度低于 $24\,^{\circ}\!C$ 时，填埋气的产率会降低约 50%。但是，对于一些高位填埋或填埋较深的大型填埋场来说，季节变化导致的气温改变对填埋场内部温度的影响并不是很明显。

4.9.2　填埋场甲烷减排措施

由图 4-2 可知，填埋场整个的产气过程从填埋后 3 个月开始，持续约 20 ~ 25 年。不同阶段的填埋气产量和甲烷浓度也不尽相同。产气高峰期的 5 年左右填埋期具有利用价值，而填埋初期和后期的甲烷是无法利用的。另外由于中小型填埋场甲烷收集体系不够完备，而且总气量较小，因此填埋气的有效利用还存在着技术难度和经济可行性不足的现状。填埋场甲烷减排途径有很多，从资源化的角度考虑，一是将填埋气发电以实现期资源价值，二是利用诸如燃烧或生物氧化的方法进行非资源化处置。从减量化的角度考虑，一是通过生物技术减少甲烷的产生或将产生的甲烷进行生物转化，二是通过加速填埋场稳定化缩短

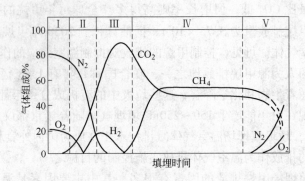

图4-2 填埋气组成随填埋时间变化的趋势图

产期时间而实现减排的目的。以下对甲烷减排措施进行全面的比较分析。

收集填埋气用于锅炉供热或并网发电是目前国际上应用最广泛的温室气体减排技术。在生活垃圾填埋场产气活跃期,填埋气中 CH_4 含量高达50%以上,是一种良好的可再生能源。图4-3为填埋气体回收发电的系统工艺流程图,填埋气利用分收集系统、净化系统、燃烧发电系统、上网系统、余热回收系统等。根据填埋场稳定化研究表明:南方地区生活垃圾降解接近初步稳定后,其转化为填埋气约占1%~2%左右的垃圾质量(均以垃圾干重计)。而由于沼气前处理损失以及不能完全收集等原因,使得填埋场中实际可以利用的沼气量约为理论值的1/4。但由于填埋场中垃圾含量足够大,则其最终的填埋气含量仍可以达到可利用规模。

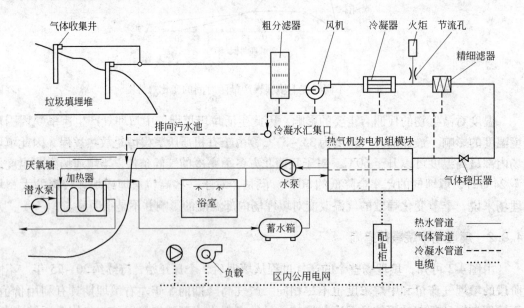

图4-3 填埋气体回收发电的系统工艺流程

到目前为止中国的填埋气项目还十分稀少。目前在中国约有680个垃圾填埋场拥有最低限度的被动排气系统,如填埋气井或收集管道等。相对应的,目前仅有20家CDM填埋气项目正在运营中。其中8个已经开始运作,3个正在建设,剩下的9个则还在设计阶段。

采用有效的预处理手段，将垃圾填埋气中的 CH_4 浓度提高到95%，同时去除灰尘及酸性气体，可以制备性能卓越的管道气，作为城市煤气的替代产品，从而控制垃圾场甲烷的无控释放。此外，填埋气也可以作为运输工具的动力燃料。全球环境基金（GEF）在我国鞍山市建设了垃圾填埋沼气制取汽车燃料的示范工程，其产品为净化垃圾填埋气压缩气，可用作汽车燃料。

与开发填埋气中的可用气体发电和作为燃料相比，燃烧一类的热方法没有技术上的优势。但对于小型垃圾填埋场及封场多年的垃圾场，填埋气利用没有经济可行性。鉴于 CH_4 的 GWP（Global Warming Potential，全球变暖潜势）是 CO_2 的21倍，通过火炬燃烧将 CH_4 转化为 CO_2 也可以大大降低填埋气的温室气体排放强度。

甲烷氧化主要是通过生物强化技术提高填埋场表面覆盖层甲烷氧化菌的表观活性，当填埋气在通过填埋场表面时，通过甲烷氧化菌的作用将 CH_4 氧化为 CO_2。通过设计安装垃圾填埋场生物覆盖层，强化甲烷氧化微生物的活性，加快 CH_4 的氧化速度，CH_4 氧化率达12%~60%，该技术的工程化应用有望实现填埋场运营后期不适宜资源化的填埋气的减排处理。

目前，对生活垃圾填埋场填埋覆土中甲烷氧化微生物、甲烷氧化机理及动力学机制、甲烷与微量填埋气体的共氧化机制以及影响甲烷氧化的环境因子研究已经比较深入和普遍。影响垃圾填埋场填埋覆土甲烷氧化的主要因素有土壤结构、养分状况、湿度、温度等条件。有机质含量为11.7%填埋场覆土中甲烷的平均氧化速率为 $15mol/(m^2 \cdot d)$，最大氧化速率为 $18mol/(m^2 \cdot d)$；有机质含量为1%的填埋覆土中甲烷最大氧化速率仅为 $12mol/(m^2 \cdot d)$。甲烷氧化的最佳土壤湿度为10%~20%，过高的湿度会降低甲烷氧化菌的氧化速率，当土壤湿度达到35%时，甲烷氧化速率极低。在2~25℃，甲烷氧化速率以指数形式增长，并且在30℃时达到最大。温度达到或超过40℃以后，甲烷氧化速率明显下降；达到50℃时，甲烷氧化作用完全受到抑制。甲烷氧化菌氧化甲烷的最佳 pH 为中性范围（6.5~7.5）。

这些研究为覆盖层甲烷氧化的应用提供了足够的技术支持。该技术最大的优点是成本低，氧化效果明显。矿化垃圾本身就富含甲烷氧化菌（$1.25 \times 10^7 \sim 1.25 \times 10^8$ cfu/g）❶，该技术目前还处在研究和中试阶段，对氧气的需求决定了覆盖层的厚度较小，实际工程中氧化率的提高是需要解决的技术难点。因此技术攻关要求更有效的提高甲烷氧化菌的密度以及提高覆盖层在各种环境条件下的适应性，目前国内同济大学、清华大学等单位都在国家863项目的支持下致力于这方面的研究。

4.9.3 甲烷菌抑制技术

填埋气发电可以很好地解决产期高峰期的甲烷减排问题，甲烷氧化技术可以较好地解决填埋场运营后期不适宜资源化的填埋气减排问题。而甲烷菌抑制技术恰好可以作为一个有效的补充，因为甲烷抑制可以很好地解决填埋场封场前甲烷排放问题。

填埋后的生活垃圾大概在3个月后就开始产甲烷气，在1年以后即可达到产气高峰，对于目前使用较多的经过压实的厌氧填埋场，由于体系氧气相对较少，达到产气高峰的时

❶ 赵由才等，一种生活垃圾填埋场甲烷氧化覆盖材料，中国发明专利，申请号：No. 200710040358. 7.

间会更短。生活垃圾填埋场完备甲烷收集系统的建立一般在终场封场后，而填埋单元的封场大约 2 年左右。因此，封场前期大量的甲烷释放到大气中而无法得到有效的控制和收集。

填埋前期的甲烷排放问题一直没有受到重视，而且也没有相应的研发技术用以解决该问题。而甲烷抑制剂可以在生活垃圾填埋场中实现以下几个作用：（1）对于标准的卫生填埋体系，可以有效地解决封场前期甲烷的排放；（2）对于一些甲烷收集系统不健全的中小型填埋场，甲烷抑制剂可以在不影响生活垃圾填埋场内其他微生物代谢的前提下，使厌氧消化过程不再产生甲烷气体，而是将有机碳转入液相中，这样可以对收集到的液相集中处理，避免了释放甲烷造成的温室效应。

产甲烷菌是严格厌氧菌，生存条件非常苛刻，因此已有很多研究集中在通过采用产甲烷菌抑制剂的方法减少甲烷的排放。这些研究主要集中在反刍动物饲料添加剂用于提高饲料利用率的研究上，但这些抑制剂对于填埋场产甲烷菌的抑制存在以下问题：（1）抑制效果不理想，一些微生物抑制剂仅能抑制 50% 左右的甲烷产生；（2）有效浓度过高，氨氮根据资料报道可以有效抑制填埋场环境中甲烷的产生，但其浓度至少要达到 3×10^{-3} 以上才有效果；（3）具有较好的抑制效果和较低的抑制浓度，但不适用于垃圾填埋场，譬如蒽醌类抑制剂，由于其溶解度极低，很难扩散至垃圾中产甲烷菌群聚集的固相中；莫能菌素，拉沙里菌素在抑制产甲烷菌的同时会对填埋场中其他菌群也产生较强的抑制作用，不利于填埋场的稳定化。

甲烷菌抑制最关键的技术是要求抑制剂符合填埋场应用的特点：有效抑制浓度低；易扩散（扩散系数较高的液体或气体与易溶于渗滤液的固体）；对其他菌群没有抑制作用或抑制作用很小。同济大学目前以微生物抑制和长效缓释技术为主要手段开展研究，并取得了突破性进展。已经研发出的以碳化钙为主的高效、经济的填埋场产甲烷菌抑制体系，浓度仅为 5mg/kg（抑制剂/生活垃圾）的抑制剂可以实现 95% 以上的甲烷抑制（专利），长效缓释技术可以保证抑制效果在半年甚至更长的时间有效，而且该缓释抑制剂不会对环境造成新的污染。

4.9.4　准好氧填埋技术

好氧型生物反应器填埋场通过强制通风手段来保持填埋垃圾的好氧降解状态，对垃圾的降解速度明显快于厌氧填埋场，目前在国外已有许多中试和生产规模的试验相继开展。虽然好氧型生物反应器填埋场垃圾稳定速率快，渗滤液污染浓度衰减迅速，但需配套通风设备并消耗较多的能源，不太适合我国国情。

准好氧填埋无需动力供氧，空气自然通入，使得填埋场内部存在好氧区域，有利于硝化反应和反硝化反应同时进行，使得渗滤液得到处理，同时加快垃圾的稳定化。近年来在欧洲兴起了在垃圾进入填埋场前进行好氧预处理，其中以渗滤液回灌技术目前研究最为热门。渗滤液回灌是用适当的方法，将在填埋场底部收集到的滤渗液从其覆盖表面或覆盖层下部重新灌入填埋场。通过填埋场覆盖层的土壤净化作用、垃圾填埋层的降解作用和最终覆盖后垃圾填埋场地表植物的吸收作用对其进行净化处理。采用回灌方式进行处理不但节省占地，而且可将填埋场作为一个大的生物滤池，渗滤液经多次回流处理后其流量及有机物含量会越来越少。同时渗滤液的回流又可加速垃圾中有机物的分解稳定，起到缩短填埋场稳定过程的作用。该技术在填埋场内交替使用好氧和厌氧两种工况，通过控制填埋场内的温度和水分状况，加速填埋场的稳定化，提高填埋气的产气速率和CH_4浓度，改善填埋气利用的经济价值，为减少垃圾填埋场温室气体减排创造便利条件。

　　准好氧型生物反应器填埋场是通过自然通风手段保持填埋场的局部好氧状态，比厌氧型稳定速率快，渗滤液氨氮浓度低，同时不需通风设备和消耗能源，但直接排放的气体中甲烷含量仍然较高，易造成二次污染。而且，渗滤液回灌工程的操作环境极其恶劣，表层水含量较高导致正常的垃圾填埋操作（日覆盖、压实等）无法正常继续。渗滤液回灌不但产生恶臭，易受冰冻影响，容易污染地表水，而且长期回灌使渗滤液中某些无法生物降解的污染物浓度极高，最终仍需定期单独处理后排放。

　　综上可知，填埋场封场前期的甲烷抑制、产气高峰期的填埋气发电和填埋后期的生物覆盖层氧化作为一整套技术，可以有效地解决生活垃圾填埋场温室气体减排问题。2007 年6 月4 日国务院印发了《中国应对气候变化国家方案》。该方案承诺，中国将采取一系列法律、经济、行政及技术等手段，减缓温室气体排放，并提高适应气候变化的能力。作为发展中国家，中国目前不承担温室气体减排义务。但是在清洁发展机制下，通过和发达国家进行温室气体减排项目合作，既可以帮助发达国家完成其减排义务，也可以促进中国的可持续发展，给中国引进国外技术和资金提供一种新的机遇。目前，中国已成为国际CDM 市场上最大的卖家。可以相信，垃圾填埋气体回收利用和辅助减排技术存在着巨大的温室气体减排空间，企业可以利用 CDM 的契机，与发达国家合作，解决资金和技术难题，获得额外的经济效益，最终促进我国垃圾处理事业的发展。

第 5 章 填埋场的稳定化过程及
生态恢复与开发

在人类文明演进的过程中，如何处理处置人类由于自身生存和发展的需要所产生并丢弃的废弃物始终是一个无法忽略和回避的问题。历史步入 21 世纪，人类深刻地认识到环境污染将会给自己带来怎样的危害，可持续发展的绿色循环经济思想被提到了前所未有的高度，人类的环境意识和生活方式正经历着重大的变革。同样，人类对于自己日常生活中产生的废弃物的处理处置模式也正由传统的土地填埋、堆肥和焚烧三种主要方式向从源头开始减量控制、以分类循环再生综合利用为主并辅以传统技术作为最终处置方式的新型模式转变，目标是达到废弃物零排放的理想状态。但是在目前的技术水平和实际情况下，循环再生并不能完全使废弃物达到零排放，堆肥和焚烧也必然存在一部分无法利用的残渣。所以，土地填埋作为其他处置技术的辅助方式，仍然是废弃物最终处置与消纳的可靠途径，且将在今后相当长的时间内继续存在。

从世界范围内看，城市生活垃圾的土地处理已经有一百多年的历史，但是所谓的卫生填埋场却只有几十年。在 20 世纪 50 年代以前，垃圾的土地处理几乎就是简易堆放和简单矿坑填埋，无任何工程措施，从而造成了垃圾堆放场地周围的地下水受到不同程度的污染，许多原本在一般地下水中不存在的有毒有害物质在这些简易堆场周围的地下水中被检出，另外，未加疏导和处理的填埋气（Landfill Gas，LFG）也严重污染了周围空气，甚至造成爆炸事故。从 20 世纪 50 年代开始，英美等国才开始修建卫生填埋场的专用垃圾处理处置场地。卫生填埋场最初是不设防渗衬垫和渗滤液收集设施的自然衰减型填埋场。发展至 20 世纪 70 年代开始的封闭型卫生填埋场，将垃圾和周围环境完全隔离开来使其缓慢地进行厌氧降解。近年来，日本和欧美各国把重点转向生物反应器（Bioreactor）的研究，即通过各种工程措施向填埋场内鼓风或回灌渗滤液，使垃圾处于高含水率的好氧状态以加速其降解过程。但是不管采用何种方式进行填埋，都将占用大量的土地。随着城市人口的增长和城市规模的扩大，适合于填埋的土地也必将成为一种稀缺的资源。

我国现有城市人口约 5 亿，城市近 700 座，包括县城在内的中小城镇几千座。随着城市化的发展，每个城镇都面临着城市生活垃圾日益增长与处理设施不足的矛盾。越来越多的城镇正在进行生活垃圾处理的规划。由于填埋法运行费用相对较低，在选择生活垃圾处理技术时，各地基本上都是把填埋处置作为重点来考虑的。

我国卫生填埋场的建设大约始于 20 世纪 80 年代，只有短短二十几年时间，各大中城市基本是最近几年才开始兴建严格意义上标准化的卫生填埋场。我国现有卫生填埋场以及有工程控制措施的堆放场有上百座。填埋场的建设与运行已成为城市管理的重要部分。但是目前我国部分城市的生活垃圾仍采用传统的处理方式，即便是已经采用填埋、焚烧等无害化处理方式的城市，过去所使用的旧垃圾场仍然有很多分布在城市的四周，没有采取严格的环保措施，不断地污染着环境。

一旦填埋场的可填埋容量被使用完毕并进行封场处理，就会出现一块面积非常可观的土地，如果该场址满足或者经整治修复后满足有关法规和标准的要求，就可以用作其他用途的建设和使用。终场后的填埋场选择什么用途，受到国家和地方关于填埋场封场及封场后维护的法规的限制。所以，在填埋场的规划时就应该作出其场址利用的计划，这样在填埋场的运行和封场时就可以有目的地根据场址利用规划来操作。

　　我国环境方面的法规体系虽然正在逐步发展和成熟，但是涉及固体废弃物的处理处置与资源化，尤其是在城市生活垃圾卫生填埋方面的立法和技术标准尚有待完善。

　　从我国现有的关于填埋场运行与管理的法规和标准来看，关于填埋场封场和封场后的监测与维护方面还存在很多不足，具体分析如下：

　　（1）我国并未明文要求在填埋场审批阶段必须递交明确的封场和封场后监测、维护与开发利用规划，这必然导致填埋场的运行和管理部门对此认识不足，无法给予足够的重视，最终使得填埋场封场后没有得到妥善的维护和管理，造成各种污染问题和事故的发生。

　　（2）我国的生活垃圾填埋场基本上属于政府部门管理，每年的运行费用是由国家和地方财政拨款支出，但一般没有为填埋场封场和封场后的监测与维护单独留出必要的资金，而且职责也不明确。

　　（3）我国的法规和标准只要求在填埋场封场后三年内的不稳定期进行监测，而实际上填埋场在封场后的二三十年都有可能未达到稳定化。由于垃圾的不断降解，渗滤液、填埋气和地表沉降等问题的存在使得填埋场在短短的三年时间内绝不可能进入安全期。因此三年监测时间是远远不够的。

5.1　填埋场的终场处理

5.1.1　填埋场的封场与封场后的管理

　　填埋场的封场与封场后的管理（closure and post-closure care）指的是使用完毕的填埋场在未来需要做的工作。

　　在填埋场的整个生命周期中，甲烷气的产量在封场阶段可能达到其顶峰。由于垃圾的降解导致的不均匀沉降也是一个严重的问题。如果在封场单元上铺设很厚的覆盖土层或者建造大型混凝土建筑都会使不均匀沉降更加恶化，甚至导致覆盖系统的失效。因此，必须妥善进行封场工作。

　　只要填埋场还在不断地产生填埋气和渗滤液等垃圾分解的副产物，就存在继续监测和维护的需要。封场后的管理是任何填埋场整体管理系统不可缺少的一部分。为了确保使用完毕的填埋场在未来30~50年内保持完好，必须留有足够的资金用于封场后的维护。

　　在填埋场使用完毕后的长期维护中，最重要的一点在于事先要制定一个详细而清楚的封场规划，其中包括最终覆盖层的设计和封场后场址的景观设计，长期的径流和侵蚀控制与管理、填埋气和渗滤液的收集与处理、环境监测等规划内容，以及稳定化填埋场场址土地开发利用规划等。

　　为了保证在封场期间以及封场后相当长一段时间内，填埋场周围的环境质量能够得到有效的控制，封场规划必须尽早制定。通常在填埋场的设计和施工阶段就应该根据国家和地方的有关法规明确封场的步骤和封场后的管理等事宜。在美国，由于和填埋场有关的法规越来越严格，填埋场的封场规划已经被要求作为场址审批程序的一部分，早在填埋场的建设和运行之前就需要确定。

填埋场投入使用时制定的封场规划在以后的运行中可能会有所改变，因此，封场规划应当定期得到更新。例如，在美国的加州，封场规划每 5 年更新一次，或者在填埋场操作有了重大改变之后也需要更新。最终的封场规划必须在填埋场停止填埋之前确定下来。填埋场封场规划的主要内容见表 5-1。

表 5-1　填埋场封场规划的要点

要　点	需 要 做 的 工 作
封场后土地的利用	制定并明确合适的利用规划
最终覆盖层设计	选择防渗层、最终覆盖的地表坡度和植被
地表水导排控制系统	计算暴雨流量并选择导排沟渠的周长和大小以收集雨水径流防止流失
填埋气控制	选择监测填埋气的位置和频率，如果需要的话，设置气体抽取井和燃烧装置等设施
渗滤液控制与处理	如果需要的话，设置渗滤液导排与处理设施
环境监测系统	选择采样点位置和监测频率以及测试的指标

5.1.2　最终覆盖系统

当填埋场的填埋容量使用完毕之后，需要对整个填埋场或填埋单元进行最终覆盖。最终覆盖是填埋场整体规划的一部分。填埋场最终覆盖系统的基本功能是将垃圾与环境隔离，减轻感观上的厌恶感，避免为有害动物或细菌提供孳生的场所，便于设备的使用和车辆的行驶，为植被的生长提供土壤，同时控制填埋气的迁移扩散并使地表水的渗入量最小化从而减少渗滤液的产生。根据垃圾的特性、可获取的覆盖材料以及场址情况的不同，最终覆盖系统必须和每一个特定填埋场的特殊情况相适应。因此，和填埋场有关的设计和建设标准所规定的一般性最终覆盖系统只具有指导性意义，当涉及某个具体的场址时必须根据实际情况来确定。

最终覆盖系统设计的主要目标是：

（1）如果垃圾要求保持干燥的话，必须使地表水的渗入量最小。

（2）促进地表排水并使径流最大化。

（3）控制填埋气的迁移。

（4）为使垃圾和人群、植物、动物隔离提供一个物理屏障。

在目前的应用中，最终覆盖的主要功能是使渗入的地表水最小化从而减少渗滤液的产生量。影响渗滤液产生的关键因素是降雨通过最终覆盖层进入下面垃圾层的渗透能力，渗透率的大小依覆盖层所采用的材料（如土质或人工土工材料）、覆盖层相关的物理性质（如水力传导性和持水能力）、覆盖层长期的完整性以及填埋场所在地区的气候条件等的差异而有所不同。例如，随着时间的推移，使用土壤的最终覆盖层可能会因为侵蚀、不均匀沉降、冰冻—解冻周期以及干燥等原因而发生改变。

在设计最终覆盖系统的时候，可以参考以下流程图（见图 5-1），它提供了覆盖层结

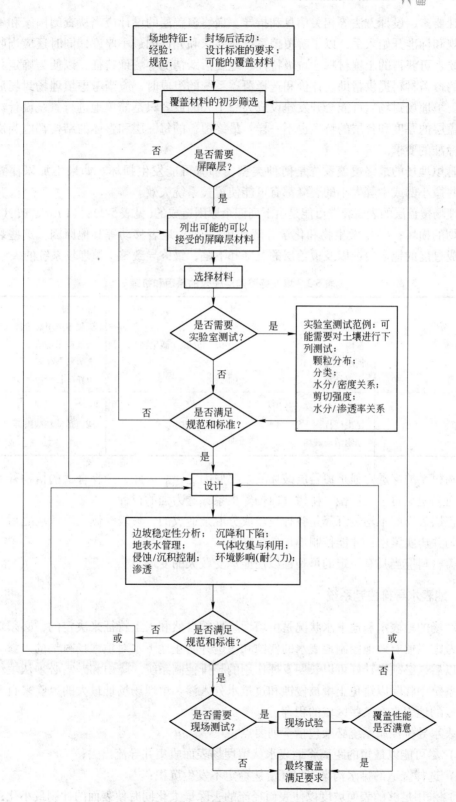

图 5-1　选择最终覆盖系统组成的流程

构、设计要素、设计方法等相关信息和指导。最终覆盖层的设计应当从查阅国家和地方相关的法规和标准开始入手，以了解覆盖系统所要求和允许的最小厚度，同时还应当收集和分析气候、可获得的土壤材料、垃圾特性、地震活跃情况等场址特征，以便为确定具有合适性质的覆盖材料提供帮助。评价和选择覆盖系统的组成时，应当考虑填埋场封场后计划的活动。填埋场封场后可能会开发建设成为一个公园或者只是简单地进行景观设计，因而最终覆盖层的厚度和各层的特性也不一样。最终覆盖的每一层和整体的结构都应当满足有关设计标准的要求。

不管填埋场的最终覆盖系统是何种类型，都有可能发生损坏。如果不加以注意和维护，那些微小的或中等大小的裂缝都有可能使覆盖系统失效。

填埋场覆盖层的表面裂缝可能是由下列四个原因造成的(见表 5-2)：（1）天气；（2）植物和动物的损坏；（3）微生物和化学分解作用；（4）地表移动等其他原因。这些裂缝可能会造成过度的地表侵蚀以及覆盖层的沉降和下陷，最终导致整个填埋场系统的失效。

表 5-2   填埋场覆盖层失效的原因和机理

(1) 天气	洪水； 冰冻—解冻； 暴雨； 河水泛滥； 干湿交替	(3) 分解（微生物）	好氧阶段； 厌氧不产甲烷阶段； 厌氧产甲烷阶段； 厌氧状态减弱； 重新生长阶段
(2) 动植物	植物根系的穿透作用； 昆虫侵扰； 动物活动破坏	(4) 其他	构造运动和酸雨等

植物根系的穿透力强是覆盖层破坏的主要原因之一。因此，选择合适的植物种类非常重要，应当避免竹子、银桦、柳树、白杨等根系穿透力强的树种。

覆盖层表面的不均匀沉降是各种垃圾成分混杂造成的，垃圾被倾入填埋场之后，应当铺设均匀并压实紧密，才能控制不均匀沉降。

覆盖材料应当具有一定的可塑性以便能承受较大的变形。

5.1.3   地表水导排控制系统

填埋场的地表水和地下水状况是由填埋场址的自然和人工特征来决定的，必须对其进行整体考虑以便有效地控制地表水的侵蚀和渗透并防止地下水对填埋场衬垫的入渗。填埋场封场以后，必须设计好可以长期发挥作用的导排控制系统。降雨和融雪必须从填埋场最终覆盖系统中移除以避免土壤被侵蚀和过量水分入渗。填埋场场址最大的风险来自于地面下陷造成的地表水在某些区域的积存。

地表水导排控制系统必须包括下列要点：

（1）尽可能以最短的距离将地表水从填埋场表面收集并导流出去；

（2）选择合适的排水沟渠以保证流速稳定不发生沉积；

（3）采用足够的表面坡度以使表面径流的去除最大化同时使表面的冲刷最小化；

（4）详细标明排水沟渠的材料特性从而可以在填埋场发生沉降下陷的情况下及时进行

修补和更换。

5.1.4 填埋气的控制

填埋场封场后必须对填埋气的产生进行严格的控制。典型的填埋气控制设施包括抽气井、收集与传输管道以及沼气燃烧设施。填埋场使用期间所铺设的填埋气控制系统在封场后仍然需要使用，该系统中最重要的部分在于最终覆盖层中沼气井、阀门和收集管道的选材和安装。管道的材料必须足够柔韧以便能承受场地沉降时的移动，同时强度也必须足够从而可以经受住维护地表植被和沼气收集系统时车辆的行驶。

封场后的填埋气中甲烷比例可能不足以支持燃烧，这一点在填埋气的管理中必须考虑。如果预计到这种情况可能会发生，就必须采取措施提供辅助燃料来保证填埋气的燃烧，尤其是在需要严格控制挥发性有机物（VOC）的释放的时候。

5.1.5 渗滤液的控制与处理

渗滤液除了会污染地下水之外，还可能转移在地表以下不饱和环境里由于分压的改变而溶解的有机物质中。为了使渗滤液向地下水的迁移以及其中溶解成分的释放最小化，必须严格控制填埋场衬垫系统的建设质量。填埋场封场后需要控制和处理的渗滤液产量由最终覆盖层的设计，填埋垃圾的成分，以及当地气候尤其是降雨量等因素所决定。在铺设了有效的最终覆盖系统的情况下，封场后渗滤液的产量将逐渐减少，直至仅能收集到由于垃圾降解所产生的渗滤液。

渗滤液的收集与处理设施在填埋场投入使用阶段就应该设计并建造好，封场后继续使用。封场后的填埋场逐渐稳定，渗滤液的产量以及其中的 BOD_5 和 COD 都将逐渐下降。

5.1.6 环境监测系统

环境监测系统是填埋场终场规划中不可或缺的一部分，必须确保填埋场的整体性得到良好的维护，同时避免任何污染物无控制地向环境释放。目前的法规中并没有明确规定填埋场封场后环境监测的标准方法和设施，因此必须选择能够全面跟踪污染物从填埋场向水体、大气和土壤环境转移的监测方法和设施。

5.2 填埋场稳定化

5.2.1 填埋场稳定化的概念

当填埋场的可填埋容量使用完毕，并且进行了最终覆盖和封场之后，填埋场内部填埋的垃圾会发生一系列的自然生物与生化反应过程，最终将使填埋场稳定化，从而可以进行再利用或者作其他用途使用。

填埋场封场若干年后，填埋场内垃圾的可降解有机组分基本完全降解，可浸出的无机盐由渗滤液带走，渗滤液不经处理即可直接排放，垃圾层基本无气体产生，场地表面自然沉降停止，这时，可以认为填埋场达到稳定状态。卫生填埋场从垃圾分层、分块填埋，覆土，封场至达到稳定化状态称为稳定化过程。

对于生活垃圾填埋场，这一过程主要是有机物的生物降解过程，即垃圾中的可生物降解成分在微生物的作用下逐渐分解为二氧化碳和水，从而垃圾达到减容的过程。因此渗滤液中有机物的浓度可以反映这一过程。无论什么条件，当有机物降解到较小的分子后，大部分可以溶解进入水中；当渗滤液中的有机物浓度达到稳定（或变化小于某个数值）时，可以认为填埋层中有机物的分解达到稳定，因而填埋层达到稳定状态（或认为开始进入稳定状态）。这时垃圾中厨余物以及纸类、草木类、纤维类中的有机成分（糖类、淀粉、脂肪、蛋白质、纤维素、木质素等）基本分解完毕，分解速度慢的木质素则在填埋层中逐渐积累，与死亡微生物中的蛋白质等物质重新聚合，形成比较稳定的腐殖质，以后慢慢分解。同时垃圾渗滤液中的 BOD/COD 值将会小于 0.1，甚至小于 0.01。

填埋场稳定化的过程一般要持续几十年甚至上百年。美国环保署规定，填埋场封场后必须持续三十年进行监测和维护，以确保填埋场达到稳定化。

5.2.2　填埋场稳定化过程的划分

填埋场稳定化是一个同时进行着物理、化学和生物反应（生物反应占主导地位）的复杂而又漫长的过程，一般要持续几十年甚至上百年。根据垃圾的降解过程，大体上可将填埋场稳定化过程分为五个阶段，即初始调整（Initial adjustment）阶段、过渡（Transition）阶段、酸化（Acid）阶段、甲烷发酵（Methane fermentation）阶段和成熟（Maturation）阶段。

（1）第一阶段（初始调整阶段）。垃圾填入填埋场内，填埋场稳定化即进入初始调整阶段。此阶段内垃圾中易降解组分迅速与填埋垃圾所夹带的氧气发生好氧生物降解反应，生成 CO_2 和水，同时释放一定的热量，垃圾温度明显升高。

（2）第二阶段（过渡阶段）。在此阶段，填埋场内氧气被消耗尽，填埋场内开始形成厌氧条件，垃圾降解由好氧降解过渡到兼性厌氧降解，起主要作用的微生物是兼性厌氧菌和真菌；垃圾中的硝酸盐和硫酸盐分别被还原为 N_2 和 H_2S，填埋场内氧化还原电位逐渐降低，渗滤液 pH 值开始下降。

（3）第三阶段（酸化阶段）。填埋气中 H_2 含量达到最大，填埋场稳定化即进入酸化阶段。在此阶段，对垃圾降解起主要作用的微生物是兼性和专性厌氧细菌，填埋气的主要组分是 CO_2，渗滤液 COD、VFA（挥发性脂肪酸）和金属离子浓度继续上升至中期达到最低值（5.0 甚至更低），此后慢慢上升。

（4）第四阶段（甲烷发酵阶段）。当填埋气 H_2 含量下降至很低时，填埋场稳定化即进入甲烷发酵阶段，此时产甲烷菌将醋酸和其他有机酸以及 H_2 转化为 CH_4。在此阶段前期，填埋气 CH_4 含量上升至 50% 左右，渗滤液 COD、BOD_5 及金属离子浓度和电导率迅速下降，渗滤液 pH 值上升至 6.8~8.0；此后，填埋气 CH_4 含量和渗滤液 pH 值分别稳定在55% 和 6.8~8.0，渗滤液 COD、BOD_5 及金属离子浓度和电导率则缓慢下降。

（5）第五阶段（成熟阶段）。当垃圾中生物易降解组分基本被分解完时，填埋场稳定化就进入了成熟阶段。此阶段，填埋气的主要组分依然是 CO_2 和 CH_4，但其产率显著降低，渗滤液常常含有一定量的难降解腐殖酸和富里酸。

5.2.3　填埋场稳定化的影响因素

影响填埋场稳定化的因素有很多。

5.2.3.1　垃圾组成

不同垃圾组分，分解速度不同。果类、蔬菜和粮食等食品分解的速度快，而塑料、橡

胶等人工合成高分子材料的分解则很缓慢。

适量的碳、氢、氮、钠、钾、钙、镁、磷和微量的铁、锰、钼、铜、锌、钴、铯、钨、镍等元素，都是微生物生长必不可少的营养成分。

同时，垃圾中过量的重金属汞、银、铜及其化合物能与酶的-SH基结合，使酶失去活性，或与菌体蛋白结合使之变性或沉淀，因此，对垃圾的分解有抑制作用。卤素及其他氧化剂的杀菌能力很强，酚、醇、醛等有机化合物能使蛋白质变性，它们都会抑制微生物的活动，从而减缓垃圾的降解速度。当垃圾内作为电子受体的硫酸盐含量过高时，硫酸盐还原反应在与利用 H_2/CO_2 或醋酸盐产甲烷反应竞争电子供体 H_2 时处于优势低位，硫酸盐优先被还原成 H_2S，而 H_2/CO_2 或醋酸盐生成甲烷的反应则受到抑制，会减缓垃圾降解速度。

因此，在对垃圾渗滤液分析后，针对性地加入所缺少的营养成分，或采取措施减轻或消除因某些组分含量过多而带来的不利影响，都能使垃圾的降解得到不同程度的加快。实验表明，往垃圾中加入少量的 KH_2PO_4、KCl、$(NH_4)_2CO_3$ 或 $FeCl_3$ 能加快垃圾的降解，而少量的 Na_2MoO_4、Na_2WO_4、$CuSO_4$ 或 $K_2Cr_2O_3$ 对垃圾降解则有一定的抑制作用。

5.2.3.2 垃圾含水量

水是微生物代谢过程必不可少的，垃圾水分含量高，能使垃圾内微生物容易得到营养物质，有助于微生物繁殖，从而加快垃圾降解速度。

5.2.3.3 垃圾预处理与填埋作业方式

垃圾填埋前先破碎，对垃圾的降解既有利也有弊。目前大多数城市一般对垃圾实行袋装化收集，有利于垃圾运输，但在填埋中如果不破碎，打包的垃圾处于相对"封闭"的状态，不利于其降解。垃圾破碎，可以减小垃圾粒径、改善压实效果，增加填埋场垃圾的纳入量，减轻垃圾降解不均匀给填埋场的维护和管理带来的不便，消除包装袋对垃圾填埋的不利影响；同时，又能使垃圾比表面积增大，可扩大固液接触面，促进胞外酶对垃圾中生物可降解大分子有机化合物的分解作用，使生物可降解大分子有机化合物的固态分解产物更快扩散到水中，从而有利于其分解。垃圾破碎不利的一面在于会延长垃圾厌氧降解产酸阶段，使垃圾渗滤液长时间处于低 pH 值、高有机碳浓度的状态下，不利于甲烷的产生，减慢了垃圾降解速度。

在常规填埋作业前，先将垃圾置于填埋单元底层（厚度 1m），不压实不覆盖，使其自然好氧堆肥约 12 个月，是另一种预处理方式。在填埋场对垃圾进行堆肥预处理，能使填埋单元的底层在填埋场封场后立即进入厌氧降解产甲烷阶段，有利于加快垃圾降解速率。研究表明，填埋场对垃圾实行堆肥预处理，在加快渗滤液 COD 浓度下降方面的效果要明显好于回灌。

填埋场的日常作业方式对填埋场的稳定化也有影响。在填埋作业时对垃圾进行压实，能减少垃圾携带的氧气量，缩短垃圾好氧降解过程，不利于垃圾快速降解。但是压实也能改变单位体积垃圾的水分含量，当垃圾水分含量低于饱和状态时，垃圾压实密度越大，单位体积内的水分含量越多，垃圾中微生物越容易得到水分，微生物越活跃，因此越有利于垃圾降解。而当垃圾水分含量处于饱和状态时，垃圾压实密度越大，单位体积垃圾内的水分含量越少，垃圾中微生物可利用的水分含量越少，不利于微生物的活动，因而不利于垃圾的降解。

填埋场的日覆盖土壤和最终覆盖系统，不仅能减少进入垃圾层的氧气量，缩短垃圾好氧降解过程，而且还能大大减少进入垃圾层的降雨量，因而不利于垃圾的快速降解。

在填埋单元铺设沼气导排管，不但可以回收利用填埋气中的甲烷，消除填埋场甲烷降解的危险性，还可以加速填埋场内部垃圾的降解。填埋场内 CO_2 和 CH_4 的分压增大，不利于生成它们的反应物（多肽、多聚糖、葡萄糖、氨基酸、长链有机酸、醋酸等）的分解。良好的导气系统，能及时导排出垃圾降解的最终产物 CO_2 和 CH_4，减小 CO_2 和 CH_4 的分压，从而有利于垃圾的降解和填埋场的稳定化。

回灌是目前国内外填埋场常用的一种减少渗滤液量并处理渗滤液的方法，能增大垃圾层的水分含量，并使渗滤液中微生物的营养成分返回到填埋场中。因此，渗滤液回灌能加快垃圾降解速度，使渗滤液浓度下降速度变快，提高填埋场产甲烷的速率，加快填埋场的沉降速率和总沉降幅度，是有利于填埋场的稳定的。

5.2.3.4　填埋场水文气象条件

填埋场所在地区的水文气象条件也是影响填埋场稳定化的重要因素。垃圾降解是一种微生物作用的酶催化反应，其反应速度对温度的变化很敏感，温度过高或者过低都不利于反应的进行。有研究表明，当垃圾处于 41℃ 条件下时，其降解速度最大，填埋气的产量也达到最大，温度高于或低于 41℃，垃圾降解速度都会变慢，当稳定高于 70℃ 或低于 - 5℃ 时，微生物将停止活动，垃圾也无法继续降解。赵由才等研究证明，负温条件（ - 13 ~ 0℃）下，垃圾的降解速度明显小于低温环境（4 ~ 10℃）。

在填埋场稳定化进程中，填埋场地与填埋场垃圾层存在温度差，填埋场地的气温直接影响到填埋场垃圾层温度，从而影响到垃圾的降解。但是在填埋场内部，由于垃圾填埋深度不同，其温度受填埋场地气温影响的程度也不同，垃圾填埋越深，所受气温影响越小，当填埋深度大于 2.1m 时，其温度受场地气温影响已不明显，当填埋深度大于 4.7m 时，其温度则已基本不受场地气温影响。因此，在纬度较高的地区，如果填埋场内垃圾填埋的深度较小，垃圾降解的速率在冬季就会受到气温降低的影响。

填埋场所在地区的降雨量是另一个重要的水文气象因素。通过覆盖层渗透到垃圾层的雨水，是填埋场垃圾渗滤液的主要来源。填埋场所在地区的降雨量多，则单位质量干垃圾产生的渗滤液量也增加；单位质量干垃圾中微生物可利用的水分越多，越有利于微生物的活动，因而有利于垃圾的降解。单位质量干垃圾产生的渗滤液量较大时，单位时间内流经垃圾层的渗滤液增多，也就越有利于垃圾降解的最终产物排出填埋单元，从而在一定程度上加快垃圾的降解。然而，如果通过覆盖层渗透到垃圾层的雨水过多，过多的渗滤液会使微生物的营养物"冲洗"过快，反而不利于垃圾的降解。

5.2.3.5　渗滤液的 pH 值与氧化还原电位

渗滤液的 pH 值与氧化还原电位（Eh）影响微生物的生化降解反应。垃圾降解是酶催化反应，其反应速度对酸度的变化很敏感。酶反应与酸度的关系很大，每个酶反应都有一个最适宜的 pH 值，pH 值升高或降低都将削弱催化活性。pH 值在 6.8 ~ 7.2 范围内最有利于甲烷的生成。

在垃圾填埋后的初期，渗滤液呈弱酸性。此时，直接向垃圾层加入缓冲溶液（如碳酸氢钠、石灰等）或在填埋场渗滤液回灌的同时向渗滤液中加入适当浓度的缓冲溶液，对渗滤液酸度进行中和，都能促进甲烷的产生，加速填埋场稳定化进程。

另外，由于各种微生物要求的氧化还原电位是不同的，一般好氧微生物要求 Eh 为 +300 ~ +400mV，Eh 在 +100mV 以上好氧微生物可以生长，兼性厌氧微生物在 +100mV 以上时进行好氧呼吸，在 +100mV 以下时进行无氧呼吸。专性厌氧细菌要求 Eh 为 -200 ~ -250mV，专性厌氧产甲烷菌要求的 Eh 更低，为 -300 ~ -600mV。所以，渗滤液的氧化还原电位会影响填埋场内部垃圾层中各种微生物的活性，进而影响垃圾的降解和填埋场的稳定化。

5.2.3.6　微生物群落

垃圾填埋场实际上是一个巨大的生物反应器，在垃圾降解的不同阶段，微生物的群落和作用都不同。如果控制适当的条件，使不同分解阶段起主导作用的微生物优先大量繁殖，就可以促进垃圾的降解和加速填埋场的稳定化进程。

微生物的生长繁殖可以分为 6 个阶段：适应期、加速期、对数期、减速期、静止期和衰亡期，加速期和减速期历时都很短。每种微生物在被填埋的垃圾中都要经历一段适应期后，才能在适宜的环境中大量繁殖。垃圾被填埋一定时间以后，其内部的细菌处于对数繁殖期。若在填埋作业时加入一定量的陈垃圾或厌氧活性污泥，对新鲜垃圾进行细菌接种，可以缩短细菌的适应性，加快垃圾的降解。同时，在填埋时对底层垃圾进行好氧堆肥预处理，也能达到同样的效果。

5.2.4　填埋场稳定化的评价标准

在填埋场的设计、施工、运行时就应该考虑加快填埋层的稳定。对于填埋场场址的稳定化评价，一般主要需要考虑：（1）沉降速度；（2）渗滤液水质变化；（3）气体产生量与成分变化；（4）填埋层中温度变化。虽然国内填埋场方面的专家对此已经作了许多研究，但是我国目前还没有一个完整的填埋场稳定化评价体系。

在同济大学和上海市环卫局的专家的努力下，上海市废弃物老港处置场的稳定化研究取得了突破性的成果。通过大规模现场试验，连续 3.5 年监测渗滤液、沼气及沉降变化，在数学模拟的基础上，预测出根据不同条件，老港填埋场稳定化时间为 15 ~ 20 年。对于老港填埋场的利用，作为农业用地需在 2 ~ 3 年后，作为普通用地至少需 15 ~ 20 年以上，但仍不可作为承载要求高的建筑用地。

美国的法规一般规定填埋场封场后的监测与维护必须在至少 30 年后才能停止，而我国则未特别指明年限。封场后的维护一般包括渗滤液的收集与处理以及监测填埋气不迁移出场外产生爆炸危险。由于某些垃圾的稳定化需要 30 年以上的时间，所以很难判断填埋场在规定的年限到了以后是否已经足够稳定。对于进行渗滤液回灌的填埋场，垃圾的降解速度加快，封场后的监测维护期是可以缩短的。对于这两种情况，目前尚没有一个合适的评价体系。

5.3　填埋场终场后的生态恢复

5.3.1　生态恢复与填埋场生态

植被恢复是重建任何生物群落的第一步，它是以人工手段促进植被在短时间内得以恢复。只要不是在极端的自然条件下，植被可以在一个较长的时期内自然发生。其过程通常是：适应性物种的进入，土壤肥力的缓慢积累，结构的缓慢改善，毒性的缓慢下降，新的适应性物种的进入，新的环境条件变化，群落的进入。

植被恢复需要解决四个问题：（1）物理条件；（2）营养条件；（3）土壤的毒性；（4）合适的物种。通常一个地方，只要有植被扎根的土壤，有一定的水分供应，有适宜的营养成分，没有过量的毒性，总能比较容易地恢复植被。植被恢复的主要方法有：（1）直接植被法；（2）覆土植被法。有资料表明：对于草本植物的正常生长，需要铺 60cm 厚的土壤，对于木本植物，土层厚 2m 以上，以防植被退化。

填埋场封场以后，就相当于一块特殊的废弃土地，有着特殊的土地性质。通常在自然和一定程度人工介入的条件下，会逐渐发生一种类似于次生生态演替的过程，其前提是有合适的植被层土壤条件、先锋植物的种子或人工播种、适宜的气候条件，并且无特殊有毒有害物质存在。

填埋场封场后的生态恢复需要经历以下步骤：

（1）最终覆盖系统形成适宜的植被层土壤条件；

（2）填埋场的稳定化；

（3）植被恢复。

5.3.2　填埋场终场后的生态恢复

在世界上许多地区，尤其是发达国家的大都市，由于人口高速增长和经济的发展，旧的填埋场址，甚至某些正在使用的填埋场址，已经被工业、商业和居住区的设施所包围。现代化城区的扩展急需开发新的闲置地段来满足其对土地日益增长的要求，因此一度作为废弃物处置场所的填埋场址也成为土地复垦开发的特殊热点。封场后的填埋场址可以用作公园、娱乐场所、自然保护区、植物园、作物种植，甚至是商用设施。在美国，上述各种开发都有成功的范例，但是每一处都有其独有的特征。

封场后的填埋场址选择什么样的开发利用方式取决于当地社区的需要和开发计划所能获得的资金。举例来说，建造一个设施有限适于野生动物生存的公园就比高尔夫球场和多功能娱乐场所的花费要少。但是上面提及的所有终场开发计划都具有一个共同点——它们都需要植被来实现其功能。本节将讨论填埋场封场后植被重建过程中遇到的问题和解决的办法。

5.3.2.1　限制植被生长的因素

封场后的生活垃圾填埋场限制植被生长的因素包括填埋气对植物根系有毒性、土壤含氧量低、覆盖土层薄、离子交换容量有限、营养水平低、持水能力低、土壤含水率低、土壤温度高、土壤压实过密、土壤结构差以及植被种类选择不当。

A　对根系的毒性

封闭的填埋场中垃圾厌氧分解产生的气体主要是 CO_2 和 CH_4。尽管 CH_4 自身没有毒性，但是研究显示，高浓度的 CO_2 对植物却是有着直接的毒性的，其危害表现在 CO_2 能够取代氧气，从而导致植物处于厌氧环境中难以存活。CO_2 和 CH_4 在填埋气中的比例占了 95% 以上，H_2S、氨气、氢气、硫醇以及乙烯占另外 5%，其中 H_2S 和乙烯被认为即使只有微量也是对植物有毒的。

对填埋场土壤的研究表明，充满了填埋气的还原态土壤环境可能提高某些痕量元素的水平，并且有可能浓度高至对植物有毒性的水平。尽管可能存在毒性危害，尚无法证实过量的镉、铜和锌等痕量元素是否真的会伤害填埋场上种植的植物。

B 氧气水平低

土壤中的孔隙被水分和空气交替占据。在降雨或灌溉之后，水分取代空气，占据了土壤孔隙。由于重力的作用将水分从较大的孔隙中拽出来，使空气得以进去。植物生长是否良好取决于在降雨和灌溉的间歇是否有足够的大孔隙保持空气以及是否有足够的小孔隙保持水分。因为植物根系氧气的供给依赖于土壤保持空气的能力，任何减少土壤孔隙的过程对植物生长都是有害的。重型机械对土壤的压实，尤其是对于结构很差的填埋场覆盖土，会使得植物的生长更加困难。

C 有机质含量低

我国大多数土壤中有机质的含量为1%～5%，而薄沙地则小于0.50%，在一般耕地耕层中有机质含量只占土壤干重的0.5%～2.5%，耕层以下更少，但它的作用却很大。土壤有机质是构成土壤肥力的重要因素之一，它和矿物质紧密地结合在一起，对土壤的物理化学性状影响很大。由于土壤有机质具有较大的阳离子吸持容量，并能螯合或配合许多重金属，所以，富含有机质的土壤可以降低植物对重金属的可利用性。

土壤有机质的组成很复杂，按其分解程度大体可分为三大类：

(1) 新鲜有机质——分解很少，仍保持原来形态的动植物残体。

(2) 半分解有机质——动植物残体的半分解产物及微生物的代谢产物。

(3) 腐殖质——有机物质经分解和合成而形成的腐殖质。

其中，腐殖质是指新鲜有机质经过微生物分解转化所形成的黑色胶体物质，一般占土壤有机质总量的85%～90%以上。腐殖质的作用主要有以下几点：

(1) 作物养分的主要来源。腐殖质既含有氮、磷、钾、硫、钙等大量元素，还有微量元素，经微生物分解可以释放出来供作物吸收利用。

(2) 增强土壤的吸水、保肥能力。腐殖质是一种有机胶体，吸水保肥能力很强，一般黏粒的吸水率为50%～60%，而腐殖质的吸水率则高达400%～600%；保肥能力是黏粒的6～10倍。

(3) 改良土壤物理性质。腐殖质是形成团粒结构的良好胶结剂，可以提高黏重土壤的疏松度和通气性，改变砂土的松散状态。同时，由于它的颜色较深，有利吸收阳光，提高土壤温度。

(4) 促进土壤微生物的活动。腐殖质为微生物活动提供了丰富的养分和能量，又能调节土壤酸碱反应，因而有利微生物活动，促进土壤养分的转化。

(5) 刺激作物生长发育。有机质在分解过程中产生的腐殖酸、有机酸、维生素及一些激素，对作物生育有良好的促进作用，可以增强呼吸和对养分的吸收，促进细胞分裂，从而加速根系和地上部分的生长。

D 阳离子交换容量低

阳离子交换容量（CEC）与土壤吸附和保持营养物质的能力有关。胶体状有机物和黏土是土壤中阳离子交换位的主要来源。阳离子被吸附在土壤胶体带负电荷的表面位置，被吸附的阳离子不会从阳离子交换位上被淋洗掉，但是可以被其他阳离子交换。交换位上大量发现的阳离子有 Ca^{2+}、Mg^{2+}、H^+、Na^+、K^+ 和 Al^{3+}。许多必需的营养物都依赖于土壤的阳离子交换容量来获得。土壤的有机质含量低的话，就无法保持营养物并防止其从植物根部被淋洗掉。土壤中有机质含量一般在 2% ~5% 。表 5-3 说明了土壤质地和阳离子交换容量的一般关系。

表 5-3　土壤质地和阳离子交换容量的关系

土壤质地	阳离子交换容量（CEC）meq/100g 干土样	土壤质地	阳离子交换容量（CEC）meq/100g 干土样
砂　石	1 ~5	黏壤土	15 ~30
细砂壤土	5 ~10	黏　土	30 以上
壤土和粉砂壤土	5 ~15		

E　营养水平低

土壤肥力指的是土壤中可获得的植物生长所必需的营养物质水平。有 16 种营养物质被认为是植物生长所必需的，表 5-4 中列出的是它们的元素名和植物能利用的离子形态。H、C 和 O 来源于空气和水；N 来源于空气和土壤；其余均来源于土壤。N、P 和 K 被称为常量营养元素，可以从土壤和所施肥料中大量吸收。微量营养元素（痕量元素）是从土壤中少量吸收的；但是，尽管植物生长仅需少量此类元素，一旦缺少仍旧会对植物生长发育产生负面影响。

表 5-4　植物营养素及其在空气、水和土壤中的一般形态

植物营养素	离子或分子形态	植物营养素	离子或分子形态
碳（C）	CO_2	硫（S）	SO_4^{2-}
氧（O）	CO_2，OH^-，CO_3^{2-}	氯（Cl）	Cl^-
氢（H）	H_2O，H^+	铁（Fe）	Fe^{2+}，Fe^{3+}
氮（N）	NH_4^+，NO_3^-，NO_2^-	硼（B）	H_3BO_3，$H_2BO_3^-$
钙（Ca）	Ca^{2+}	锰（Mn）	Mn^{2+}
钾（K）	K^+	锌（Zn）	Zn^{2+}
镁（Mg）	Mg^{2+}	铜（Cu）	Cu^{2+}
磷（P）	$H_2PO_4^-$，HPO_4^{2-}	钼（Mo）	MoO_4^-

填埋场最终覆盖用土通常都来自于最稳定可靠且最廉价的途径，因此，由于经济上的考虑，填埋场覆盖土土质和营养物质含量经常都比较差。

F　持水能力低

土壤的持水能力取决于土壤的物理性质，尤其需要着重考虑土壤的质地和压实程度。在降雨或灌溉的过程中，土壤中较大的孔隙被水充满。水分逐渐由于重力作用从土壤中渗出，于是空气取代了水在较大孔隙中的位置。水由于毛细管力被保持在较小的土壤孔隙中。含有最佳水分适合植物生长的土壤的质地必须中等，并且有理想的大小孔隙之比。重型机械对填埋场覆盖土的压实使得土壤孔隙尺寸减小，并阻止了水分的入渗和保持。

G　土壤含水率低

土壤含水率低和土壤持水能力是相关的。土壤含水率低有两个原因：压实和土壤的不连续性。压实是现代化填埋作业中必不可少的操作步骤，但是却使土壤的孔隙空间减少，从而破坏了土壤的结构。如果没有足够的孔隙空间，土壤的持水能力就会下降，径流流失也增加，于是土壤变得干旱并且会遭到侵蚀。一般来说，填埋场附近的土壤和填埋场中的土壤相比，径流流失要少，而且入渗的水分也更多。土壤的不连续性是由于填埋作用中垃圾和土壤的分层填埋造成的，从而阻碍了水分在一般土壤剖面中的垂直运动。

H 土壤温度高

封场后填埋场的土壤温度最高有过超过约38℃（100℉）的报道。尽管这样的高温并不常见，但是和其他与土壤有关的问题联系在一起，过高的土壤温度会给植物的生存带来很大的压力。

I 土壤压实过密

在填埋场的日常作业中，为了工程上的需要，每天都要用重型机械将垃圾和土壤分层压实。另外，土壤作为填埋场最终覆盖系统的一部分也要被压实。这样必然导致土壤的孔隙率和渗透率下降，水和空气无法通过土壤剖面，从而植物根系也无法得到生长所必需的空气和水分。

J 土壤结构差

土壤结构指的是土壤颗粒的聚合情况。有机质、铁氧化物、碳酸盐黏土和硅石都可以是聚合剂。有机质是改善土壤结构促进植物生长的最佳聚合材料。大部分由均一尺寸颗粒组成的土壤持水能力低，且有其他问题，会影响植物生长。加入堆肥之类的有机质可以形成一种适于植物生长的颗粒状土壤。大多数土壤中的有机质含量需要在2%~5%。

5.3.2.2 场址状况调查

在开始种植植被之前，必须了解现有的土壤状况。因此，首先需要进行现场勘查，然后测试土壤样品的性质，完成之后，才可能采取必要的措施改善土壤的条件。

A 土壤状况现场勘查

现场勘查的第一步是巡视，需要知道：现场是否有植被存在？如果有，是否健康？有没有死去的植物？如果有，是否有可辨别的已死去或濒死植物地块？通过巡视可以确定可能存在问题的区域，这些区域需要进行一般的土壤测试和填埋气检测。巡视之后，需要紧接着进行下一步勘查。垃圾厌氧分解产生的填埋气有一种腐烂的气味，覆盖土上的小面积裂缝有可能让填埋气泄漏出来，当人从填埋场上走过的时候可以闻得到气味。土壤表面受到扰动时会释放出填埋场内部的气体，这经常是填埋气向场外迁移的早期迹象。更精确的方法是使用便携式甲烷探测仪和硫化氢探测仪。现场勘查的第三步是检验土壤状况。表5-5是现场检验土壤的规则。

表5-5 现场检验土壤规则

特 征	土 壤 环 境		特 征	土 壤 环 境	
	好 氧	厌 氧		好 氧	厌 氧
气味	舒适	腐烂	是否易碎	良好	差
颜色	浅	深	温度	低	高
含水率	低	高			

B 土壤测试

一旦已经采取了上述步骤确定土壤状况，就需要更彻底地来调查土壤的特征。在详细分析土壤之前，封场后的填埋场不应该立即进行植被重建。如果不了解现场的状况和土壤改良的需要，任何种植的企图都会造成对时间和金钱的浪费。

土壤测试应当作为场址调查的一部分来进行，表5-6列出了需要分析的项目，其中包括常量营养元素、微量营养元素、pH值、水力传导率、容积率和有机质含量。根据分析结果，可以仔细设计施肥计划给植物提供营养元素。可能还需要调节土壤pH值至合适的范围。随着pH值下降，某些痕量元素可能超过植物需要的含量，从而产生毒性。高浓度的锌、铜、镁、铁、镉和铅都会给植物造成损伤。2mm/h以下的水力传导率是必需的，它能保持土壤中适量的水分平衡。土壤密度在$120 \sim 139N/m^3$是理想的，但是不能超过$1698km/m^3$。有机质含量应在2%～5%。

表5-6 评价土壤是否适于植物生长所需要的测试项目

测 试 项 目	单 位	元 素
常量营养元素	mg/g(干土)	N、P、K、Ca、Mg、S
微量营养元素	mg/g(干土)	Cl、Cu、B、Fe、Mn、Mo、Zn
pH	无单位	
水力传导率	mm/h	
土壤密度	N/m³	
有机质含量	mg/g(干土)	
阳离子交换容量（CEC）	mol/g(干土)	

5.3.2.3 场地的改善与准备

必须有合适的植被恢复计划才能带来最佳的效果。从理论上来说，填埋场终场后的用途应该在填埋场自身的规划阶段就已经确定。因此，封场后的填埋场需要采取一系列措施来改善现场条件，为植被恢复计划的实施做准备。

在可行的情况下，应该尽量把本地的表土贮存起来，以便日后填埋场封场后最终覆盖系统的使用。尤其是需要采用本地植物将填埋场址恢复至其原有的自然生态状况时，使用本地原来的土壤将会改善封场填埋场中植物生长的不利环境，极大的提高种植的成活率。

最终覆盖系统中表土植被层的土壤应当进行改良以便于植物生长，如预先混合土壤改良材料（如堆肥、陈垃圾等），覆盖土应在干的时候铺设以避免过多的压实。

5.3.2.4 选择合适的植被

在过去，规划者通常很少考虑填埋场植被重建的效果，因而往往倾向于选择较为经济的解决方案，一般是大面积种植草坪。但是，随着人们逐渐开始关注将填埋场址开发为潜在的娱乐设施或者公共场所，选择合适的植被材料也显得日益重要。选择什么样的植被很大程度上要根据该场址最终的用途而定。如果目标是恢复当地的生态环境，那么就必须选用合适的当地植物。如果采用非当地植物来建造高尔夫球场或公园，就应当选择适合当地气候条件的种类。

A 选择植被的导则

实际上，并不存在一个选择植物品种用于填埋场植被重建的通则，因为每个地区的环境条件都不一样，从而适合生长的植物品种也不一样。因此，必须选择适于填埋场址所在地区的植物品种，尤其是因为填埋场本身就是一个不利于植物生长的环境。另外一点需要注意的是，在生态恢复的过程中，必须保证植被及其种子的来源。为了保存本地的种子库，需要采集邻近地区的植物种子和枝条扦插来种植。

B 本地与非本地植物对比

从长期来看，将封场后的填埋场址恢复至本地的生态水平通常是花费最小的方案，并且可以提供城市地区最需要的户外空地和绿化带。如果目标是生态恢复，那么使用本地植物就是必要的。地区性植物指的是那些自然生长在某个地理区域里的植物。某些植物可能是地区性的，就是说它们的分布局限在某个特定的地理区域。地区性植物通常包括许多稀有的和濒临灭绝的品种。地区性植物是最适合当地地理环境的品种。

非本地植物也可以用于填埋场封场后的植被重建。在非常相似的气候条件下生长的植物是最适合的。例如，桉树原产于澳大利亚，但在美国的加州也广泛种植。加州和澳大利亚都有地中海气候，这两个地区的植物是非常容易互换的。

C 选择木本植物需要考虑的因素

在选择木本植物用于填埋场植被重建的时候，需要考虑生长速率、树的大小、根的深度、耐涝能力、菌根真菌和抗病能力等因素。

（1）生长较慢的树种比生长迅速的树种更容易适应填埋场的环境，因为它们需要的水分较少，这在填埋场覆盖土中一般是一个限制性因素。

（2）个头较小的树（高度在1m以下）能够在近地面的地方扎根生长，这样就避免了和较深的土壤层中填埋气的接触。但是，浅根树种需要更频繁的浇灌。

（3）具有天生浅根系的树种更能适应填埋场的环境。同样，浅的树种需要更频繁的浇灌，并且易于被风吹倒。

（4）在被填埋气充满或者淹水的情况下，土壤中除了含水率之外，其他的变化都比较类似。耐涝的植物比不耐涝的对填埋场表现出更强的适应性，但如果栽种它们的话，就需要适当的灌溉。

（5）菌根真菌和植物根系存在一种共生的关系，可以使植物摄取到更多的营养物。

（6）易受病虫害攻击的植物不应当栽种在封场后的填埋场上。

D 种植草坪用于填埋场植被重建

除了木本植物之外，填埋场植被重建也需要种植草坪。和其他植物一样，草本植物也会受到土壤贫瘠和填埋气的影响，但是它们比木本植物更容易种植。不管是本地的还是非本地的，草的根系都是纤维状的并且很浅，从而使其比木本植物更容易在填埋场环境中存活下来。某些草本植物是一年生的，这意味着它们在一年或者更短的时间内就完成了生命周期。因此，一年生的草本植物在一年中最适宜的时期生长并种播。例如，在美国西部的干旱地区，一年生的草本植物在雨季最占优势。而在美国的东部，一年生草本植物则在温暖的季节生长。如果需要，一年生的草本植物很容易再次播种。多年生草本植物存活时间在一年以上，但是它们的许多其他特征和一年生草本植物是相类似的。根系类型、生命周期、快速繁殖等特征使得草本植物在不利的填埋场环境下更容易生长。

E 植被恢复规划设计需要考虑的问题

填埋场封场后用途的确定应该是填埋场整体设计的一部分。除非封场后的填埋场将建为高尔夫球场或其他密集型用途，设计者应当尽全力将封场后的填埋场和周围的自然环境融为一体。这需要种植本地的植物。因此，需要进一步深入研究植物对填埋场环境的适应性，以及有助于克服填埋场不利环境的园艺技术。到目前为止，真正仔细进行过检验和研究的植物种类还非常有限。尽管每个地区的环境条件都不同，研究工作都应当从确认本地植物的适应性和开发填埋场环境下的特殊园艺技术着手。

为了成功地设计和执行填埋场植被重建计划，需要工程人员、规划人员、景观设计人员、土壤科学家、植物学家以及园艺师等不同领域的专业人员共同合作。终场利用的设计目标包括填埋场表面的稳定化和减少侵蚀、确定特殊的终场后用途、场址的景观恢复、土壤肥力的改良、选择合适的植被材料以及植被栽种和维护的管理等内容。

填埋场植被重建的步骤应当包括：项目协调；鉴别植物种类和来源；现场巡查；土壤特性鉴定；场地准备；土壤改良；种植；监测。

5.3.3 填埋场植被恢复的研究进展

在填埋场的植被恢复方面，国内外已经有许多学者和工程人员作了积极的尝试。美国圣地亚哥（San Diego）的 Miramar 填埋场在当地环境服务部门的帮助下，使用高质量的堆肥和填埋场育苗基地培育的本地植物品种，在其 $6.07 \times 10^5 m^2$ 的封场区域进行了大规模的植被恢复，改变了封场区域干裂贫瘠的不毛之地，将其重建为未作填埋场使用前类似的开放绿地。植被恢复的首要任务是创建肥沃的土壤以利于植被生长，当地环境服务部门利用新鲜垃圾中的厨余物、园艺废物等可堆肥物质通过高温好氧状态下的高效堆肥处理，既可以杀死野草种子和病原微生物，又可以生产出高营养的堆肥产品。并且可一举两得，一方面减少了需要填埋的垃圾量，另一方面堆肥产品可以用于育苗基地和封场区域植被恢复中的土壤改良。当地环境部门在填埋场地区建造了专门的育苗基地，其温室配有自动增湿器和与通风控制相连的温度控制装置，以保证内部具有合适的温度。培育的植物包括加州山艾树、鹿草、漆树等。Miramar 填埋场整个的占地有 $5.79 \times 10^6 m^2$，未封场部分于 2011 年使用完毕。填埋场的植被恢复是填埋场环境保护最后阶段的责任，最终将重建封场后的填埋场地区整体的自然环境。

上海市废弃物处置公司的周乃杰等以上海老港垃圾填埋场建立的植被生态系统为例展开调研，比较了各种作物生长情况和植被与未植被土壤的理化性质，证明了植被能改善填埋场的土壤生态环境；吸收垃圾中大量的有害元素，对污染物起到降解和削减作用；并能减轻周边地区的大气污染程度，使填埋场的环境质量及其景观均有所改善。

中国环境科学研究院的高吉喜、沈英娃等和青岛市环境保护科学研究所的郭婉如等以青岛市湖岛垃圾填埋场为试验基地，对垃圾填埋场植树造林问题进行了实地研究，探讨了城市垃圾填埋场上植树造林的方法、适宜树种的筛选以及影响树木成活和生长发育的主要因素；研究结果表明，垃圾中有机质发酵所产生的甲烷气体是抑制树木成活和生长的关键因素，覆土层除为树木提供支持和生存环境之外，还能阻挡甲烷气体的逸出，土层越厚，越有利于树木的成活和生长，在填埋年龄较短的场地上必须采取覆盖至少 60cm 的土层阻断沼气等措施才能使植物生长；试验用的十几个品种的植物也得到了筛选，其中枸杞、苦楝、紫穗槐、刺槐、白蜡树、女贞、金银木、臭椿、龙柏等木本植物和苜蓿、画眉草、牛筋草、知风草等草本植物被证明是对沼气的耐性较强，适宜在填埋场上种植的植物。高英吉等还用盆栽法研究了垃圾土种植不同植物的效果及其生态毒性，研究结果表明，垃圾堆上栽种各种植物均可成活，但由于作物和牧草可食部分的重金属含量超标，因此垃圾堆上可直接种植草坪和观赏花卉等，而不宜直接种植粮食作物和牧草。

5.4 填埋场终场后的开发利用

5.4.1 填埋场开采

填埋场的选址是一项非常复杂而困难的工作，既要寻找具备优良水文地质条件、封闭系统的独立单元，且离市区应尽可能近些，又要避免影响到待选地点周围居民的生活环境，再加上市郊的地价随着经济的发展、城区的扩大逐年上升导致征地费用不断上涨，因此，任何一处填埋场从政府立项到确定填埋场地址并进入初步设计阶段，都需要相当长的时间，一般为 3 ~ 5 年。一旦填埋场已经被选定并付诸使用后，必须非常珍惜，并尽量延长其使用年限。

对稳定化填埋单元中的陈垃圾进行开采并综合利用，就是一种比较新颖的延长填埋场使用年限的有效方法。开采后的填埋单元可恢复大部分原有的填埋容量，除了回填一部分无法利用的陈垃圾之外，还可以为新鲜垃圾提供相当可观的填埋容量，这样就可以避免花费高额代价去寻找可供填埋的额外土地。开采出来的物料包括可循环使用的材料、土壤和其他可作燃料焚烧的垃圾等，通常出售或使用这些物料就足以抵消开采的费用。填埋场开采的其他收益还包括避免场址修复的责任、减少封场费用以及将填埋场址改作他用。

尽管填埋场开采有上述诸多优点，但是某些潜在的危害还是不可忽视的。例如，开采过程中可能会释放出垃圾降解产生的甲烷等气体，还可能挖掘出难以控制和处理的有害物料。另外，开采过程中的挖掘工作有可能导致邻近填埋区域的下沉和塌方。最后，由于开采出来的物料非常致密，会磨损挖掘设备，缩短其使用寿命。打算开展开采工作的填埋场操作管理人员必须研究场址的特性以便明确潜在的问题。

自 1980 年以来，美国的许多城市垃圾填埋场都成功的实施过开采工程。而中国则由于填埋处理的历史不长，填埋场开采尚未普遍列入工程计划，上海市的老港填埋场在稳定化垃圾的开采利用方面作过积极的尝试。

5.4.1.1 填埋场终场开发必须具备的条件

我国由于人口众多，土地资源非常贫乏，特别是在东部沿海地区，人口密度极大，对土地的要求更加紧张，一方面填埋场址的选择非常困难，另一方面管理者也希望垃圾填埋场尽快稳定，以便重新开发这一土地资源，这既是为了提高土地的附加值，也是为了尽快恢复当地的生态环境。

为了达到上述目的，在设计、施工、运行时就应该考虑加快填埋层的稳定。填埋场封场后如果要进行开发利用，其场址必须满足一定的基本条件：（1）场地下沉量逐渐变小，直至停止；（2）场地具有一定的承载能力；（3）没有坡面下滑破坏的可能；（4）没有可燃的气体、恶臭产生或影响非常小；（5）没有对地下水的污染；（6）不会对构筑物基础造成不良影响；（7）适于植物生长。但是实际上，要完全满足上述条件十分困难，应当视具体情况而定。

填埋场终场后必须持续进行污染控制与监测，特别是渗滤液对地下水体的潜在污染。一旦发生渗漏或覆盖层破坏，要及时施工修补，这又涉及资金来源的问题。

5.4.1.2　填埋场开采的利弊

填埋场的管理人员一旦考虑进行填埋场开采，必须衡量伴随着开采过程的可能会有的有利和不利因素。

填埋场开采的有利因素在于：

（1）增加现有填埋场址的填埋容量。填埋场开采通过去除可回用物料并以焚烧、压缩的方式减少垃圾容积，可以有效地延长现有填埋设施的使用寿命。

（2）出售可回用物料得到收益。如果有市场需要的话，开采出来的铁、铝、塑料和玻璃等物料都可以出售。

（3）出售开采的土壤以降低运行费用或产生收益。开采出来的土壤可用于现场其他填埋单元的日覆盖材料，这样就可以免去从其他地方运来覆盖土的费用。另外，开采出来的土壤也可用于其他领域，如建筑业中的填充材料。

（4）在城市垃圾焚烧设施中焚烧产生能量。开采出来的可燃的稳定化垃圾可与新鲜垃圾混合，在城市垃圾焚烧设施中焚烧产生能量。

（5）降低填埋场封场费用并开垦土地作其他用途。通过填埋单元的开采来减少填埋场"生态足迹"的大小，填埋场管理人员得以降低填埋场的封场费用，或者将场地开发作其他用途。

（6）改造衬垫并去除危险废物。旧的填埋场开采之后，可以添加衬垫和渗滤液收集系统。如果已经有了，则可以检查和维修。另外，可以去除危险废物并将其转移到更加安全的地方处置。

填埋场开采过程中可能的不利因素包括：

（1）危险物料的管理与处置。危险废物在填埋场开采过程中可能被挖出来，尤其是在某些旧填埋场，从而需要进行特殊的处理和处置。危险废物的管理与处置费用相对较高，但是可以减少未来的处理责任。

（2）需要控制填埋场气体和臭味的产生。填埋单元的开采会产生许多和气体释放有关的潜在问题。垃圾降解产生的甲烷和其他气体可能会导致爆炸和火灾。极其易燃并且有臭味的硫化氢气体，一旦吸入足够浓度，就会对生命产生威胁。

（3）需要控制沉降或塌方。填埋场某个区域的开采可能会破坏邻近填埋单元的完整性，从而导致邻近单元的沉降或塌陷至开采区域。

（4）增加开采和焚烧设备的磨损。由于需要处理高度致密的稳定化垃圾，开采活动会减少挖掘机、装载机等设备的使用寿命。另外，由于开采出来的物料颗粒物含量很高并且极其粗糙，也会增加垃圾焚烧设备的磨损（如炉排和空气污染控制系统）。

5.4.1.3　填埋场开采工程的规划步骤

在开始进行填埋场开采工程之前，填埋场管理人员必须仔细评估开采活动的各个方面。项目的规划者在每一步规划完成之后都必须对开采的可行性作出中间评估。整个规划完成之后，还应当进行完整的费用效益分析。最终完成的评估报告应该包括对开采项目目的和对象的分析回顾并对达到相同目的的其他途径加以考虑。

填埋场开采工程的规划包括以下 5 个步骤：

A　研究开采场址的特征

这是填埋场开采工程的第一步，要求对计划开采的场址进行彻底的评估，确定实施开采的填埋场址并预计物料开采的速率。场址特征研究需要考虑地址特征、周围区域的稳定性以及附近地下水的分布和流向等方面，并在现场确认可用土壤、可回用物料、可燃垃圾以及危险废物的比例。

B 计算潜在的经济效益

场址特征研究中得到的信息可以为管理人员提供一个评价开采项目潜在经济效益的基础。如果规划人员确认实施开采项目能够带来经济效益，该评估结果就有助于项目获得进一步投资。尽管开采项目的主要目的是为了获得经济效益，但是有时候也会考虑其他因素，例如区域环境管理和废物循环计划。

填埋场开采所能获得的潜在经济效益大多数是非直接的；如果开采出来的物料可以在市场上出售，该项目就是能够获得收益的。尽管开采项目的经济收益依具体情况而不同，但它们一般都包括下面全部或部分内容：

（1）增加填埋场的填埋容量。

（2）避免或减少以下费用：

1）填埋场封场；

2）填埋场封场后的维护和监测；

3）购买额外填埋场地或复杂设备；

4）周围区域修复的责任。

（3）收益来自：

1）可循环和可回用物料（如铁、铝、塑料和玻璃等）；

2）可焚烧废物作为燃料出售；

3）开采得到的土壤作为覆盖材料使用，以及作为建筑业填充材料或其他用途出售。

（4）填埋场址开采所获得的可供其他开发用途的土地价值。

由此可知，填埋场开采项目的这一步规划需要调查下列内容：

（1）现有填埋场容量和计划需求的容量。

（2）计划中的填埋场封场费用或场址扩建费用。

（3）现在和未来的责任。

（4）预计的循环再生材料的市场销路。

（5）预计开垦后作其他用途的填埋场土地的价值。

C 调查相关法规和标准的要求

现有的法规和标准并没有对填埋场开采操作的限制。但是在开展开采工程之前，应当咨询国家和地方的相关部门，以便对某些特殊条款的要求有所了解。

D 预先建立工作人员健康与安全保障计划

开采项目规划者制定完开采框架计划之后，必须考虑开采工程可能会给工作人员带来的潜在的健康和安全风险。一旦从场址特征研究和填埋场运行历史资料中确认了潜在的风险，就需要采取措施减小或者消除这些风险，并随后纳入全面的健康与安全管理项目。在开采工程开始之前，所有有关的工作人员都必须非常熟悉安全保障计划的内容，并接受事故应急反应的培训。

由于确切了解填埋场内所填埋垃圾的性质是非常困难的，因此制定一个健康与安全保障计划也是非常有挑战性的。现场操作的工作人员可能会碰到某些危险废物，所以健康与安全保障计划应当涉及各种物质的处理处置方法和应急措施的说明。

尽管健康与安全保障计划应当以不同的场址特征、废物类型以及开采项目目的和对象为依据，但一般需要包括下列内容：

(1) 将危害情况告知有潜在危险的人员（如知情权）。

(2) 呼吸保护措施，包括危险材料鉴别与评估；工程控制；书面标准操作规程；设备使用，呼吸器选择以及适应性测试等的培训；废物的适当处置；以及安全装置的定期检修。

(3) 限制工作场所的安全规程，包括在人员进入限制场所（如挖掘拱顶或深度超过约 0.9m 的沟渠）之前进行爆炸性浓度，含氧量，硫化氢水平等空气质量检测。

(4) 粉尘和噪声控制。

(5) 医疗监督规定，某些情况下强制执行，其他情况可选择执行。

(6) 安全培训，包括涉及危险物品的事故避免和应急措施。

(7) 做好记录。

开采工程还必须确保工作人员所需穿戴的保护性装备，尤其是在可能挖掘危险废物的情况下。填埋场开采工程中所需的三类安全装备包括：

(1) 标准安全装备（如安全帽，防护鞋，防护眼镜和（或）面罩，防护手套和耳塞）。

(2) 特殊安全装备（如化学防护服，呼吸保护装备和单人呼吸设备）。

(3) 检测设备（如燃气检测仪，硫化氢检测仪和氧分析仪）。

E　核算工程成本

项目规划者能够使用上述步骤收集到的资料来分析填埋场开采工程的预算资产和操作费用。工程成本除了规划费用之外，还包括：

a　资产成本

(1) 准备场地。

(2) 开采设备的租赁或购买。

(3) 个人安全装备的租赁或购买。

(4) 废物处理设施的建设或扩建。

(5) 拖运设备的租赁或购买。

b　操作费用

(1) 人力（如设备操作和废物处理）。

(2) 设备的燃油和维护。

(3) 开采出的废物中不可回收物质或无法燃烧飞灰和底灰的最终处置填埋。

(4) 管理费用（如保持记录完整）。

(5) 工作人员安全培训。

(6) 拖运费用。

5.4.1.4　填埋场开采的程序

填埋场的开采有许多方式，但是都必须以开采工程的目标、对象以及场址的特征为依据来选择特定的方法。填埋场开采工程基本上是选用采矿业、建筑业以及其他固体废弃物处置工程中所使用的设备来进行。一般来说，填埋场的开采分以下几个步骤：

A 挖掘

先由挖掘机将填埋单元中的稳定化垃圾挖掘出来，再由前装式装载机将挖掘出来的物料堆成便于后续操作的条堆，并分选出体积较大的器具、钢缆等物品。

B 分离土壤（筛分）

滚筒筛或者振动筛将开采出来的物料中的土壤（包括覆盖材料）从稳定化垃圾中筛分出来。所使用的筛的尺寸和型号取决于最后得到的物料的用途。例如，如果需要将筛分得到的土壤用于填埋场覆盖，就需要选用6.3cm的筛孔。但是如果最后得到的土壤是作为建筑填料出售或者作为其他需要土壤比例较高的填充材料时，就必须选用更小一些的网孔来去除小块的金属、塑料、玻璃和纸片。

在填埋场开采的实际应用中，滚筒筛比振动筛更有效。但是振动筛具有更加小巧、易于装配和机动性强等特点。

C 可再生物料的利用和处置

根据现场情况，土壤和稳定化垃圾都可以得到回收利用。分选出来的土壤可用于填充材料或者垃圾填埋场的日覆盖材料。开采出来的稳定化垃圾可使用物料再生设备分选出有价值的成分（如钢铁和铝），或者在垃圾焚烧炉里焚烧产生能量。

5.4.2 稳定化垃圾及其利用

5.4.2.1 稳定化垃圾

填埋场封场数年以后，垃圾中易降解的物质已经完全或接近完全降解，垃圾填埋场表面沉降量非常小，垃圾自然分解的渗滤液和气体产生量很少或几乎不产生，垃圾填埋单元达到稳定化状态，也即无害化状态，此时的垃圾可称为稳定化垃圾（stabilized refuse），或者更准确一些可称为基本稳定化垃圾（basically stabilized refuse or partly stabilized refuse）或陈垃圾（aged refuse）。根据赵由才等人对上海市老港填埋场的研究，垃圾填埋24年后，垃圾中可生物降解含量（BDM）可降为2.55%，填埋场表面沉降量0.009m/a，渗滤液COD约为5mg/L，即可认为当地的该填埋单元已达到稳定化。由于不同填埋场所处地理位置、气候条件以及垃圾成分的不同，稳定化程度只是一个广义上的概念，并不存在一个统一的标准。

稳定化垃圾中除了玻璃、金属、橡胶等一些无机或有机难降解物质外，原有的纤维素、半纤维素类物质已经接近完全降解，成为一种类似腐殖质的颗粒状土壤物质。尤其值得关注的是，经过垃圾渗滤液的洗沥，垃圾中间的物理、化学作用及微生物的生长、繁殖和固着作用，这些颗粒状物质形成了良好的稳定的多孔结构，具有巨大的表面积和丰富的微生物资源。

5.4.2.2 稳定化垃圾的利用

除了一些玻璃、金属、橡胶等可循环回收利用的物质或者难降解物质之外，稳定化垃圾由于其特殊的物理结构和化学、生物性质，可以应用于很多方面：

A 堆肥

稳定化垃圾最典型的应用就是作为垃圾堆肥，用于市区绿化带和公园，或者用于苗圃和林业，作为土壤添加剂和改良剂。

稳定化垃圾中重金属含量有可能偏高，根据垃圾的来源和组成不同而有所差异。但是相对于农用土壤来说，稳定化垃圾中的营养物质含量较高，接近于或可达到农用垃圾肥标准，视情况不同添加少量营养元素，就可以作为一种良好的垃圾肥来使用。但是由于可能存在的有毒有害物质，一般不提倡用稳定化垃圾种植可供人或动物食用的植物以避免其进入食物链，主要可用来培养园林绿化的观赏性植物。

B　铺路材料或填埋场覆盖材料

稳定化垃圾开采出来以后，经过适当的处理可以作为铺路材料；或者作为缺乏土源的填埋场的中间覆盖和日覆盖用土。另外，稳定化垃圾的有机质含量为 7% ~8%，渗透系数为 3.09×10^{-4}（cm/s），完全符合表层营养土条件，可以用作垃圾填埋场封场工程的表层营养土。

C　复合板材

稳定化垃圾开采后经过一定工艺流程的加工，可以制成特殊的复合板材，有广泛的用途。

D　处理废水和废气

稳定化垃圾由于其良好的稳定的多孔结构，具有巨大的表面积和丰富的微生物资源，可以作为一种生物填料，来处理各种污水。

稳定化垃圾还可以作为脱臭的过滤材料，广泛用于堆肥厂、饲养场和畜牧场的空气脱臭、废气净化装置中的过滤吸附和微生物生长介质等。在制造过滤材料时，有机物含量较高的粗颗粒垃圾最为适宜。

同济大学环境科学与工程学院和污染控制与资源化国家重点实验室在矿化垃圾的开发利用方面作了许多有益的尝试，如：矿化垃圾理化性质和微生物活性的研究，矿化垃圾降解废水中污染物的机理研究，矿化垃圾处理垃圾渗滤液、生活污水、难降解有机工业废水的工程应用研究，填埋场实地应用稳定化的矿化垃圾处理回灌渗滤液的工程研究，矿化垃圾处理臭气及有机废气的研究等。

5.4.3　填埋场封场后的土地资源的开发利用

填埋十年以上的垃圾基本已达到稳定化，如果能对稳定化填埋场的土地资源进行开发利用，不仅可以节省宝贵的建设用地，还能带来良好的生态效益和经济效益。这方面国内外有许多成功的经验，比如英国利物浦的国际花园、阿根廷布宜诺斯艾利斯的环城绿化带、中国台湾的垃圾公园等。

美国波士顿的 Gardener Street 填埋场在 1997 年封场的时候，由于资金的限制，只能完成终场处理计划的一半，但他们根据实际情况，在技术条件允许和确保环境保护措施有效执行的基础上，适当修改了州覆盖标准以减少各层覆盖厚度，并多方筹集资金和覆盖土源，终于在有限的条件下，成功地将原填埋场分期开发建设成为一个占地 $1 \times 10^{5} m^{2}$ 的公园，并带有数个体育场、一个可以容纳 350 辆汽车的停车场、$4 \times 10^{3} m$ 长的道路、儿童活动场所、野餐营地、独木舟比赛场地、观光地带、自然研究地带、一个小型露天剧场以及其他附属设施。

开发利用我国各地稳定化填埋场的土地资源时，应当借鉴国外成功的技术、管理方面的经验以及资金筹措、开发计划拟订的新颖思路，比如可以考虑将终场后的填埋场植树造林，建成城郊的绿化地带，地点合适、交通方便的场所可以考虑建设环保主题教育公园或体育场馆，并附带带动周边地区的房地产开发。

5.5 填埋场封场单元苗木种植适应性试验与筛选

封场后的填埋单元由于最终覆盖层的存在，覆盖土中可能带有一些植物种子，风和动物活动也会带来种子，因而能够自发生长出一些本地的野生植物，或者用人工方法使其生长出一些初级植被，如播撒某些草本植物的种子或移植、扦插某些木本植物。在此后的若干年里，封场后的填埋单元经历着一种相当于一块废弃土地的次生演替过程。填埋单元内部垃圾的降解会产生某些不利于植物生长的有毒有害物质，如渗滤液和填埋气。另一方面，填埋场覆盖层上植物的生长也会在一定程度上促进填埋单元内部垃圾的降解，并加速填埋单元稳定化进程的作用。同时，适应填埋场封场单元环境的植物得以生存下来并繁衍发展，新的植物品种甚至某些低等动物也不断迁入，封场单元的生态环境得到不断的改善，从而形成其独有的生物群落，并与填埋单元所在地的水文地质等环境要素构成一种独特的生态系统。如果没有人为因素介入，封场后的填埋单元最终会自发演替为一种较稳定的次生生态系统，并逐渐与周围环境融为一体。

考虑到填埋场是一种人工强化干预的垃圾处置场所，为了确保封场后的填埋单元不对周围环境产生污染并尽快恢复至当地原有的生态环境水平，必须研究如何采取适当的人工手段，改造封场单元的植被系统，改善其生态环境，并促进填埋场的稳定化。同时，也有必要研究如何对封场单元进行景观恢复与美化，并考虑将来可能的土地开发利用。

这部分工作是以老港填埋场为试验基地，研究植物在封场单元上不同的植被层土壤中的生长与适应状况，筛选适于老港填埋场封场后人工种植的植被种类并研究其对填埋场封场单元生存环境的耐受性，进而从填埋场生态学的角度探讨人工改造和恢复填埋场生态环境的可行性，并对封场后填埋场的开发利用提出建议。

另一方面，由于填埋场的渗滤液既是一种严重的污染源，也是一种潜在的水肥资源。在同济大学和老港填埋场的专家共同努力之下，已经连续多年对渗滤液原液采用稳定化矿化垃圾生物反应床进行处理，取得了很大的研究进展，目前现场的两级串联装置已经能把渗滤液的 COD 和氨氮分别由 $10000 \sim 20000 mg/L$ 和 $1000 \sim 1500 mg/L$ 降到 $250 \sim 700 mg/L$ 左右和 $20 \sim 30 mg/L$ 左右，接近于达标排放，并且能耗小，设备简单，便于推广应用。在此基础上，本文试图从填埋场中植被-土壤（稳定化垃圾）-渗滤液三元体系的相互作用着手，研究植被-土壤（稳定化垃圾）系统对其二级出水的耐受性和进一步处理的能力，以便作为稳定化垃圾生物反应床的第三级或者深度处理单元，同时从填埋场的管理角度出发，探讨上述系统处理出水在填埋场封场单元植被恢复过程中作为灌溉水源的可行性，从而最终达到渗滤液在填埋场范围内处理和利用的封闭循环的目的。

根据老港填埋场 1992 ~ 1995 年的复垦试验和欣环园艺公司苗木基地的实际经验，选用在老港填埋场种植和生长都比较适应的五种乔木和灌木作为本试验用苗木。每种苗木的基本特性见表5-7。

表 5-7　试验苗木基本特性

苗木种类	别　名	形态与生物学特性
海桐 （海桐花科）		常绿灌木或小乔木，幼枝为黄褐色柔毛。叶革质，先端钝圆，边缘内卷，常多数聚生于枝顶。喜温暖湿润的海洋性气候，对土壤要求不严，耐盐碱，能抗风防湿，萌芽力强
黄杨 （黄杨科）	瓜子黄杨，小叶黄杨，千年矮	常绿灌木或小乔木，枝叶稠密，小枝具 4 棱脊。叶对生，革质，两面均光亮。耐阴湿环境，忌暴晒，抗寒力强，根系发达，萌发力强
女贞 （木樨科）	桢木，蜡树，将军树	常绿灌木或小乔木，树冠卵形。枝开展，无毛。叶革质，全缘，无毛。适应性强，根系发达，萌蘖、萌芽力均强。喜阳光，稍耐阴，喜温暖湿润气候，不耐寒，适宜于微酸性及微碱性土壤
小叶女贞		女贞的变种之一，叶黄绿色，小灌木
夹竹桃 （夹竹桃科）	柳叶桃，柳桃	常绿灌木，茎直立多分枝，树皮光滑。叶革质，狭长，常 3 ~ 4 片轮生，上面光亮，侧脉密生而平行，边缘内卷。喜光亦耐阴，能耐一定大气干旱，但不耐寒，对土壤要求不严，能耐盐碱。生长繁茂，生命力强，树体受害后易恢复。本种茎皮及叶含剧毒成分

表 5-8 中详细叙述了各种试验苗木的生长状况，并列出每种苗木相应的环境效应和适宜用途。

表 5-8　试验苗木生长状况

苗木种类	生 长 状 况	环 境 效 应	适宜用途
海桐	海桐是一种优良的绿化树种，一般对土壤要求不严。试验中，海桐被安排种植在 B11 和 B21 两个单元的矿化垃圾 B 中。海桐耐盐碱，萌芽力也强，虽然在试验现场存活下来并保持生长，但是长势却并不旺盛，四周蔓延的杂草很容易就可以将其遮盖住，为观察其生长情况并避免养分被杂草夺走，必须定期进行人工除草。一旦暴雨过后场地有积水，海桐就很可能因过涝而导致根部缺氧出现枯萎甚至死亡，因此必须保证有顺畅良好的排水沟渠	对 SO_2、HF、Cl_2、O_3 等多种污染气体抗性强。对乙烯抗性较强，在乙烯浓度高达 1 ~ 10μg/g 的环境中生长良好。对粉尘抗性中等。 有一定吸污能力，污染区叶片含 S 量为 5.3 ~ 6.4mg/g；长期生长在污染区的植株，叶含 F 量可达9.2mg/g；吸 Cl 能力较弱，叶片含 Cl 量为 0.20 ~ 0.51mg/g。 滞尘量为 1.8g/m²，降噪能力显著	适宜在污染区栽植的抗污净化树种，也是沿海地区的优良绿化树种之一，有一定抗风防湿能力，适宜和其他绿化树种搭配种植
黄杨	试验所用为瓜子黄杨，又称小叶黄杨，千年矮，安排种植在 A12 和 A22 两个单元的覆盖土中。黄杨比较耐阴湿环境，也比较耐寒和耐干旱，根系很发达，萌发力强，但是在现场贫瘠的覆盖土上虽然能够存活，长势却不旺盛。试验过程中，少数植株发现有病虫害；夏季高温暴晒后，会因为干旱缺水而出现枯萎迹象；进入冬季低温天气之后，受到霜冻影响，叶片颜色变黄或变红。但总体来说，黄杨在填埋场封场后的环境里是可以生存下去的	对 SO_2、HF、Cl 抗性均强。对乙烯敏感，浓度为 0.19μg/g 接触30h，叶片开始脱落，下部老叶先落。长期生长在乙烯污染环境中，植株下部光秃，叶片稀疏	适宜用于乙烯之外的污染区绿化。可作乙烯污染的指示植物

苗木种类	生 长 状 况	环 境 效 应	适宜用途
女贞	女贞为小乔木，根系发达，适应性强。试验中，女贞苗木被安排种植在 B12 和 B22 两个单元的矿化垃圾 B 中。移植后的初始阶段和夏季，女贞均表现出很好的适应性，很快就恢复萌芽生长，并且植株挺拔，长势很旺盛。但是夏末受到病虫害影响，部分植株叶片脱落。进入冬季低温天气后，由于女贞不耐寒，大部分植株的叶片都基本脱落。另外，老港填埋场所在地为东海之滨，一年四季风都很大，虽然女贞的植株生得很快，且比较高，但是也很容易受大风影响导致树干被吹折或者植株生长受抑制	对 SO_2、HF 抗性强，对 Cl_2、NH_3、乙烯抗性中等，但受害后，恢复能力强。对乙烯的反应是落叶，长期生长在乙烯污染严重的厂区，上部枝梢光秃，根部簇生小分枝，叶片变小。能抗多种有机污染，如醚、苯和酚等。吸收 SO_2、HF、Cl_2 能力强。污染区叶片含 S 量 4.85 ~ 11.55mg/g，含 F 量 1 ~ 2mg/g，含 Cl 量 8.0 ~ 12.7mg/g，还能吸收 Pb 蒸气。滞尘能力也强，叶片滞尘量为 6.63mg/m^2	工矿区特别是冶金工业区的绿化、净化植物。适于盐碱地造林。可作行道树或绿篱。女贞叶片含 S 量与大气 SO_2 浓度有较好相关，可以作为 SO_2 污染的监测植物
小叶女贞	小叶女贞是女贞的变种之一，为小灌木，被安排种植在 C11 和 C21 两个单元的矿化垃圾 C 中。移植后长势良好，但是部分植株遭到病虫害。进入冬季，则表现出不耐寒冷霜冻，叶片脱落		
夹竹桃	夹竹桃是一种常绿灌木，能耐阴耐旱耐盐碱，对土壤要求不严，生命力强。由于老港填埋场大部分封场单元的四周在 2000 年春季均扦插种植了夹竹桃且生长良好，因此在现场就地取材，扦插种植于 A11、A21、C12、C22 四个试验单元，一周以内，均已萌发新芽。由于夹竹桃对试验现场环境条件的耐受性较强，是所有试验苗木中生长最为旺盛的品种。从夹竹桃在两种土壤材料上生长情况对比来看，矿化垃圾 A 上的长势略好于覆盖土 C，但是并未表现出明显的差异	为抗烟、抗毒、抗尘能力强的树种之一。对多种有害气体（如 SO_2、HF、Cl_2、NH_3、NO_x）及复合污染的抗性强。有报道，它能在大气含 SO_2 0.16 ~ 0.61μg/g 的环境中生长，日平均浓度超过国家标准 2 倍多的条件下仍能正常生长。即使受伤害后，萌发能力仍强，易恢复。夹竹桃的花对乙烯较敏感，开放的花遇乙烯会闭合。长期生长在乙烯重污染环境中的夹竹桃，下部枝条匍匐于地面，上部小枝弯曲，叶片变小，不开花。吸收污染气体能力强或较强。据国内测定资料，叶片含 S 量 2.5 ~ 7.2mg/g，含 Cl 量 3.1 ~ 4.7mg/g，含 F 量 2.84mg/g。也能吸收汞蒸气，叶片含 Hg 量 96mg/g。滞尘能力强，叶片滞尘量 5.2 ~ 9.4g/m^2	夹竹桃的茎皮及叶含剧毒成分，因而不受病虫害侵扰。夹竹桃是污染严重地区的优良绿化、净化树种，并宜栽植于油罐区等易燃场所，形成防火绿墙。也可作为盐碱地绿化和老港填埋场封场单元被恢复的先锋树种之一

　　土壤（矿化垃圾）-植物系统对渗滤液的耐受性和深度处理潜力试验包括以下几个方面：

　　(1) 初步的实验室小规模试验表明，土壤（矿化垃圾）-植被系统能够有效地去除渗滤液中的有机污染物，并通过植物的吸收和蒸腾作用使施用的渗滤液达到一定程度的减量化。通过提高土壤（矿化垃圾）的含水率可以提高渗滤液的处理效率，但是虽然污染物的去除很明显，剩余的 COD、氨氮和氯离子的浓度仍然很高，出水仍不能直接排放到水体。

（2）土壤-植被处理系统不仅利用土壤或矿化垃圾的物化及生化作用，而且还利用了植物根系对微生物的强化和植物修复技术。植物的吸收和蒸腾作用是施用的二级出水减量化的主要因素，而水中污染物的去除则是在植物和土壤微生物的共同作用以及土壤（矿化垃圾）颗粒上发生的物化作用下实现的，其中，生物作用是污染物净化的最根本途径。

植被的一个重要作用在于，植物除了自身能吸收并降解一部分污染物之外，还能够在其根系区域为土壤微生物创造适宜的自然微生态系统，这些土著微生物是和土壤中植物的根系共生的。虽然植物单个根的影响范围一般在 1cm 以内，但其整个根系可能在土壤上层扩展到极其广阔的区域。根的深度取决于土壤的水分分布。植物的根尖能释放出许多种类有助于微生物生长和能量利用的化合物，从而在根系区域促进了能够降解污染物的微生物的增殖。植物还能利用太阳能，在光合作用的伴随下，依靠蒸腾作用将水分提升到渗流区域，在某些情况下甚至可能使地下水的水位降低，土壤中水分的蒸发还有助于促进有机物向气相的转移。植物的蒸腾作用还能将溶解的有害有机物携带到根系渗流区域，生物降解便是发生在这里，该区域的微生物由植物提供基本的营养物质。污染物的转化也可能取决于植物根部的酶。植被还有助于控制填埋场渗滤液的渗透和可溶污染物向地下水体的转移。

（3）稳定化垃圾生物反应床的两级处理系统已经能使老港填埋场的渗滤液得到很大程度的净化，但是二级出水仍然不能达到排放标准。在此基础上增加土壤-植被系统作为深度处理单元，使渗滤液在现场得到进一步处理和利用，是一种切实可行的方法。

本试验原来的设想是就现场的土壤（矿化垃圾）-苗木系统对上述二级出水的处理效果进行定性定量的分析研究，但是由于现场条件的限制，一直无法获得代表性的出水水样，进水也只能做到粗略定量，因此未能达到预期目的。

（4）试验用的苗木在填埋场封场单元的现场均表现出一定程度的适应性和耐受性，在三种试验土壤（包括两种年龄的矿化垃圾）上基本生长良好。施用上述二级出水之后，夹竹桃依然生长旺盛；但是海桐和黄杨表现出生长受到某种程度的抑制，这可能和现场的覆盖土比较贫瘠且盐碱化，二级出水中虽然污染物已极大去除但仍然含有相当浓度的有机污染物和盐分有关；女贞和小叶女贞虽然都对现场环境条件和上述二级出水表现出较强的耐受性，生长比较旺盛，但是易受病虫害的侵扰和低温的影响。

从苗木种植情况来看，试验所选用的品种基本都能适应封场单元现场的环境条件，表现出一定的耐受性。其中，夹竹桃是最容易种植，同时也是最适应现场环境、生长最为旺盛的品种，建议作为封场单元植被恢复的首选树种之一；女贞和小叶女贞虽然容易存活，生长也比较旺盛，但是易受病虫害侵扰，且不耐冬季低温；黄杨和海桐也能在现场存活，但是生长受到一定程度的抑制，且竞争不过封场单元上野生的杂草。

由于老港填埋场封场后的维护不足，封场单元上的降雨径流未得到有效的导排，现场易出现积水状况，会令某些不耐涝的品种如海桐受到影响，严重的情况下海桐会大批死亡，因而封场单元雨水导排设施应成为封场维护工作中的重要内容，同时这也有利于避免雨水渗入填埋单元内部导致渗滤液产量增加。

另外，老港填埋场位于东海之滨，四季的风都很大，因此在封场单元上人工种植植被时应当注意各个树种的搭配，避免过于纤细的苗木被强风吹折。

封场后的填埋单元环境非常恶劣，人工种植的植被易受病虫害侵扰，也易受渗滤液、填埋气等污染的危害，所以必须保证最终覆盖系统的完整和完善，同时选择合适的植物品种，分阶段实施植被恢复。选择植被时要注意合理搭配，避开相拮抗的植物品种。

由于覆盖土中营养物质含量较少，且有一定的盐碱化，种植的效果不如一般耕作和绿化用表土，因此需要适当添加土壤改良剂，例如堆肥、矿化垃圾、石灰等，建议将矿化垃圾和当地覆盖用的海滩土按一定比例混合，作为封场单元覆盖的植被层材料。

土壤（矿化垃圾）-植被系统不仅能够有效地对低浓度的渗滤液（包括稳定化垃圾生物反应床的出水）进行深度净化处理和减量化，植被系统在封场单元上的建立和发展还是填埋场封场后生态恢复的关键因素。土壤-植被系统对渗滤液的处理应当和封场单元的植被恢复相结合，利用合适的苗木以及各种野生植物，既实现填埋场封场后的生态恢复，又使渗滤液得到深度处理，从而实现渗滤液的场内循环零排放。

就试验苗木在现场施用上述二级出水的效果来看，夹竹桃是最有潜力的品种之一，但是由于试验条件和时间的限制，未能作进一步的机理研究。作为生态恢复和渗滤液深度处理的封场单元土壤-植被系统，应当是多种草本植物、乔木、灌木等品种合理搭配生长的多层次系统。今后的研究方向应当注重土壤(矿化垃圾)-植被系统的内部微生态环境，特别是植物根系区域微生物和酶系统的生态机理。

第6章 填埋场封场后综合开发利用规划研究

——以老港填埋场为例

6.1 上海市废弃物老港处置场概况

上海市废弃物老港处置场（以下简称老港填埋场）位于浦东地区东海之滨的南汇县，距上海市中心约60km，其北边20km处是上海浦东机场，南边30km处是正在建设中的芦潮港，并且毗邻朝阳农场和南汇的老港乡与滨海，三面临海，西侧内陆面与最近居民点相隔约1km，人口密度相对较低。

6.1.1 简介

老港填埋场始建于1985年底，1991年4月正式投产，设计日处理量为9000（船）吨，每天填埋处置除浦东新区之外的上海市几乎所有的城市生活垃圾。从1989年10月运转至今，截止2001年9月底，已填埋生活垃圾2309.7万吨（船吨位），实际填埋总面积已达2.3km²。

目前老港处置场填埋区面积有3.4km²，其中1号填埋场1.6km²，2号填埋场1km²，3号填埋场0.8km²。一、二期工程原填埋作业方式是：按照垃圾由滩涂（标高4m）填至堤顶高度（标高8m），平均厚度4m，总容积为1369万立方米。现在实际作业方式则是根据赵由才等人的填埋场稳定化研究结果中的填埋场沉降规律，将垃圾堆高至6m厚度，预计经过稳定化沉降之后可达到4m左右水平。

为解决未来十余年上海市生活垃圾的出路，老港生活垃圾处置场拟进行四期工程扩建，四期工程将利用处置场东侧已围堤内的滩地建设，工程占地范围3.3km²，工程总投资7亿余元，2004年建成投入运行。老港生活垃圾处置场四期工程将被列作世界银行APL中国上海城市环境项目。

四期工程以卫生填埋场技术标准作为建设和运行的技术要求，对填埋作业区建设HDPE膜衬垫的人工防渗系统、雨污水分流系统、渗滤液处理系统；垃圾运输采用集装箱化方式；填埋作业采取分层压实、日覆盖、中间覆盖和堆坡填埋后的终场覆盖工艺；填埋气体收集后用于发电；四期工程区域最终场地利用将规划建设生态型休闲公园。

6.1.2 气候与地质概况

根据南汇气象台的气象资料❶，老港填埋场所在地区的年平均气温为15.5℃，最高气温37.8℃（1978年7月5日），最低气温 −9.6℃（1959年1月18日），有霜日数46.5天，间日138天，年均降水量1063.4mm，年蒸发量1267.1mm，年平均湿度82%，年均

---

❶ 上海市农业区划委员会办公室，1983年，上海农业气候资料。

太阳总辐射 467217J/cm^2，年均风速 3.7m/s。

老港填埋场就是利用长江泥沙在出海口受海水拥托而不断沉积，逐渐淤涨延伸的东海滩涂，经围筑堤坝而成，不占用农田。目前海岸线仍以每年 30~40m 的速度向外淤涨。计划每隔数年向滩涂围堤造田，则可使其成为永久性的垃圾消纳处置场所。

老港填埋场场区南北长约 4000m，东西宽约 800m，处在滩涂潮坪上，地面标高为 +2.5m 左右。场区周围区域为新生滨海平原，地面标高为 +3.5~+4m，填埋场底部的土壤为滨海盐渍地，有机物含量 0.7%~1.0%，可溶性盐含量高，地下水可矿化度较高，植被以芦苇与海边浮草为主。

包括南汇老港地区在内的浦东地区，其地层岩性为厚达 300 多米的第四系松散沉积物，黏性土、砂性土在垂向上相间分布。表层黏性土厚度一般为 1.0~3.0m 之间。在第一承压含水层（开采价值不大）之上，潜水含水层（开采价值不大）之下，普遍分布一层厚达 16~20m 的淤泥质黏土和灰色黏土，其垂直渗透系数分别为 2.1×10^{-7}cm/s 和 3.3×10^{-7}cm/s，阻水性很好。在老港填埋场地区，滩涂以下标高 -5.6~-22.9m 处即为 17m 厚度的灰黏土隔水层，潜水与此层黏性土之下的承压含水层极少有水力联系。可以认为，垃圾填埋场的渗滤液很难通过此黏性土层进入第一承压含水层及其之下的各个地下含水水源。但是，潜水层与地表水呈互为补排的关系，潜水含水层水位正好在表层黏性土中变动，水力梯度不大。老港地区地下水内陆一侧基本在 4m 左右，地下水运动方向是陆地向海洋，如场内积水位控制在 4m 以下，基本上能阻止堆场垃圾渗漏水向陆地内侧渗透。渗向海洋后，由于潮汛的涨落，依靠海水的自净能力，对海洋造成污染可以控制在一定限度以内。而且老港填埋场所在的滩涂地带，地下水为无利用价值的苦咸水，所以在确保适当的防渗措施和污染处理设施的条件下，对于上海市来说，在老港建设一个垃圾最终处置的消纳场所是比较理想的。

6.2 老港填埋场封场后开发规划的依据

填埋场的填埋容量使用完毕之后，首先要安装合适的最终覆盖系统，并在封场后持续进行监测和维护，以确保覆盖系统的完整且周围环境不受到污染和破坏。封场后的前 3 年内，填埋场内部的垃圾处于活跃的降解阶段，会有包括甲烷和二氧化碳在内的填埋气不断产生，生态环境十分恶劣，不适宜植物的生长。虽然会有少量野生草类能够生存下来，但是必须等到降解活跃期结束后，才可以通过人工手段强化种植某些苗木。植被重建是恢复和改善填埋场封场后生态环境的重要和关键步骤，只有在此基础上，才能进行下一步的开发和利用。

老港填埋场现有的填埋容量将在 2003 年使用完毕，拟建中的四期工程将在原来的基础上再增加 3km^2。在今后的数年时间内，老港填埋场将处于一种填埋与封场并存且面积相当的状况，做好封场区域的维护与管理并适度开发，是一种负责和积极的态度。

6.2.1 现有最终覆盖系统与封场措施

6.2.1.1 日覆盖和中间覆盖

日覆盖和中间覆盖的主要目的是控制病原菌、垃圾飞扬、臭味和渗滤液，同时防止填埋气引起的爆炸和火灾。为达到这一目的，至少要保证日覆盖厚度不小于 15cm。但是由于老港填埋场的填埋深度仅为 4~6m，如果每天都严格进行日覆盖，将大大减少实际可利用的填埋容量，而且在经济上也承受不起。老港填埋场以前基本是不进行日覆盖的，仅仅是在每日填埋作业完成之后将作业面上的垃圾推平并压实。2001 年 5 月之后，老港填埋场采用土工布对每日的作业面进行临时覆盖，以控制垃圾的直接暴露和雨水与径流的入渗，以及啮齿类动物和鸟类在场内垃圾中觅食。

6.2.1.2　最终覆盖

老港填埋场曾经采用吹泥法进行最终覆盖，泥浆取自当地海滩土，其质地为重壤土，土壤结构较差，透水、通气性能均不良，pH 值在 8 以上，呈弱碱性，盐分含量较高。当填埋单元填埋完毕之后，覆盖 30cm 土壤。这只相当于单层的防渗系统，且未设导流层和基础层，阻隔层黏土厚度很低。在这种简易的覆盖条件下，无法保证将降雨有效地导排出场外，由于老港地区的降雨量比较大，因而雨水的入渗使得单元内部的垃圾有可能长时间处在被水浸泡的状态，虽然可能在一定程度上会加速垃圾的降解，但是同时也会使封场单元的渗滤液产量增加，从而加重了填埋场衬底和渗滤液导排系统的负担以及渗滤液向场外迁移污染土壤与地下水的危害。另外，由于覆盖土营养很贫瘠且未设单独的植被层，虽然有一定的天然和人工植被在封场单元表面生长，但是未能形成良好的植被景观并发挥其绿化和阻隔水分入渗的功能。目前，已经按照标准要求进行覆盖了。

6.2.1.3　封场措施

在老港填埋场的整个建设发展过程中，由于一直缺乏一个系统的终场规划，填埋场也缺乏一个终场的定位，因而导致覆盖技术和雨污水分流等终场措施未得到系统的设计和实施。不过，目前老港填埋场已经可以全面做到对封场单元的持续监测和维护。

6.2.2　稳定化进程

在同济大学、上海市环卫局和老港填埋场专家的共同努力之下，对老港填埋场的稳定化过程进行了大规模现场试验，持续多年监测渗滤液、沼气及沉降变化，在数学模拟的基础上，预测出根据不同条件，老港填埋场稳定化时间为 15~20 年。

老港填埋场在封场后的 3 年内处于强烈的降解活跃期，会有大量的沼气产生，填埋单元内部温度也比较高，其表面生长的植物很难成活。对于老港填埋场的利用，作为园艺种植用地需在 2~3 年后，作为普通用地至少需 15~20 年以上，但仍不可作为承载要求高的建筑用地。

6.2.3　生态环境

填埋完毕并进行最终覆盖系统的铺设之后，老港填埋场封场的填埋单元会自发的生长出一些自然植被，成为引发封场后填埋单元上生态演替的先锋植物。附近未开发的滨海滩涂和填埋单元的围堤上以及已开发但未使用的单元内也都有典型的当地植被。另外，还有人工种植作为园林绿化的植被。

6.2.3.1　滨海滩涂

由于滩涂的生境条件比较特殊，因此生长在滩涂上的植物，在涨潮时植株全部淹没在水中，落潮时植株又毫无遮掩地暴露在阳光下，加上土质板结，养料贫瘠，空气缺乏，还经常遭到浪水的冲积，使得许多植物在滩涂上的生长和扩展受到制约。

滩涂植被的生长主要受到三个环境因素的影响，即滩涂类型、滩涂高程和滩涂土壤的含盐量。老港填埋场所在地的滩涂属于淤积型滩涂，其宽度不断向外扩展，滩面高度也逐年增加，因而随着滩涂的淤积，植被也会不断向外蔓延，但是由于土壤含盐量的影响，植物的分布也受到一定限制。

实际上，由于滩涂的生境条件非常恶劣，尤其在刚刚形成的原生裸地上，真正能定居的种子植物非常少，能在自然条件下大面积生长的更少。但是一旦滩涂植物发展到一定的面积、高度和密度，就具有促淤、消浪防冲和护滩的功能。

老港填埋场地区的滩涂植被类型主要分布于围堤外侧的滩地上，由于潮汐和海水盐度的影响，生境条件比较严酷，这里主要生长着两种单优植物群落。

（1）海三棱藨草群落：该群落主要分布于高程较低的低潮滩。组成群落的种类只有海三棱藨草一种，群落高约50cm，盖度90%。该群落处于滩涂地最前沿，对于促淤成陆起着非常重要的作用。保护好该群落类型，有利于扩大土地资源，开辟新的填埋场地，另外也是利用湿地处理渗滤液的良好场所。

（2）芦苇群落：该群落的分布区介于海三棱藨草群落和围堤之间。组成群落的优势种为芦苇，只在群落下层零星分布有马兰等杂草。群落高1.5~2m，盖度85%。该群落对促淤成陆也具有重要作用。另外也是渗滤液湿地处理系统的重要组成部分。

6.2.3.2 围堤上及围堤内未利用单元

围堤上由于地势较高，比较干燥，而且土壤贫瘠，目前只生长有两种群落类型：

（1）芦竹群落：该群落主要分布于靠近场部早期的围堤上，高2~3m，盖度95%以上，植株密集，防风效果良好，群落上层全为芦竹，下部伴生有老鹳草、马兰、葎草等。该群落配合高大乔木能形成很好的防护林带，适合在场内所有围堤及隔堤上推广。

（2）加拿大一支黄花群落：该群落主要分布在新建的围堤上，适合在贫瘠的生土上生长。该群落叶为单优群落，组成种类全部为加拿大一支黄花，群落高1.5m，盖度达80%。该群落出现在秋季。可以通过人工种植芦竹来替代该群落，以达到更好的防护效果。

围堤内未利用单元：主要分布有原来滩地的芦苇群落，另外在局部挖出形成的较高的台地上分布着加拿大一支黄花群落。

6.2.3.3 封场单元

封场后单元上的植物群落可分为两大类：覆土表面的植物群落和未覆土垃圾表面的植物群落。

（1）灰藜、旱稗群落：该群落主要分布在刚填埋而未覆土的垃圾表面。群落盖度较低，只有30%左右，高20cm，其他伴生种类有牛筋草、马齿苋、狗尾草等。该群落将逐渐演替为以灰藜、一年蓬占绝对优势的群落类型。

（2）灰藜、一年蓬群落：该群落主要分布在裸露的垃圾表面。一般在垃圾熟化后，该群落才会出现在垃圾表面。组成该群落的种类，除灰藜、一年蓬外，主要还有牛筋草、反枝苋、紫菀等。群落高1.5m左右，盖度80%~90%。该群落能很好地覆盖垃圾层，为填埋后裸露垃圾表面的快速覆盖提供了良好的材料。

（3）海三棱藨草、灰绿藜群落：该群落主要分布在刚刚覆土地垃圾表面。群落盖度很低，高20~40cm，除混生有少量西来稗之外，几乎全部为海三棱藨草和灰绿藜。

（4）芦苇、海三棱藨草群落：该群落主要分布在用吹泥法覆土后的垃圾表面。由于所吹泥土来自原来的滩地，大量芦苇和海三棱藨草的根状茎、球茎及种子被带入覆土层，这样就形成了该群落类型。由于所采泥土分布于不同的潮滩位置，及被带入繁殖体的不均匀性，又形成了几种不同的组合类型：1）以芦苇、海三棱藨草共同占优势的群落；2）以海三棱藨草占优势的群落；3）以芦苇占优势的群落。

（5）稗、芦苇群落：以芦苇、海三棱藨草为主的群落，经过一段时间后就形成了该群落类型。该群落除稗、芦苇外，还经常混生有海三棱藨草和千金子、马唐等。

6.2.3.4 人工植被

老港填埋场的人工植被主要有：

（1）防护林：

防护林形成的绿化隔离带分布在生产基地四周及填埋场外侧。主要类型有两种：水杉防护林和香樟防护林。水杉防护林是防护林的主体，基本为单行栽植的水杉，下面伴生的杂草主要有葎草、辣蓼、加拿大一支黄花、狗尾草等。

（2）行道树：主要为海桐，广玉兰和龙柏等。

（3）园艺基地：老港填埋场的园艺基地培育了数十种园林花木，园林树木花卉50～60种，其中木本树木20种左右，草本、灌木及花卉30种左右，主要分布在场部的各种绿地中。生长较好的主要品种有合欢、香樟、水杉、龙柏、八角金盘、美人蕉、雪松、栀子花、棕榈、细叶结缕草、夹竹桃、鸢尾、芭蕉、盘槐、石榴、珊瑚树、紫荆、女贞、国槐等。

6.3 老港填埋场封场后的植被恢复

6.3.1 植被恢复的目标和原则

植被恢复的目标是改善老港填埋场封场后的环境质量和景观，加速封场单元的生态恢复和生态演替，以便于通过分阶段的合理开发，创造一个新的优良生态环境，实现对填埋场及周边地区包括土地在内的所有资源的再利用。

填埋场即使在完全封场之后，还存在许多污染和不安全的因素，如渗滤液、填埋气、填埋单元地表的沉降和塌陷等，因此，填埋场封场之后的生态恢复首要的任务是维护并确保填埋单元的完整，避免其内部的垃圾和渗滤液、填埋气等降解产物对周围环境造成不利影响，并对已经发生的事故采取紧急应对措施。封场单元覆盖系统、排水系统和填埋气导排系统的施工以及覆盖层植被的恢复，首先也是为了最大限度地避免上述污染事故的发生。

在确保填埋场封场后的环境质量可以维持在一个令人满意的程度的前提之下，应当从植被的恢复和规划设计着手，改善封场单元的景观质量，以利于后续阶段对填埋场封场地区土地资源的开发和利用。

总之，在填埋场封场后的恢复过程中，必须坚持的原则是，要把维护和改善景观与环境质量放在第一位，只有在环境效益令人满意的条件下，才有可能进行下一步的开发利用，并获得一定的社会效益和经济效益。

6.3.2 植被恢复中需要注意的问题

根据同济大学、上海环卫局和老港填埋场专家共同研究的结果，老港填埋场在封场3

年内种植植物的成活率极低。稳定化研究表明，老港填埋场垃圾在填埋初期的 2~3 年内是处于强烈降解期，产生大量沼气，同时垃圾层中的温度也比较高，不适合于植物生长。

填埋场封场并且经过降解活跃期之后，恶劣的环境条件开始有所好转，此时经历的是一种废弃地生态系统次生演替的过程，除了自然生长的野生植物之外，还可以投入一定的人力物力，通过有计划的人工种植来实现植被的恢复并使其得到改善和优化。具体的做法可分为植被层土壤的改良和人工种植，后者应根据封场后的不同时期先后采取人工或机器播撒种子和从当地的园艺基地移植苗木。

在植被恢复过程中，会存在某些因素使一些植物难以适应：

（1）土壤的盐碱性，夏季土壤可能会开始干燥泛盐，盐碱化土壤在干旱季节易造成土壤板结，使一些植物发生生理性缺水，导致生长不良甚至死亡。

（2）土壤的排水性能不良，许多植物对土壤水分过多不适应，由于封场单元覆盖土的机械结构差，如果雨水导排系统不完善，就会出现遇涝排水不良，积水严重。由于老港所在地区的气候原因，每年的梅雨季节和夏秋台风季节，连日的阴雨易造成植物霉根。

（3）填埋场夏季无任何遮挡，小气候较恶劣，某些阴性树种难以适应强烈阳光直射。

（4）污染物毒性，如渗滤液、填埋气等的存在都不利于植物的生长。

6.3.3 植被恢复过程

植被恢复的过程应当分为不同的阶段进行，各个阶段需要培养和占优势的植物品种也各不相同。

6.3.3.1 植被恢复先期

填埋场封场后的覆盖土上，会自然生长一些野生的先锋植物，包括海三棱藨草、灰绿藜、芦苇、稗等，主要是来自随风飘落的种子和来自当地滩涂的覆盖用吹泥土中原来带有的种子、块茎等。因此，在老港填埋场地区特殊的生态环境下，即便不进行有计划的人工种植，封场后的填埋单元也会由于先锋植物的存在而自发开始缓慢的次生演替。但是为了改善和美化封场单元的景观质量，需要投入一定的人工绿化，以加速并优化生态恢复的进程。

老港填埋场多年来的园林绿化工作实践表明，一些植物可以在封场后吹泥的覆盖土上生长，达到先期的绿化效果，如草本植物细叶结缕草、葱兰、马尼拉草、本特草、马蹄金等，其中部分植物不仅能够存活，而且生长非常旺盛，和杂草相比亦有一定的竞争力，如：细叶结缕草生命力强，生长旺盛，在其整个生长季节中种植均可成活；常绿植物本特草，在冬季也会呈现一派生机勃勃的景象，而且在贫瘠的吹泥土上生长状况很好，但在夏季高温季节生长缓慢，若不及时除草，可能会被其他种类所抢益；葱兰亦为常绿植物，由于有地下茎，一年四季均能生长很好；马尼拉草丛外观上极似结缕草，其种子播撒后，能以较少的成本，达到先行绿化的效果。草本植物根系发达，对土壤有一定的改善作用，并且为乔木和灌木类其他植物的生长创造条件，从而改变填埋场封场后整体的景观。

6.3.3.2 植被恢复初期

某些乔灌木类植物，如龙柏、石榴、桧柏、乌桕、丝兰、夹竹桃、木槿等，对于填埋场的环境适应能力很强，在植被恢复的初期，种植这些植物不仅会使填埋场封场后的景观在原有的单一草本植物基础上得到很大的改观，而且可以加速土壤的改良作用。这些乔灌木的种植，对于改善封场单元生态环境的整个小气候也有一定的作用，如通过植物的吸收和蒸腾作用截留雨水和减少渗滤液、改善群落内的小环境，为其他植物生长创造更好的条件。

6.3.3.3 植被恢复的中后期和开发阶段

在植被恢复的中后期，应当结合生态规划和开发规划，按照各个不同的功能区划和绿化带设计，有计划地进行大规模园林绿化种植，其中包括各类草本、花卉、乔木、灌木等。许多有经济价值的植物都能够适应填埋场的环境，如乔木类的合欢、构树、乌桕等，但是应当避免安排种植会被人或动物直接食用从而进入食物链的植物品种。

6.4 老港填埋场的开发利用规划

上海是一个典型的人多地少的城市，对于面积达 $3 \sim 6km^2$ 的 Ⅰ ~ Ⅲ 期老港填埋场来讲，土地价值很高。然而，老港填埋场的土地并不等同于一般的土地，因为其填埋单元内部历年来已经处置了几千万吨的垃圾。封场后的填埋单元表面不断缓慢下沉，沼气逐渐产生，渗滤液的数量和浓度在逐年下降。必须经过足够长时间的稳定化后，填埋场的土地和垃圾才能被利用。这因而也决定了老港填埋场综合利用的特殊性。但是尽管老港填埋场具有如此多的潜在的利用价值，但迄今为止，还没有人完整地对填埋场的功能和开发作过详细规划，国内在这方面的研究更是刚刚起步。

6.4.1 功能规划

老港填埋场前三期工程所有的填埋容量将在 2003 年使用完毕，拟建中的四期工程将在原来的基础上再增加 $3km^2$，相当于多了一倍的填埋面积。在今后的数年时间内，老港填埋场将处于一种填埋作业与封场管理同时并存且面积相当的状态，因此，从其整个生命周期过程来看，老港填埋场应该具有以下功能。

6.4.1.1 填埋功能

作为上海市生活垃圾的最终处置场所，老港填埋场仍然担负着上海 80% 左右生活垃圾的处置任务，因此填埋仍是其最主要也是最重要的功能之一。2003 年以后，填埋作业将主要集中在四期工程的范围内进行，垃圾的装卸和运输的模式都将和现在有所不同，因此，今后的规划和管理工作中，最需要注意的就是，在维持正常填埋作业的前提下，必须将填埋区和封场区进行有效地隔离，确保垃圾的装卸、运输和填埋过程中不对封场区以及填埋场周边地区的环境产生危害，并通过工程和管理措施将填埋作业区的污染控制在最小限度内，以便为封场区的恢复和开发利用创造良好的环境条件。

6.4.1.2 综合处理功能

上海市目前尚未实现全面的垃圾源头分类回收，运到老港的新鲜垃圾中含有相当一部分可回收利用的物质，完全可以在垃圾装卸地点附近且交通便利处设置一个垃圾分选综合处理设施，对新鲜垃圾进行人工和机械分选，将可回收利用部分（如塑料、玻璃、金属等）进行一定的加工处理后再运往市场销售，不可利用部分最终运到填埋区处置。稳定化矿化垃圾经开采后也可在这里进行分选以回收可利用部分。不论是新鲜垃圾的分选还是稳定化矿化垃圾开采后的分选利用，都能在一定程度上延长填埋场的使用寿命，并产生相应的经济效益。

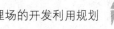

6.4.1.3 生物处理功能

经过 10 年左右时间的降解，填埋场中的垃圾基本上可达到稳定化。这些稳定化矿化垃圾可以进行有计划的开采和分选，其中塑料、玻璃、金属可回收利用，而矿化垃圾细料则是一种绝佳的生物滤料，可以低成本高效率地处理废水和废气，同时也是一种良好的土壤改良材料，可用于园艺绿化的肥料和填埋场生态恢复中植被层土壤的添加剂。因此，建议在填埋区和封场区交界处设置一系列稳定化矿化垃圾生物处理设施，通过多级串并联矿化垃圾生物滤床处理填埋场所有的渗滤液，在物理、化学和生物的作用下将渗滤液中的高浓度污染物降至可以接受的水平，然后将处理后的渗滤液就地用于封场单元植被恢复的灌溉，从而实现整个填埋场范围内渗滤液的封闭循环，确保不对其他封场区域和填埋场周边地区产生污染。

6.4.1.4 能源利用功能

垃圾填埋后的稳定化过程中，在其厌氧降解阶段会不断产生填埋气。填埋气中甲烷和二氧化碳大约各占 50%，其中甲烷既是一种燃烧热值很高的能源，也是一种非常重要的温室气体。如果不对填埋气进行适当的疏导和收集利用的话，由于其任意迁移很容易形成局部浓度过高的爆炸危险，填埋气向周边地区无控制迁移也会污染当地的大气环境，其中大量的甲烷气体进入大气加重温室效应。所以，应当根据填埋场的具体情况，预先设计好填埋气的导排规划，在填埋结束的封场阶段，铺设填埋气导排和收集系统，根据填埋气的产量，可将其就地燃烧掉或收集起来作为燃料，后一种情况可以是将填埋气进行净化处理再制成成品或者是适当处理后并入城市燃气管道。

另外，老港填埋场位于东海之滨长江口的滩涂上，一年四季风都很大，可以考虑适当地利用风能作为封场区域开发的部分能源。

6.4.1.5 土地利用功能

长期妥善的监测和维护是填埋场开发的首要条件。封场单元经过多年的稳定化后，如果能够满足一定的要求（如不再有渗滤液、填埋气、沉降和塌陷等情况发生），可以适当地利用其土地资源，将其开发建设成为临时仓储、园艺基地、污水处理设施、生态公园、高尔夫球场等。

封场区土地资源的利用应当和周边地区的开发规划相结合，浦东机场就在北边 20km 处，而南边 30km 处是芦潮港，南汇的大学城也位于附近，老港填埋场的地理位置实际上是非常有利的，但是同时，任何形式任何程度的污染事故都可能给周边环境带来不利的影响。

封场单元土地资源的开发利用需要建立一系列完整的污染控制和稳定化评价标准体系，以确保开发过程中不对环境和人群产生危害。

6.4.1.6 科研与教育示范功能

老港填埋场封场区的开发应以科研与教育功能为重点之一。整个填埋场地区在封场之后，可以建设成为一个环保和生态教育为主题的森林公园，作为上海地区大中小学校学生的生态环境教育基地。

另外，由于老港填埋场所在的南汇县东海滩涂也属于候鸟迁徙路线之一，因此也应加强对沿海滩涂的生态环境保护，在封场地区设立相应的候鸟保护区，同时划出一定的缓冲地带，作为观察候鸟和滩涂生态演化的教学研究基地，并和本地的学校和研究机构建立联系，将该地区作为教学实践的基地之一。

垃圾填埋作业、垃圾分选处理、渗滤液处理、生态恢复试验、填埋气开发利用等从不同侧面展现了目前上海市乃至全国的城市生活垃圾处理技术和填埋场管理技术，是一个不可多得的科研和示范教育基地。

6.4.1.7　休闲娱乐功能

封场后开发建设的生态公园，其另一个主题必然是休闲。在上海这样一个人口密度高度集中的大都市，对于前往市郊休闲娱乐的需求是非常大的，而老港填埋场所处的东海之滨长江口滩涂的位置，拥有优越的天然条件，可以让人们在享受野外休闲乐趣的同时，也可以受到生态和环境教育。填埋场封场区域和周边地区可以适当开发建设休闲度假区和运动设施等，另外，以园艺基地为基础，建设大型的植物园也是一个很好的选择。

6.4.2　开发规划概述

老港填埋场封场之后，根据当地的水文地质环境和生态环境特点，最适宜的开发是建设一个以休闲为主题的生态公园，突出生态和环境保护的原则，同时辅以园艺花卉苗木基地、环境教育基地、生态研究基地、生态恢复试验基地、渗滤液处理试验基地、填埋气开发利用基地、植物园、候鸟保护区、休闲度假区等多种产业与科研单元，实施一种复合型生态保护性开发。各单元按功能不同在规划中以不同的区划体现，其间以大面积的绿化相隔，整个原填埋场地区也应当以大片防护绿化林带和附近居民区和农场相隔离。

老港填埋场在园艺开发方面已经具有了若干年丰富的经验，建立一个大型的花卉和苗木基地，不仅可以保证填埋场自身绿化和生态恢复的需要，还能够满足上海市区对花卉苗木的市场需求。封场单元经过3~5年以上的稳定化和生态恢复之后，环境质量和植被层土壤都得到一定的改良，再辅以人工改善和强化种植条件，完全可以实施大面积大范围的花卉和苗木培养。在园艺生产的基础上，原园艺基地周围可以有计划地建立一些植物园和生态恢复试验基地，作为填埋场改造生态休闲公园的园艺开发的主体。

填埋场封场之后的渗滤液和填埋气污染在短期之内难以完全消除，因此除了对封场单元做好定期的监测和维护工作之外，还可以在新近填埋完毕的单元铺设填埋气收集利用系统，一方面可以将垃圾分解的沼气收集用于发电或并入市区燃气管道民用，另一方面也避免了填埋气中甲烷对大气的污染以及场区爆炸危害。同时，还可以划分一定的区域，作为渗滤液处理试验研究和稳定化垃圾开发利用的研发基地。利用稳定化垃圾生物反应床处理渗滤液的研究一旦进入工程实施阶段，可以和原有的渗滤液氧化塘处理系统相结合，在特别划定的区域，建立系统化的渗滤液新型处理设施，处理后的出水如果达到一定的标准，可以和封场单元植被恢复过程相结合，作为灌溉用水，从而实现渗滤液的场内循环处理利用。某些单元的稳定化垃圾可以有计划的开采出来加以利用。上述地区应当设置完善的隔离林带，以避免污染物向封场后的其他开发地区迁移。

在休闲型生态公园的开发原则之下，老港填埋场封场后应在大部分地区按森林公园的模式建设，以便为本地和市区居民提供一个休息游玩的场所，可以郊游、野餐、露营或者观察候鸟、滩涂生态及流星雨。在经过30年左右时间确保填埋场封场后已进入稳定化阶段之后，可以逐步开始开发建设休闲度假区的房地产项目。

由于老港填埋场进行四期工程运行，这意味着近年内尚无法做到完全封场，因此在进行已封场地区恢复与开发规划时，应当合理地安排好已封场单元、正在作业的单元和未填埋空单元之间及其与整个填埋场地区之间的功能区划，确保填埋作业得到有效的隔离，避免污染物的迁移。

　　总体来说，所有开发规划的前提都必须保证渗滤液、填埋气、封场单元地表沉降等污染与危害得到有效的防范、控制和处理，并保证足够的人力和财力，对封场单元进行长期的监测和维护。

参 考 文 献

[1] 曲文辉. 生态工程原理与应用[M]. 上海：华东师范大学出版社，1998.

[2] 《上海环境卫生志》编纂委员会. 上海环境卫生志. 上海：上海社会科学院出版社，1996.

[3] 刘长礼，张云，王秀艳，等. 垃圾卫生填埋处置的理论方法和工程技术[M]. 北京：地质出版社，1999.

[4] 郭婉如，乐喜连，等. 垃圾填埋场营造人工植被的研究[J]. 环境科学，1994，15(2)：53～58.

[5] 高吉喜. 城市垃圾生态工程处理及在我国的应用前景[J]. 环境科学研究，1994，7(4)：59～61.

[6] 舒俭民，沈英娃，等. 城市垃圾填埋场植树造林试验研究[J]. 环境科学研究，1995，8(3)：13～18.

[7] 高吉喜，沈英娃. 垃圾土上植物的生长与生态毒性试验[J]. 环境科学研究，1997，10(3)：51～53.

[8] 周北海，松藤康司. 中国垃圾填埋场的问题与改善方法[J]. 环境科学研究，1998，11(3)：22～24.

[9] 董路，王琪，李姮，等. 填埋场加速稳定技术的研究[J]. 中国环境科学，2000，20(5)：461～464.

[10] 唐世荣，黄昌勇，朱祖祥. 利用植物修复污染土壤研究进展[J]. 环境科学进展，1996，4(6)：10～14.

[11] 朱利中. 土壤及地下水有机污染的化学与生物修复[J]. 环境科学进展，1999，7(2)：65～71.

[12] 桑伟莲，孔繁翔. 植物修复研究进展[J]. 环境科学进展，1999，7(3)：40～44.

[13] 陈玉成. 土壤污染的生物修复[J]. 环境科学动态，1999(2)：7～11.

[14] 王罗春，赵由才，陆雍森. 粘土和陈垃圾作垃圾填埋场覆盖物的对比试验[J]. 环境卫生工程，1998，6(1)：3～6.

[15] 黎青松. 垃圾场终场覆盖技术策略研究[J]. 环境卫生工程，2000，8(1)：3～6.

[16] 李华，赵由才. 填埋场稳定化垃圾的开采、利用及填埋场土地利用分析[J]. 环境卫生工程，2000，8(2)：56～57，61.

[17] 徐文龙. 从德国垃圾卫生填埋处理看我国卫生填埋技术对策[J]. 环境卫生工程，2000，8(3)：130～136.

[18] 周启星. 污染土地就地修复技术研究进展及展望[J]. 污染防治技术，1998，11(4)：207～211.

[19] 沈耀良，王宝贞. 垃圾填埋场渗滤液的水质特征及其变化规律分析[J]. 污染防治技术，1999，12(1)：10～13.

[20] 夏淮海，林玉锁. 有机污染土壤生物修复技术进展[J]. 污染防治技术，2000，13(1)：46～47.

[21] 李静，张甲耀，夏盛林，等. 污染地下水的生物修复技术[J]. 农业环境保护，1997，16(6)：283～285.

[22] 蒋先军，骆永明，赵其国. 土壤重金属污染的植物提取修复技术及其应用前景[J]. 农业环境保护，2000，19(3)：179～183.

[23] 沈振国，陈怀满. 土壤重金属污染生物修复的研究进展[J]. 农村生态环境，2000，16(2)：39～44.

[24] 王曙光，林先贵. 菌根在污染土壤生物修复中的作用[J]. 农村生态环境，2001，17(1)：56～59.

[25] 孙建，孙志良，黄志华. 受污染土壤的评价方法和管理对策探讨[J]. 上海环境科学，1997，16(7)：9～12.

[26] 周乃杰，胡冰，等. 植被对恢复卫生填埋场环境的作用[J]. 上海环境科学，1998，17(4)：41～45.

[27] 戴树桂，刘小琴，徐鹤. 污染土壤的植物修复技术进展[J]. 上海环境科学，1998，17(9)：25～27，31.

[28] 王罗春，赵由才，陆雍森. 城市生活垃圾填埋场稳定化影响因素概述[J]. 上海环境科学，2000，19(6)：292～295.

[29] 沈耀良，王学华，胡玉才. 苏州七子山垃圾填埋场渗沥液设计水质的估算[J]. 重庆环境科学，1996，18(4)：10～15.

[30] 赵由才，郭兴民，朱琳楠. 垃圾填埋场稳定化研究(一)[J]. 重庆环境科学，1994，16(5)：8～11.

[31] 郑曼英，李丽桃. 垃圾渗滤液中有机物初探[J]，重庆环境科学，1996，18(4)：41～43.

[32] 廖利. 陈垃圾特性分析及其适用性评价[J]. 重庆环境科学，1999，21(5)：53～54.

[33] 王罗春，赵由才，陆雍森. 垃圾填埋场稳定化及其研究现状[J]. 城市环境与城市生态，2000，13(5)：36～39.

[34] 钱暑强，刘铮. 污染土壤修复技术介绍[J]. 化工进展，2000(4)：10～12，20.

[35] 沈德中. 污染土壤的植物修复[J]. 生态学杂志，1998，17(2)：59～64.

[36] 赵爱芬，赵雪，常学礼. 植物对污染土壤修复作用的研究进展[J]. 土壤通报，2000，31(1)：43～46.

[37] 骆永明. 强化植物修复的螯合诱导技术及其环境风险[J]. 土壤，2000(2)：57～61，74.

[38] 曹学新，龙燕，陈忠. 生活垃圾卫生填埋场渗滤液的处理[J]. 有色冶金设计与研究，1997，18(1)：38～43.

[39] 朱青山，赵由才，徐迪民. 垃圾填埋场中垃圾降解与稳定化模拟实验[J]. 同济大学学报，1996，24(5)：596～600.

[40] 王罗春. 城市生活垃圾填埋场稳定化进程研究[D]. 上海：同济大学，1999.

[41] 王立，张军，赵由才. 城市垃圾填埋场终场后的恢复与利用[J]. 华东地区第三届废弃物处理研讨会论文集，上海环卫，2000，6：25～26.

[42] 张军，周海燕，黄仁华. 老港处置场已填埋垃圾开采利用的探讨[J]. 华东地区第三届废弃物处理研讨会论文集，上海环卫，2000，6：32～34.

[43] K S Jesionek，R J Dunn. Final cover systems for municipal solid waste landfills，Green 2[J]. Contaminated and derelict land. Thomas Telford，London，1998：391～401.

[44] Fang H Y，H I Inyang，J L Daniels. Failure mechanisms of landfill covers，Green 2[J]. Contaminated and derelict land. Thomas Telford，London，1998：386～389.

[45] George Tchobanoglous，Hilary Theisen，Samuel Vigil. Integrated Solid Waste Management：Engineering Principles and Management Issues[M]. McGraw-Hill Companies，Inc，2000.

[46] M A Barlaz，M W Mike，R K Ham. Gas production parameters in sanitary landfill simulators[J]. Waste Management and Research，1987，5：27～39.

[47] Stegmann R. New aspects on enhancing biological processes in sanitary landfills[J]. Waste Management & Research，1983，1：201～211.

[48] Parker，A. Chapter 7. Behavior of Wastes in Landfill-Leachate. Chapter 8. Behavior of Wastes in Landfill-Methane Generation in J. R. Holmen（ed.）：Practical Waste Managenment，John Wiley & Sons[J]. Chichester，England，1983：225～307.

[49] Landfill Reclamation[J]. USEPA，Solid Waste and Emergency Response（5306W），EPA530-F-97-001，July 1997.

[50] M A Barlaz，M W Mike，R K Ham. Gas production parameters in sanitary landfill simulators[J]. Waste Management and Research，1987，5：27～39.

[51] Cost-Effective Landfill Conversion[J]. Waste Age 2000 May：70～72.

[52] Muralidharan Narayanan，Larry E. Erickson，Lawrence C. Davis. Simple Plant-Based Design Strategies for Volatile Organic Pollutants[J]. Environmental Progress，18(4)：231～242.

[53] Zhen Guangyin，Yan Xiaofei，Zhou Haiyan，et al. Effects of calcined aluminum salts on the advanced dewatering and solidification/stabilization of sewage sludge[J]. Journal of Environmental Science，2011，23(7)：

1225 ~ 1232.

[54] Zhen Guangyin, Cheng Xiaobo, Chen Hua, et al. Hydration process of the aluminate $12CaO \cdot 7Al_2O_3$-assisted portland cement-based solidification/ stabilization of sewage sludge[J]. Construction and Building Materials, 2012, 5(30): 675 ~681.

[55] Zhen Guangyin, Zhou Haiyan, Zhao Tiantao, et al. Performance appraisal of controlled low-strength material (CLSM) using sewage sludge and refuse incineration bottom ash[J]. Chinese Journal of Chemical Engineering, 2012, 20(1): 80 ~88.

[56] Zhen Guangyin, Lu Xueqin, Zhao Youcai, et al. Enhanced dewaterability of sewage sludge in the presence of Fe(II)-activated persulfate oxidation[J]. Bioresource Technology, 2012, 116: 259 ~265.

[57] Zhen Guangyin, Lu Xueqin, Li Yuyou, et al. Novel insights into enhanced dewaterability of waste activated sludge by Fe(II)-activated persulfate oxidation[J]. Bioresource Technology, 2012, 119: 7 ~14.

[58] Zhen Guangyin, Lu Xueqin, Wang Baoying, et al. Synergetic pretreatment of waste activated sludge by Fe(II)-activated persulfate oxidation under mild temperature for enhanced dewaterability[J]. Bioresource Technology, 2012, 124: 29 ~36.

[59] Zhang Hua, Huang Huiqun, Sun Xiaojie, et al. Comprehensive reuse of aged refuse in MSW landfills[J]. Energy Education Science and Technoliogy Part A-energy Science and Research, 2012(29): 175 ~184.

[60] Chai Xiaoli, Liu Guixiang, Zhao Xin, et al. Complexion between mercury and humic substances from different landfill stabilization processes and its implication for the environment[J]. Journal of Hazardous Materials. 2012, (209): 59 ~66.

[61] Chai Xiaoli, Liu Guixiang, Zhao Xin, et al. Fluorescence excitation-emission matrix combined with regional integration analysis to characterize the composition and transformation of humic and fulvic acids from landfill at different stabilization stages[J]. Waste Management, 2012, (32): 438 ~447.

[62] He Yan, Zhao Youcai, Zhou Gongming. Field assessment of stratified aged-refuse-based reactor for landfill leachate treatment[J]. Waste Management & Research, 2011, 29(12): 1294 ~1302.

[63] Zhao Tiantao, Zhao Youcai, Zhang Lijie, et al. Slow-release of methanogenic inhibitors derived from encapsulated calcium carbide using paraffin wax and/or rosin: matrix optimization and diffusion characteristics [J]. Waste Management & Research, 2011, 29(11): 1197 ~1204.

[64] Song Liyan, Shi Lei, Zhao Youcai, et al. Novel engineering controls to increase leachate contaminant degradation by refuse: From lab test to in situ engineering application[J]. Ecological Engineering, 2011, 37(11): 1914 ~1919.

[65] Sun Yingjie, Sun Xiaojie, Zhao Youcai. Comparison of semi-aerobic and anaerobic degradation of refuse with recirculation after leachate treatment by aged refuse bioreactor[J]. Waste Management, 2011, 31(6): 1202 ~1209.

[66] Chai Xiaoli, Liu Guixiang, Wu Jun, et al. Effects of fulvic substances on the distribution and migration of Hg in landfill leachate[J]. Journal of Environmental Monitoring, 2011, 13(5): 1464 ~1469.

[67] Zhu Ying, Zhao Youcai. Stabilization process within a sewage sludge landfill determined through both particle size distribution and content of humic substances as well as by FT-IR analysis[J]. Waste Management & Research (Impact Factor: 1.193), 2011, 29(4): 379 ~385.

[68] Chai Xiaoli, Zhao Xin, Lou Ziyang, et al. Characteristics of vegetation and its relationship with landfill gas in closed landfill[J]. Biomass & Bioenergy, 2011, 35(3): 1295 ~1301.

[69] Zhang Haiying, Zhao Youcai, Qi Jingyu. Utilization of municipal solid waste incineration (MSWI) fly ash in ceramic brick-product characterization and leaching toxicity[J]. Waste Management, 2011, 31: 331 ~341.

[70] Lou Ziyang, Wang Li, Zhao Youcai. Consuming un-captured methane from landfill using aged refuse biocover[J], Bioresource Techenlogy, (5-Year Impact Factor: 5.352), 2011, 102(3): 2328 ~2332.

[71] Zhang H Y, Zhao Y C, Qi J Y. Treatment of biologically treated leachate by oxidation and coagulation[J], Water Science and Technology, 2011, 64(7): 1413～1418.

[72] Zhen Guangyin, Yan Xiaofei, Zhou Haiyan, et al. Effects of calcined aluminum salts on the advanced dewatering and solidification/stabilization of sewage sludge[J]. Journal of Environmental Sciences-China, 2011, 23(7): 1225～1232.

[73] Mei Juan, Wang Li, Han Dan, et al. Methanotrophic community structure of aged refuse and its capability for methane bio-oxidation[J], Journal of Environmental Sciences-China, 2011, 23(5): 868～874.

[74] Zhao Tiantao, Zhang Lijie, Zhao Youcai. Study on the inhibition of methane production from anaerobic digestion of biodegradable solid waste[J]. Waste Management & Research, 2010, 28(4): 347～354.

[75] Chai Xiaoli, Ji Rong, Wu Jun, et al. Abiotic association of PAEs with humic substances and its influence on the fate of PAEs in landfill leachate[J]. Chemosphere, 2010, 78(11): 1362～1367.

[76] Chai Xiaoli, Lou Ziyang, Shimaoka Takayuki, et al. Characteristics of environmental factors and their effects on CH_4 and CO_2 emissions from a closed landfill: An ecological case study of Shanghai[J]. Waste Management, 2010, 30(3): 446～451.

[77] Li Hongjiang, Gu Yingying, Zhao Youcai, et al. Leachate treatment using a demonstration aged refuse biofilter[J]. Journal of Environmental Sciences-China, 2010, 22(7): 1116～1122.

[78] Han Dan, Zhao Youcai, Xue Binjie, et al. Effect of bio-column composed of aged refuse on methane abatement-A novel configuration of biological oxidation in refuse landfill[J]. Journal of Environmental Sciences of China, 2010, 22(5): 769～776.

[79] Zhou Gongming, He Yan, Luo Zhihua, et al. Feasibility of pyrometallurgy to recover metals from waste printed circuit board[J]. Fresenius Environmental Bulletin, 2010, 19(7): 1254～1259.

[80] Lou Z Y, Zhao Y C, Chai X L. Landfill refuse stabilization process characterized by nutrient change[J]. Environmental Engineering Science, 2009, 26(11): 1655～1660.

[81] Cao X Y, Zhao Y C. The influence of sodium on biohydrogen production from food waste by anaerobic fermentation[J]. Journal of Material Cycles and Waste Management, 2009, 11(3): 244～250.

[82] Lou Ziyang, Zhao Youcai, Yuan Tao, et al. Natural attenuation and characterization of contaminants composition in landfill leachate under different disposing ages[J]. Science of Total Environmental, 2009, 407 (10): 3385～3391.

[83] Song Liyan, Zhao Youcai, Sun Weimin, et al. Hydrophobic organic chemicals (HOCs) removal from biologically treated landfill leachate by powder-activated carbon (PAC), granular-activated carbon (GAC) and biomimetic fat cell (BFC) [J]. Journal of Hazardous Materials. 2009, 163(2～3): 1084～1089.

[84] Wang X, Zhao Y C. A bench scale study of fermentative hydrogen and methane production from food waste in integrated two-stage process[J]. International Journal of Hydrogen Energy, 2009, 34(1): 245～254.

[85] Lou Ziyang, Chai Xiaoli, Niu Dongjie, et al. Size-fractionation and characterization of landfill leachate and the improvement of Cu^{2+} adsorption capacity in soil and aged refuse[J]. Waste Management, 2009, 29 (1): 143～152.

[86] Lou Ziyang, Dong Bin, Chai Xiaoli, et al. Characterization of refuse landfill leachates of three different stages in landfill stabilization process[J]. Journal of Environmental Sciences of China, 2009, 21(9): 1309～1314.

[87] Li H J, Zhao Y C, Shi L. Three-stage aged refuse biofilter for the treatment of landfill leachate[J]. Journal of Environmental Sciences of China, 2009, 21(1): 70～75.

[88] Zhao T T, Zhang L J, Chen H Q, et al. Co-inhibition of methanogens for methane mitigation in biodegradable wastes[J]. Journal of Environmental Sciences of China, 2009, 21(6): 827～833.

[89] He Y, Zhao Y, Zhou G, et al. Evaluation of extraction and purification methods for obtaining PCR-amplifi-

able DNA from aged refuse for microbial community analysis[J]. World Journal of Microbiology & Biotechnology, 2009, 25(11): 2043 ~ 2051.

[90] Li M, Zhao Y, et al. Microbial inoculum with leachate recirculated cultivation for the enhancement of OFMSW composting[J]. Journal of Hazardous Materials, 2008, 153(1 ~ 2): 885 ~ 891.

[91] N D Tzoupanos, A I Zouboulis, Zhao Y C. The application of novel coagulant reagent (polyaluminium silicate chloride) for the post-treatment of landfill leachates[J]. Chemosphere, 2008, 73(5), 729 ~ 736(IF 3.054).

[92] Wang Xing, Niu Dong Jie, Yang X S, et al. Optimization of methane fermentation from effluent of bio-hydrogen fermentation process using response surface methodology[J]. Bioresource Technology, 2008, 99(10), 4292 ~ 4299(IF 4.453).

[93] Li Ming, Peng Xuya, Zhao Youcai, et al. Microbial inoculum with leachate recirculated cultivation for the enhancement of OFMSW composting[J], Journal of Hazardous Materials, 2008, 153(1 ~ 2): 885 ~ 891.

[94] Zhu Y, Chai X, Li H, et al. Combination of combustion with pyrolysis for studying the stabilization process of sludge in landfill[J]. Thermochimica Acta, 2007, 464(1), 59 ~ 64(IF: 1.659).

[95] Chai Xiaoli, Takayuki Shimaoka, Cao Xiaoyan, et al. Spectroscopic studies of the progress of humification processes in humic substances extracted from refuse in a landfill[J]. Chemosphere, 2007, 69(9), 1446 ~ 1453.

[96] He Y, Zhou G M, Zhao Y C. Nitrification with high nitrite accumulation for the treatment of "Old" landfill leachates[J]. Environmental Engineering Science, 2007, 24(8): 1084 ~ 1094.

[97] Lou Ziyang, Zhao Youcai. Size-fractionation and characterization of refuse landfill leachate by sequential filtration using membranes with varied porosity[J]. Journal of Hazardous Materials, 2007, 147, 257 ~ 264.

[98] Chai Xiaoli, Takayuki Shimaoka, Cao Xianyan, et al. Characteristic and mobility of heavy metals in an MSW landfill: Implications in risk assessment and reclamation[J]. Journal of Hazardous Materials, 2007, 144, 485 ~ 491.

[99] Zhao Youcai, Song Liyan, Huang Renhua, et al. Recycling of aged refuse from a closed landfill[J]. Waste Management & Research, 2007, 25, 130 ~ 138.

[100] Zhao Youcai, Lou Ziyang, Guo Yali, et al. Treatment of sewage using an aged-refuse-based bioreactor[J]. Journal of Environmental Management, 2007, 32 ~ 38, 82.

[101] Chai Xiaoli, Zhao Youcai. Adsorption of phenolic compound by aged refuse[J]. Journal of Hazardous Materials, 2006, B, 137, 410 ~ 417.

[102] Zhao Youcai, Shao Fang. Absorption of phosphorus from wastewater by aged refuse excavated from municipal solid waste landfill[J]. Journal of Environmental Sciences, 2005, 17(1): 25 ~ 29.

[103] Li Guangke, Lan Shang, Zhao Youcai. Micronuclei induced by municipal landfill leachate in mouse bone marrow cells in vivo [J]. Environmental Research, 2004, 95(1): 77 ~ 81.

[104] Zhao Youcai, Shao Fang. Use of an aged-refuse biofilter for the treatment of feedlots wastewaters[J]. Environmental Engineering Science, 2004, 21(3): 349 ~ 360.

[105] Zhao Youcai, S Stucki, Ch Ludwig, et al. Impact of moisture on volatility of heavy metals in municipal solid waste incinerated in a laboratory scale simulated incinerator[J]. Waste Management, 2004, 24(6): 581 ~ 587.

[106] Zhao Youcai, Wang Luochun. Conversion of organic carbon on the decomposable organic wastes in anaerobic lysimeters under different temperatures[J]. Journal of Environmental Sciences, 2003, 15(3): 315 ~ 322.

[107] Zhao Youcai. Excavation and characterization of refuse in closed landfill[J]. Journal of Environmental Sciences, 2002, 14(3): 303 ~ 308.

[108] Zhao Youcai, Li Hua, Wu Jun, et al. Treatment of leachate by aged-refuse-based biofilter[J]. Journal of

Environmental Engineering, ASCE, 2002, 128(7): 662~668.

[109] Zhao Youcai, Wang Luochun, Huang Renhua, et al. A comparison of refuse attenuation in laboratory and field scale lysimeters[J]. Waste Management, 2002, 22: 29~35.

[110] Zhao Youcai, Chen Zhugen, Shi Qingwen, et al. Monitoring and Long-term Prediction for the Refuse Compositions and Settlement in Large-scale Landfill[J]. Waste Management & Research, 2001, 19(2): 160~168.

[111] Zhao Youcai, Liu Jiangying, Huang Renhua, et al. Long-term Monitoring and Prediction for Leachate Concentrations in Shanghai Refuse Landfill[J]. Water, Air, and Soil Pollution, 2000, 122(3~4): 281~297.

冶金工业出版社部分图书推荐